高等学校计算机基础教育教材精选

大学计算机基础

李　辉　主编
韩敬利　张赛男　副主编
解文彬　宦蕾　蒋园园　郑长友　廖湘琳　胡　斌　编著

清华大学出版社
北京

内 容 简 介

本书以多年的"大学计算机基础"课程教学实践为基础，充分吸纳近年来国内外以培养计算思维为核心的计算机基础教学改革实践成果，内容涵盖信息的表示、计算机系统、算法、操作系统、数据库技术、计算机网络和多媒体技术等高等学校理工科各专业"大学计算机基础"课程教学的主要内容。

本书适合作为高等学校理工科各专业计算机基础课程的教材，也可作为计算机培训、计算机等级考试和计算机爱好者的参考书。本书也配套出版了以 Python 语言实践为主的《大学计算机基础实验教程》，供读者选用。

本书封面贴有清华大学出版社防伪标签，无标签者不得销售。

版权所有，侵权必究。举报: 010-62782989, beiqinquan@tup.tsinghua.edu.cn。

图书在版编目(CIP)数据

大学计算机基础/李辉主编．—北京：清华大学出版社，2020.9(2023.9重印)
高等学校计算机基础教育教材精选
ISBN 978-7-302-56053-1

Ⅰ.①大… Ⅱ.①李… Ⅲ.①电子计算机-高等学校-教材 Ⅳ.①TP3

中国版本图书馆 CIP 数据核字(2020)第 127511 号

责任编辑：张瑞庆
封面设计：何凤霞
责任校对：梁　毅
责任印制：杨　艳

出版发行：清华大学出版社
网　　址：http://www.tup.com.cn, http://www.wqbook.com
地　　址：北京清华大学学研大厦 A 座　　邮　编：100084
社 总 机：010-83470000　　　　　　　　　邮　购：010-62786544
投稿与读者服务：010-62776969, c-service@tup.tsinghua.edu.cn
质量反馈：010-62772015, zhiliang@tup.tsinghua.edu.cn
课件下载：http://www.tup.com.cn, 010-83470236

印 装 者：三河市天利华印刷装订有限公司
经　　销：全国新华书店
开　　本：185mm×260mm　　　　印　张：15.5　　　字　数：364 千字
版　　次：2020 年 9 月第 1 版　　　　　　　　　　　印　次：2023 年 9 月第 4 次印刷
定　　价：45.80 元

产品编号：087909-01

前 言

进入 21 世纪后,计算机、计算机网络、计算机应用已经成为绝大多数人工作和生活的基本工具及重要组成部分,因而计算机科学与技术也成为人们必须学习的基础知识。"大学计算机基础"是大学本科教育的第一门计算机公共基础课程,课程的改革一直受到人们的关注。本课程的主要目的是从使用计算机、理解计算机系统和计算思维 3 个方面培养学生的计算机应用能力。

为了更好地开展课程教学工作,作者根据多年的教学实践编写了本书。全书共 9 章,其中第 1 章和第 9 章由解文彬编写,第 2 章由张赛男编写,第 3 章由宦蕾编写,第 4 章由蒋园园编写,第 5 章由郑长友、李辉编写,第 6 章由廖湘琳编写,第 7 章由胡斌编写,第 8 章由韩敬利编写。本书的框架结构和内容选择由李辉负责,李辉、韩敬利、张赛男负责全书的统稿,并完成本书的文字整理和审校。本书也配套出版了以 Python 语言实践为主的《大学计算机基础实验教程》,可供实验课选用。

本书编写过程中得到了胡谷雨、陈卫卫、宋金玉、张兴元、贺建民、谢钧、高素青、宋丽华等教授的指导,本书的编写还参考了很多文献资料和网络素材,在此一并表示衷心的感谢。由于编者的水平有限,书中难免存在不足之处,欢迎读者提出宝贵意见。

编 者

2020 年 5 月

目 录

第1章 绪论 ··· 1
1.1 计算机发展史 ·· 1
1.1.1 计算工具发展史 ·· 1
1.1.2 元器件发展史 ··· 2
1.1.3 现代计算机发展史 ··· 4
1.1.4 新中国计算机发展史 ·· 4
1.2 计算机的特点和分类 ·· 7
1.2.1 计算机的特点 ··· 7
1.2.2 计算机的分类 ··· 7
1.3 图灵机 ·· 9
1.4 计算思维 ·· 10
1.4.1 计算思维的概念 ··· 10
1.4.2 计算思维的关键内容 ······································· 11
1.4.3 计算思维的特性 ··· 12
1.5 计算机的应用领域 ·· 13
1.5.1 科学计算 ·· 13
1.5.2 数据处理 ·· 13
1.5.3 过程控制 ·· 13
1.5.4 计算机辅助工程 ··· 14
1.5.5 办公自动化 ··· 14
1.6 习题 ·· 15

第2章 信息的表示 ·· 16
2.1 进制 ·· 16
2.1.1 进制的基本概念 ··· 16
2.1.2 计算机中为什么使用二进制 ······························ 17
2.2 不同进制之间的转换 ··· 18
2.2.1 十进制与二进制、八进制、十六进制之间的转换 ···· 18
2.2.2 二进制与八进制、十六进制之间的转换 ··············· 21
2.3 信息存储的计量单位 ··· 23

2.4 二进制的运算 ………………………………………………………………………… 24
　　2.4.1 算术运算 ……………………………………………………………………… 24
　　2.4.2 逻辑运算 ……………………………………………………………………… 26
2.5 逻辑电路实现二进制运算 ……………………………………………………………… 28
2.6 数值型信息在计算机中的表示 ………………………………………………………… 30
　　2.6.1 原码、反码、补码 …………………………………………………………… 31
　　2.6.2 定点数和浮点数 ……………………………………………………………… 35
2.7 习题 ……………………………………………………………………………………… 37

第 3 章　计算机系统 …………………………………………………………………… 38
3.1 概述 ……………………………………………………………………………………… 38
3.2 计算机硬件系统 ………………………………………………………………………… 39
　　3.2.1 冯·诺依曼体系结构 ………………………………………………………… 39
　　3.2.2 中央处理器 …………………………………………………………………… 40
　　3.2.3 存储器系统 …………………………………………………………………… 47
　　3.2.4 输入输出系统 ………………………………………………………………… 57
　　3.2.5 总线 …………………………………………………………………………… 66
3.3 计算机软件系统 ………………………………………………………………………… 69
　　3.3.1 系统软件 ……………………………………………………………………… 69
　　3.3.2 应用软件 ……………………………………………………………………… 72
3.4 习题 ……………………………………………………………………………………… 73

第 4 章　算法 ……………………………………………………………………………… 74
4.1 算法的概念 ……………………………………………………………………………… 74
4.2 算法的特征 ……………………………………………………………………………… 75
　　4.2.1 算法的有限性 ………………………………………………………………… 75
　　4.2.2 算法的明确性 ………………………………………………………………… 76
　　4.2.3 算法的有效性 ………………………………………………………………… 76
　　4.2.4 算法的输入与输出 …………………………………………………………… 77
4.3 算法的描述 ……………………………………………………………………………… 77
　　4.3.1 自然语言 ……………………………………………………………………… 77
　　4.3.2 流程图 ………………………………………………………………………… 77
　　4.3.3 伪代码 ………………………………………………………………………… 80
4.4 算法的设计 ……………………………………………………………………………… 80
　　4.4.1 分治法 ………………………………………………………………………… 81
　　4.4.2 贪婪法 ………………………………………………………………………… 81
　　4.4.3 动态规划 ……………………………………………………………………… 81
4.5 算法的评价 ……………………………………………………………………………… 82

  4.5.1 算法的时间复杂度 ·· 83
  4.5.2 算法的空间复杂度 ·· 84
  4.5.3 算法的最坏、最好和平均情况分析 ······················· 85
 4.6 程序与程序设计语言 ··· 85
  4.6.1 程序 ·· 85
  4.6.2 低级语言 ·· 86
  4.6.3 高级语言 ·· 87
 4.7 经典算法举例 ··· 87
  4.7.1 辗转相除法 ·· 87
  4.7.2 排序算法 ·· 88
  4.7.3 寻找素数 ·· 91
 4.8 习题 ··· 92

第 5 章 操作系统 ·· 93
 5.1 操作系统概述 ··· 93
  5.1.1 操作系统发展简史 ·· 93
  5.1.2 操作系统基础 ·· 95
 5.2 进程管理 ··· 97
  5.2.1 进程与程序 ·· 97
  5.2.2 进程状态 ·· 98
  5.2.3 进程管理与调度 ·· 100
 5.3 内存管理 ··· 103
  5.3.1 内存分配和回收 ·· 103
  5.3.2 地址重定位 ·· 103
  5.3.3 内存保护 ·· 105
  5.3.4 虚拟内存 ·· 107
 5.4 文件管理 ··· 107
  5.4.1 文件与文件系统 ·· 107
  5.4.2 文件目录 ·· 109
  5.4.3 文件的组织结构 ·· 109
  5.4.4 文件外存空间的管理 ·· 110
 5.5 设备管理 ··· 112
  5.5.1 设备管理的基本功能 ·· 112
  5.5.2 I/O 软件系统 ·· 113
 5.6 用户接口 ··· 115
 5.7 习题 ··· 117

第 6 章 数据库技术 ... 118

6.1 数据库技术概述 ... 118
6.1.1 数据管理技术 ... 118
6.1.2 数据库的基本概念 ... 120
6.1.3 数据库的应用 ... 123

6.2 数据库建模 ... 124
6.2.1 现实世界客观对象的抽象过程 ... 125
6.2.2 概念模型 ... 125
6.2.3 数据模型 ... 127
6.2.4 物理模型 ... 128

6.3 关系模型 ... 129
6.3.1 关系模型的数据结构 ... 129
6.3.2 关系模型的数据操作 ... 131
6.3.3 关系模型的完整性约束 ... 134

6.4 基于关系模型的数据库设计 ... 136
6.4.1 需求分析 ... 138
6.4.2 概念结构设计 ... 139
6.4.3 逻辑结构设计 ... 141
6.4.4 物理结构设计 ... 143
6.4.5 数据库的实施 ... 144
6.4.6 数据库的运行和维护 ... 144

6.5 习题 ... 144

第 7 章 计算机网络 ... 146

7.1 计算机网络基础 ... 146
7.1.1 计算机网络的发展历程 ... 146
7.1.2 计算机网络的定义 ... 151
7.1.3 计算机网络的分类 ... 152
7.1.4 计算机网络的性能指标 ... 154
7.1.5 计算机网络的数据交换方式 ... 155

7.2 计算机网络传输介质及设备 ... 157
7.2.1 传输介质 ... 157
7.2.2 网络设备 ... 158

7.3 计算机网络体系结构与协议 ... 160
7.3.1 协议和层次结构 ... 161
7.3.2 OSI 体系结构 ... 161
7.3.3 TCP/IP 体系结构 ... 163
7.3.4 五层体系结构 ... 164

7.4 TCP/IP 协议簇 ·········· 166
7.4.1 应用层协议 ·········· 167
7.4.2 传输层协议 ·········· 167
7.4.3 网络层协议 ·········· 169
7.5 Internet 应用 ·········· 175
7.5.1 域名系统 ·········· 175
7.5.2 动态主机配置协议 ·········· 178
7.5.3 电子邮件 ·········· 180
7.5.4 文件传输 ·········· 181
7.5.5 远程登录 ·········· 182
7.5.6 万维网 ·········· 183
7.6 习题 ·········· 184

第 8 章 多媒体技术 ·········· 185
8.1 多媒体技术概论 ·········· 185
8.1.1 多媒体技术的基本概念 ·········· 185
8.1.2 多媒体技术简介 ·········· 186
8.1.3 多媒体技术的发展与应用 ·········· 188
8.2 文本数字化 ·········· 191
8.2.1 西文编码 ·········· 191
8.2.2 中文编码 ·········· 192
8.2.3 国际通用字符编码 ·········· 194
8.3 音频处理技术 ·········· 195
8.3.1 音频处理的基本知识 ·········· 195
8.3.2 音频数字化与编码 ·········· 196
8.3.3 数字音频的技术指标 ·········· 197
8.3.4 常见的数字音频文件格式 ·········· 198
8.3.5 数字音频编辑及常用软件 ·········· 199
8.4 图像、视频处理技术 ·········· 201
8.4.1 图像和视频处理的基本知识 ·········· 201
8.4.2 图像数字化与编码 ·········· 204
8.4.3 数字图像的技术指标 ·········· 205
8.4.4 常见的数字图像文件格式 ·········· 206
8.4.5 数字图像处理及常用软件 ·········· 207
8.4.6 视频技术 ·········· 209
8.5 数据压缩技术 ·········· 212
8.5.1 数据压缩的主要指标 ·········· 213
8.5.2 数据压缩的方法 ·········· 213

8.5.3　图像视频数据压缩标准 ………………………………………… 214
8.6　虚拟现实技术 ………………………………………………………………… 216
　　　8.6.1　虚拟现实的基本概念 ……………………………………………… 216
　　　8.6.2　虚拟现实技术的发展历史 ………………………………………… 217
　　　8.6.3　虚拟现实的关键技术 ……………………………………………… 218
8.7　习题 …………………………………………………………………………… 219

第9章　计算机新技术 …………………………………………………………… 220

9.1　云计算技术 …………………………………………………………………… 220
　　　9.1.1　云计算的内涵和本质 ……………………………………………… 220
　　　9.1.2　云计算的基本原理 ………………………………………………… 221
　　　9.1.3　云计算的关键技术 ………………………………………………… 222
　　　9.1.4　云计算存在的挑战与机遇 ………………………………………… 223
9.2　大数据技术 …………………………………………………………………… 224
　　　9.2.1　大数据的定义及特点 ……………………………………………… 224
　　　9.2.2　大数据处理技术 …………………………………………………… 224
　　　9.2.3　大数据分析方法 …………………………………………………… 225
9.3　人工智能 ……………………………………………………………………… 226
　　　9.3.1　人工智能概述 ……………………………………………………… 226
　　　9.3.2　人工智能的研究方法 ……………………………………………… 227
　　　9.3.3　人工智能的研究领域 ……………………………………………… 227
　　　9.3.4　人工智能的军事应用 ……………………………………………… 228
9.4　物联网 ………………………………………………………………………… 229
9.5　移动互联网 …………………………………………………………………… 230
　　　9.5.1　移动互联网的主要特征 …………………………………………… 231
　　　9.5.2　移动互联网技术基础 ……………………………………………… 231
9.6　习题 …………………………………………………………………………… 232

参考文献 ……………………………………………………………………………… 233

第 1 章 绪 论

随着科学技术日新月异的发展,计算机在人们的日常生活中起着越来越不可替代的作用,使人类文明从工业时代走向了信息时代,改变了人们的生产和生活方式。作为一种工具,计算机正在不断地影响着人们的生活,改变着人们的工作和学习方式。

1.1 计算机发展史

在人类文明的进程中,人类探索计算工具的脚步从未停歇过。从古代的算筹、算盘,到近代的加法器、分析机、机械计算机,再到电子计算机,计算机的发展经历了漫长的岁月。回顾计算机的发展历史,不仅要记住历史事件及历史人物,还要观察技术的发展路线,观察其带给我们的思想性的启示,这样才能让我们更加深刻地理解计算机的发展历史,更好地树立自身的创新精神。

1.1.1 计算工具发展史

计算工具的发展与演变过程如图 1-1 所示。一般而言,计算与自动计算要解决 4 个问题:一是数据的表示;二是数据的存储;三是计算规则的表示;四是计算规则的执行。

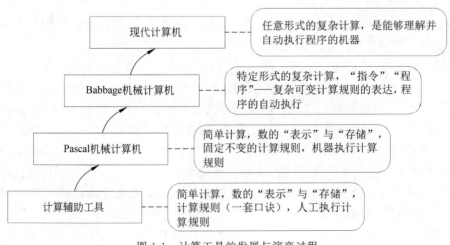

图 1-1 计算工具的发展与演变过程

算盘在中国有着悠久的历史。算盘上的珠子可以表示和存储数,计算规则是一套口诀,按照口诀拨动珠子就可以进行四则运算。然而,算盘所有的操作都要靠人的大脑和手完成,因此算盘被认为是一种计算辅助工具,不能归入自动计算工具范畴。

若要进行自动计算,需要由机器来自动执行规则、自动存储和获取数据。

1642年,法国科学家帕斯卡(Blaise Pascal,1623—1662年)发明了著名的帕斯卡机械计算器,首次确立了计算机器的概念。该机器用齿轮来表示与存储十进制各个数位上的数字,通过齿轮的比来解决进位问题。低位的齿轮每转动10圈,高位上的齿轮只转动1圈。机器可自动执行一些计算规则,"数"在计算过程中自动存储。德国数学家莱布尼茨(Gottfried Wilhelm Leibniz,1646—1716年)随后对此进行了改进,设计了"进步轮",实现了计算规则的自动、连续、重复执行。帕斯卡机的意义:它告诉人们"用纯机械装置可代替人的思维和记忆",开辟了自动计算的先河。

1822年,30岁的巴贝奇(Charles Babbage,1792—1871年)受前人杰卡德编织机的启迪,花费10年时间设计并制造了差分机。这台差分机能够按照设计者的意图,自动处理不同函数的计算过程。1834年,巴贝奇设计出具有堆栈、运算器和控制器的分析机,英国著名诗人拜伦的独生女阿达·奥古斯塔为分析机编制了人类历史上的第一批程序,即一套可预先变化的有限、有序的计算规则。巴贝奇用了50年时间不断研究如何制造差分机,但限于当时的科技水平,其第二个差分机和分析机均未能制造出来。在巴贝奇去世70多年后,MarkⅠ在IBM的实验室制作成功,巴贝奇的夙愿才得以实现。巴贝奇用一生的时间进行科学探索和研究,这种精神将永远流传下来。

正是由于前人对机械计算机的不断探索和研究,不断地追求计算的机械化、自动化、智能化:如何自动存储数据?如何让机器识别可变化的计算规则并按照规则执行?如何让机器像人一样地思考?这些问题促进了机械技术和电子技术的结合,最终导致了现代计算机的出现。

1.1.2 元器件发展史

自动计算要解决数据的自动存取以及随规则自动变化的问题,如图1-2所示,如何找到能够满足这种特性的元器件便成为电子时代研究者不断追求的目标。

1883年,爱迪生(Thomas Alva Edison,1874—1931年)在为电灯泡寻找最佳灯丝材料时,发现了一个奇怪的现象:在真空电灯泡内部碳丝附近安装一截铜丝,结果在碳丝和铜丝之间产生了微弱的电流。1895年,英国的电器工程师弗莱明博士(J.Fleming,1849—1945年)对这个"爱迪生效应"进行了深入的研究,最终发明了人类第一只电子管(真空二极管),一种使电子单向流动的元器件。1907年,美国人德芙雷斯(Lee de Forest,1873—1961年)发明了真空三极管,他的这一发明为他赢得了"无线电之父"的称号。其实,德芙雷斯所做的就是在二极管的灯丝和板极之间加了一块栅板,使电子流动可以受到控制,从而使电子管进入普及和应用阶段。电子管是可存储和控制二进制数的电子元器件。在随后的几十年中,人们开始用电子管制作自动计算的机器。标志性的成果是1946年ENIAC(Electronic Numerical Integrator And Computer,即电子数字积分计算机)在美国宾夕法尼亚大学研制成功,这是世界上公认的第一台电子计算机。这一成果奠定了"二进制"和"电子技术"作为计算机核心技术的地位。然而电子管有很多缺陷,如体积庞大、可靠性较低等,如何解决这些问题促使人们开始寻找性能更佳的替代品。

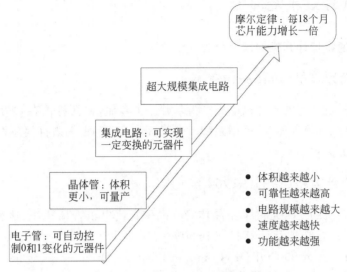

图 1-2　元器件的发展与演变

1947年,贝尔实验室的肖克莱和巴丁、布拉顿发明了点接触晶体管,两年后肖克莱进一步发明了可以批量生产的结型晶体管(1956年他们3个人因为发明点接触晶体管共同获得了诺贝尔奖),1954年德州仪器公司的迪尔发明了制造硅晶体管的方法。1955年以后,以晶体管为主要器件的计算机也迈入新的时代。尽管晶体管代替电子管有很多优点,但还是需要使用电线将各个元器件逐个连接起来,对于电路设计人员来说,能够用电线连接起来的单个电子元器件的数量不能超过一定的限度。而当时一台计算机可能就需要25 000个晶体管、10万个二极管以及成千上万个电阻和电容,其错综复杂的结构使其可靠性大为降低。

1958年,菲尔柴尔德半导体公司的诺伊斯和德州仪器公司的基尔比提出了集成电路的构想:在一层保护性的氧化硅薄片下面,用同一种材料(硅)制造晶体管、二极管、电阻、电容,再采用氧化硅结缘层的平面渗透技术以及将细小的金属线直接蚀刻在这些薄片表面上的方法,把这些元器件互相连接起来,这样几千个元器件就可以紧密地排列在一小块薄片上。将成千上万个元器件封装成集成电路,自动实现一些复杂的变换,集成电路成为功能更为强大的元器件,人们可以通过连接不同的集成电路,制造自动计算的机器,人类由此进入微电子时代。

随后人们不断研究集成电路的制造工艺,光刻技术、微刻技术到现在的纳刻技术使得集成电路的规模越来越大,形成了超大规模集成电路(VLSI)。自那时起,集成电路的发展就像Intel公司创始人戈登·摩尔(Gordon Moore)提出的摩尔定律一样:当价格不变时,集成电路上可容纳的晶体管数目,每隔18个月左右便会增加一倍,其性能也将提升一倍。日前,一个超大规模集成电路芯片的晶体管数量可达14亿颗以上。

计算机的计算能力应该说很强大了,但科学家们还在不断地追求新形式元器件的研究,如生物芯片,目前在这方面已经取得了很多成果。

1.1.3　现代计算机发展史

计算机界通常把计算机的发展分为5个阶段。

1. 第一代计算机(1946—1958年)

第一代计算机的逻辑元件以电子管为基础。主存储器(简称内存)采用汞延迟线、磁鼓、磁心,外存储器(简称外存)采用磁带。使用机器语言和汇编语言编写程序。第一代计算机以科学计算为主。

2. 第二代计算机(1959—1964年)

第二代计算机的逻辑元件采用晶体管。晶体管比电子管体积小、速度快,性能更稳定。晶体管的使用拉开了计算机飞速发展的序幕。在这个时期出现了FORTRAN(Formula Translation)和COROL(Common Business Oriented Language)等高级语言。在软件上采用监控程序,这是操作系统的雏形。

3. 第三代计算机(1965—1970年)

第三代计算机称为集成电路(SI)计算机。在只有几平方毫米的单晶体硅片上可以集成上百个电子元件,使得计算机体积更小、速度更快。计算机内存采用半导体存储器,外存采用磁带、磁盘。这一时期的计算机开始使用操作系统。

4. 第四代计算机(1971—1980年)

第四代计算机的特征是使用了大规模集成电路(LSI)和其他更先进的技术,称为大规模集成电路计算机。20世纪80年代出现的超大规模集成电路(VLSI)在一个芯片上可以集成几十万个电子元器件。这一时期并行处理技术、分布式计算机系统、计算机网络以及数据库系统等技术得到了迅速发展。

5. 第五代计算机(1980年至今)

第五代计算机又称为新一代计算机,是把信息采集、存储、处理、通信同人工智能结合在一起的智能计算机系统。它主要面向知识处理,具有形式化推理、联想、学习和解释的能力,能够帮助人们进行判断、决策、开拓未知领域和获得新的知识。

第五代计算机与前四代计算机有着本质区别,是计算机发展史上的一次重要变革。

1.1.4　新中国计算机发展史

1956年,周恩来总理亲自主持制定的《1956—1967年科学技术发展远景规划》中,就把计算机列为发展科学技术的重点之一。1957 年筹建了中国第一个计算技术研究所——中国科学院计算技术研究所(以下简称中科院计算所)。

在苏联专家的帮助下,由七机部张梓昌高级工程师领衔研制的中国第一台数字电子计算机 103 机(定点 32 二进制位,每秒 2500 次)于 1958 年交付使用。随后,由原总参谋部张效祥教授领衔研制的中国第一台大型数字电子计算机 104 机(浮点 40 二进制位,每秒 1 万次)于 1959 年交付使用。其中,磁心存储器由中科院计算所副研究员范新弼和原七机部黄玉珩高级工程师领导完成。在 104 机上建立的、由钟萃豪和董蕴美领导的中国第一个自行设计的编译系统于 1961 年试验成功。1965 年,中科院计算所研制成功第一台大型晶体管计算机 109 乙机,之后推出 109 丙机,该机在两弹试验中发挥了重要作用。

1974 年,清华大学等单位联合设计并成功研制出采用集成电路的 DJS-130 小型计算机,运算速度达每秒 100 万次。

1983 年,国防科技大学研制成功运算速度每秒上亿次的银河-Ⅰ巨型机,这是我国高速计算机研制的一个重要里程碑。

1985 年,原电子工业部计算机管理局研制成功与 IBM PC 机兼容的长城 0520CH 微型计算机。

1992 年,国防科技大学研制出银河-Ⅱ通用并行巨型机,峰值速度达每秒 4 亿次浮点运算(相当于每秒 10 亿次基本运算操作),为共享主存储器的四处理机向量机,其向量中央处理机是采用中小规模集成电路自行设计的,总体上达到 20 世纪 80 年代中后期国际先进水平。它主要用于中期天气预报。

1993 年,国家智能计算机研究开发中心(后成立北京市曙光计算机公司,以下简称曙光公司)成功研制出曙光一号全对称共享存储多处理机,这是国内首次以基于超大规模集成电路的通用微处理器芯片和标准 UNIX 操作系统设计开发的并行计算机。

1995 年,曙光公司又推出国内第一台具有大规模并行处理机结构的并行机曙光 1000(含 36 个处理机),峰值速度达每秒 25 亿次浮点运算,实际运算速度上了每秒 10 亿次浮点运算这一高性能台阶。曙光 1000 与美国 Intel 公司 1990 年推出的大规模并行机的体系结构与实现技术相近,与国外的差距缩小到 5 年左右。

1997 年,国防科技大学成功研制出银河-Ⅲ百亿次并行巨型计算机系统,银河-Ⅲ采用可扩展分布共享存储并行处理体系结构,由 130 多个处理结点组成,峰值性能为每秒 130 亿次浮点运算,系统综合技术达到 20 世纪 90 年代中期国际先进水平。

1997—1999 年,曙光公司先后在市场上推出具有机群结构的曙光 1000A、曙光 2000-Ⅰ、曙光 2000-Ⅱ超级服务器,峰值计算速度突破每秒 1000 亿次浮点运算,机器规模已经超过 160 个处理机。

1999 年,国家并行计算机工程技术研究中心研制的神威Ⅰ计算机通过了国家级验收,并在国家气象中心投入运行。该系统有 384 个运算处理单元,峰值运算速度达每秒 3840 亿次。

2000 年,曙光公司推出每秒 3000 亿次浮点运算的曙光 3000 超级服务器。

2001 年,中科院计算所成功研制出我国第一款通用 CPU——"龙芯"芯片。

2002年,曙光公司推出完全具有自主知识产权的"龙腾"服务器,龙腾服务器采用国产龙芯-1 CPU,采用曙光公司和中科院计算所联合研发的服务器专用主板,采用曙光Linux操作系统,该服务器是国内第一台完全实现自主知识产权的产品,在国防、安全等部门发挥着重大作用。

2003年,百万亿次数据处理超级服务器曙光4000L通过国家验收,再一次刷新了国产超级服务器的历史记录,使得国产高性能产业再上新台阶。

2003年4月9日,由苏州国芯、南京熊猫、中芯国际、上海宏力、上海贝岭、杭州士兰、北京国家集成电路产业化基地、北京大学、清华大学等61家集成电路企业和机构组成的"中国芯产业联盟"在南京宣告成立,谋求合力打造中国集成电路完整产业链。

2003年12月9日,联想集团承担的国家网格主结点——深腾6800超级计算机研制成功,其实际运算速度达到每秒4.183万亿次,全球排名第14位,运行效率78.5%。

2003年12月28日,"中国芯工程"成果汇报会在人民大会堂举行,我国"星光中国芯"工程开发设计出5代数字多媒体芯片,在国际市场上以超过40%的市场份额占领了计算机图像输入芯片世界第一的位置。

2004年3月24日,《中华人民共和国电子签名法(草案)》获得原则通过,这标志着我国电子业务渐入法制轨道。

2004年6月21日,美国能源部劳伦斯·伯克利国家实验室公布了最新的全球计算机500强名单,曙光公司研制的超级计算机曙光4000A全球排名第10位,运算速度达每秒8.061万亿次。

2005年4月1日,《中华人民共和国电子签名法》正式实施。电子签名自此与传统的手写签名和盖章具有同等的法律效力,这促进和规范了中国电子交易的发展。

2005年4月18日,由中科院计算所研制的中国首个拥有自主知识产权的通用高性能CPU——"龙芯二号"正式亮相。

2005年5月1日,联想集团正式宣布完成对IBM全球PC业务的收购,联想集团以合并后年收入130亿美元、个人计算机年销售量1400万台,一跃成为全球第三大PC制造商。

2005年8月5日,国内最大搜索引擎百度公司的股票在美国Nasdaq市场挂牌交易,一日之内股价上涨354%,刷新美国股市5年来新上市公司首日涨幅的记录,百度公司也因此成为股价最高的中国公司,并募集到1.09亿美元的资金,比该公司最初预计的数额多出40%。

2005年8月11日,阿里巴巴公司收购雅虎中国公司。阿里巴巴公司和雅虎公司同时宣布,阿里巴巴收购雅虎中国全部资产,同时得到雅虎公司10亿美元投资,打造中国最强大的互联网搜索平台,这是中国互联网历史上最大的一起并购案。

2013年11月18日,国际TOP500组织公布了最新全球超级计算机500强排行榜,中国国防科学技术大学研制的"天河二号"超级计算机以比第二名美国"泰坦"快近一倍的速度再度登上榜首。

2016年6月20日,德国法兰克福国际超算大会公布了新一期世界500强排名,我国自主研制的"神威·太湖之光"成为全球运行速度最快的超级计算机。

1.2　计算机的特点和分类

1.2.1　计算机的特点

下面介绍计算机的主要特点。

1. 运算速度快

计算机的运算部件采用的是电子器件,其运算速度远非其他计算工具所能比拟,且运算速度还以每隔几个月提高一个数量级的速度快速发展。目前,巨型计算机的运算速度已经达到每秒几百亿次运算,能够在很短的时间内解决极其复杂的运算问题。即使是微型计算机,其运算速度也已经大大超过了早期的大型计算机,一些原来需要在专用计算机上完成的动画制作、图片加工等,现在在普通微型计算机上就可以完成了。

2. 存储容量大

计算机的存储性是计算机区别于其他计算工具的重要特征。计算机的存储器可以把原始数据、中间结果、运算指令等存储起来,以备随时调用。存储器不但能够存储大量的信息,而且还能够快速准确地存入或取出这些信息。

3. 通用性强

通用性是计算机能够应用于各种领域的基础。任何复杂的任务都可以分解为基本的算术运算和逻辑操作,计算机程序员可以把这些基本的运算和操作按照一定规则(算法)写成一系列操作指令,加上运算所需的数据,形成适当的程序就可以完成各种各样的任务。

4. 工作自动化

计算机内部的操作运算是根据人们预先编制的程序自动控制执行的。只要把包含一连串指令的处理程序输入计算机,计算机便会依次取出指令并逐条执行,完成各种规定的操作,直到得出结果为止。

5. 精确性高、可靠性高

计算机的可靠性很高,差错率极低,一般只在那些人工介入的地方才有可能发生错误,由于计算机内部独特的数值表示方法,使得其有效数字的位数相当长,可达百位以上甚至更多,满足了人们对精确计算的需要。

1.2.2　计算机的分类

现代计算机,是在借鉴了前人的机械化、自动化思想后设计的能够理解和执行任意复杂程序的机器,可以进行任意形式的计算,如数学计算、逻辑推理、图形图像变换、数理统计、人工智能与问题求解等,计算机的能力在不断提高中。计算机的分类方法较多,根据处理的对象、用途和规模不同,计算机可有不同的分类方法,下面介绍常用的分类方法。

1. 按照处理的对象划分

计算机按照处理的对象不同可分为模拟计算机、数字计算机和混合计算机。

(1) 模拟计算机:指专用于处理连续的电压、温度、速度等模拟数据的计算机。其特点是参与运算的数值由不间断的连续量表示,其运算过程是连续的,由于受元器件质量影响,其计算精度较低,应用范围较窄。模拟计算机目前已很少生产。

(2) 数字计算机:指用于处理数字数据的计算机。其特点是数据处理的输入和输出都是数字量,参与运算的数值用非连续的数字量表示,具有逻辑判断等功能。数字计算机是以近似人类大脑的"思维"方式进行工作的,所以又称为"电脑"。

(3) 混合计算机:指模拟技术与数字计算灵活结合的电子计算机,输入和输出既可以是数字数据,也可以是模拟数据。

2. 按照计算机的用途划分

按照计算机的用途不同,计算机可分为通用计算机和专用计算机两种。

(1) 通用计算机:通用计算机适用于解决一般性问题,其适应性强,应用面广,如用于科学计算、数据处理和过程控制等,但其运行效率、速度和经济性依据不同的应用对象会受到不同程度的影响。

(2) 专用计算机:专用计算机用于解决某一特定方面的问题,配有为解决某一特定问题而专门开发的软件和硬件,应用于自动化控制、工业仪表、军事等领域。专用计算机针对某类问题能显示出最有效、最快速和最经济的特性,但它的适应性较差,不适于其他方面的应用。

3. 按照计算机的规模划分

计算机的规模是由计算机的一些主要技术指标来衡量的,如字长、运算速度、存储容量、外部设备、输入和输出能力、配置软件丰富程度、价格高低等。计算机根据其规模不同可分为巨型机、小巨型机、大型主机、小型机、微型机和图形工作站等。

(1) 巨型机:又称超级计算机,一般用于国防尖端技术和现代科学计算等领域。巨型机是当代速度最快、容量最大、体积最大、造价最高的计算机。目前,巨型机的运算速度已达每秒几十万亿次,并且这个记录还在不断刷新。巨型机是计算机发展的一个重要方向,研制巨型机也是衡量一个国家经济实力和科学水平的重要标志。

(2) 小巨型机:又称小超级计算机或桌上型超级计算机,典型的产品有美国 Convex 公司的 C-1、C-2、C-3,以及 Alliant 公司的 FX 系列等。

(3) 大型主机:包括通常所说的大型和中型计算机,这类计算机具有较高的运算速度和较大的存储容量,一般用于科学计算、数据处理或用作网络服务器,但随着微型计算机与网络的迅速发展,大型主机正在被高档微型计算机所取代。

（4）小型机：一般用于工业自动控制、医疗设备中的数据采集等方面，典型的产品有 DEC 公司的 PDP-11 系列、VAX-11 系列以及 HP 公司的 1000、3000 系列等。目前，小型机同样受到高档微型计算机的挑战。

（5）微型机：微型计算机简称微型机或微机，又称个人计算机（PC），是目前发展最快、应用最广泛的一种计算机。微型计算机的中央处理器采用微处理芯片，体积小巧轻便。

（6）图形工作站：是以个人计算环境和分布式网络环境为前提的高性能计算机，通常配有高分辨率的大屏幕显示器以及容量很大的内部存储器和外部存储器，并且具有较强的信息处理功能和高性能的图形、图像处理功能以及联网功能。图形工作站主要应用在专业的图形处理和影视创作等领域。

（7）嵌入式计算机：从学术的角度，嵌入式系统是以应用为中心，以计算机技术为基础，并且软硬件可裁剪，适用于应用系统对功能、可靠性、成本、体积、功耗有严格要求的专用计算机系统，一般由嵌入式微处理器、外围硬件设备、嵌入式操作系统和用户的应用程序 4 个部分组成。通俗地讲，嵌入式计算机就是"专用"计算机，这个专用是针对某个特定的应用，如网络、通信、音频、视频和工业控制等。

1.3 图 灵 机

1936 年，图灵（Alan Mathison Turing，1912—1954 年）提出了一种抽象的计算模型——图灵机（Turing Machine）。图灵机是算法研究的重要工具。

图灵机如图 1-3 所示，是一个抽象的机器，它有一条无限长的纸带，纸带分成了一个

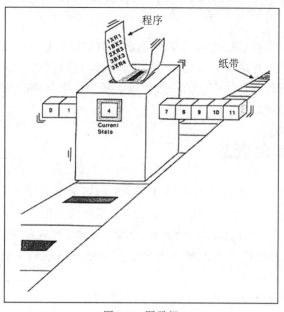

图 1-3　图灵机

一个的方格,每个方格有不同的颜色。有一个机器头在纸带上移来移去。机器头有一组内部状态,还有一些固定的程序。在每个时刻,机器头都要从当前纸带上读入一个方格信息,然后结合自己的内部状态查找程序表,根据程序输出信息到纸带方格上,并转换自己的内部状态,然后进行移动。

图灵的基本思想是用机器来模拟人们用纸笔进行数学运算的过程,他把这样的过程看作下列两种简单的动作:①在纸上写上或擦除某个符号;②把注意力从纸的一个位置移动到另一个位置。而在每个阶段,人要决定下一步的动作,依赖于此人当前所关注的纸上某个位置的符号和此人当前思维的状态。

图灵机在逻辑结构上由以下4个部分组成。

(1) 一个无限长的存储带。带子由一个个连续的存储方格组成,每个方格可以存储一个数字或符号。

(2) 一个读写头。读写头可以在存储带上左右移动,并可以读和修改存储方格中的数字或符号。

(3) 内部状态存储器。该存储器可以记录图灵机的当前状态,并且有一种特殊状态为停机状态。

(4) 控制程序指令。指令可以根据当前状态以及当前读写头所指的方格中的符号来确定读写头下一步的动作(左移还是右移),并改变状态存储器的值,让机器进入一个新的状态或者保持状态不变。

图灵机的每一部分都是有限的,但它有一个潜在的无限长的纸带,因此这种机器只是一个理想的设备。图灵认为这样的一台机器就能模拟人类所能进行的任何计算过程。

1.4 计算思维

思维是人脑对于客观事物的本质及其内在联系间接的、概括的反应,是一种认识过程或心理活动。计算思维是运用计算机科学的基础概念进行问题求解、系统设计以及人类行为理解等涵盖计算机科学之广度的一系列思维活动。本节将围绕计算思维的概念、关键内容和特性进行阐述。

1.4.1 计算思维的概念

计算思维的概念通常认为是由美国卡内基·梅隆大学周以真(Jeannette M. Wing)教授提出的。2006年3月,周以真教授在美国计算机权威期刊 Communications of the ACM 上发表了一篇名为《计算思维》的文章,指出:计算思维是运用计算机科学的基础概念进行问题求解、系统设计以及人类行为理解等涵盖计算机科学之广度的一系列思维活动。

以上是关于计算思维的一个总的定义,周以真教授为了让人们更易于理解,又将它更进一步定义为:通过约简、嵌入、转化和仿真等方法,把一个看起来困难的问题重新阐释成一个我们知道问题怎样解决的方法;是一种递归思维,是一种并行处理,可以把代码译成数据,又能把数据译成代码,是一种多维分析推广的类型检查方法;是一种采用抽象和分解来控制庞杂的任务或进行巨大复杂系统设计的方法,是基于关注分离的方法(Separation of Concerns,SoC);是一种选择合适的方式去陈述一个问题,或对一个问题的相关方面建模使其易于处理的思维方法;是按照预防、保护及通过冗余、容错、纠错的方式,并从最坏情况进行系统恢复的一种思维方法;是利用启发式推理寻求解答,即在不确定情况下的规划、学习和调度的思维方法;是利用海量数据来加快计算,在时间和空间之间,在处理能力和存储容量之间进行折中的思维方法。

计算思维与生活密切相关:当你早晨上学时,把当天所需要的东西放进背包,这就是"预置和缓存";当有人丢失自己的物品,你建议他沿着走过的路线去寻找,这就叫"回推";在对自己租房还是买房做出决策时,这就是"在线算法";在超市付费时,决定排哪个队,这就是"多服务器系统"的性能模型;为什么停电时你的电话还可以使用,这就是"失败无关性"和"设计冗余性"。由此可见,计算思维与人们的工作与生活密切相关,计算思维应当成为人类不可或缺的一种生存能力。

1.4.2 计算思维的关键内容

当我们必须求解一个特定的问题时,首先会问:解决这个问题有多么困难?怎样才是最佳的解决方法?计算机科学根据坚实的理论基础来准确地回答这些问题。表述问题的难度就是工具的基本能力,必须考虑的因素包括机器的指令系统、资源约束和操作环境。

为了有效地求解一个问题,我们可能要进一步问:一个近似解是否就够了?是否可以利用一下随机化?是否允许误报(false positive)和漏报(false negative)?计算思维就是通过约简、嵌入、转化和仿真等方法,把一个看来困难的问题重新阐释成一个我们知道怎样解决的问题。

计算思维是一种递归思维,是一种并行处理。它可以把代码译成数据,又把数据译成代码。它是由广义量纲分析进行的类型检查。例如,对于别名或赋予人与物多个名字的做法,它既知道其益处又了解其害处;对于间接寻址和程序调用的方法,它既知道其威力又了解其代价;它评价一个程序时,不仅根据其准确性和效率,还要有美学的考量,而对于系统的设计,还需要考虑简洁和优雅。计算思维是一种多维分析推广的类型检查方法。

计算思维采用了抽象和分解来迎接庞杂的任务或者设计巨大复杂的系统,它是一种基于关注点分离的方法。例如,它选择合适的方式去陈述一个问题,或者选择合适的方式对一个问题的相关方面建模使其易于处理;它是利用不变量简明扼要且表述性地刻画系统的行为;它是我们在不必理解每一个细节的情况下就能够安全地使用、调整和影响一个大型复杂系统的信息;它就是为预期的未来应用而进行数据的预取和缓存的设计。

计算思维是按照预防、保护及通过冗余、容错、纠错的方式,并从最坏情况进行系统恢复的一种思维。例如,对于"死锁",计算思维就是学习探讨在同步相互会合时如何避免"竞争条件"的情形。

计算思维利用启发式的推理来寻求解答,它可以在不确定的情况下规划、学习和调度。例如,它采用各种搜索策略来解决实际问题。计算思维利用海量数据来加快计算,在时间和空间之间,在处理能力和存储容量之间进行权衡。例如,它在内存和外存的使用上进行了巧妙的设计;它在数据压缩与解压缩过程中平衡时间和空间的开销。这种思维将成为每一个人的技能组合成分,而不仅仅限于科学家。普适计算的今天就如计算思维的明天。普适计算是已经成为今日现实的昨日之梦,而计算思维就是明日之现实。

1.4.3 计算思维的特性

"计算思维"概念的提出引发了计算机学界对于计算与计算思维的关注与探讨。我国计算机学界对于计算思维基本持赞同与肯定的态度,认为"计算思维的重要性在于它关系到我们对计算机科学的转型与发展之基本认识"。尤其在计算机教育领域,周以真教授提出的"计算思维"更是产生了深远的影响,2010年7月,在西安"九校联盟(C9)计算机基础课程研讨会"上发布的《九校联盟计算机基础教学发展战略联合声明》中,强调了将"计算思维能力的培养"作为计算机基础教育的核心任务。从2010年至今,计算思维能力的培养成为国内各个高校的计算机教育改革的主要方向。

1. 是概念化,不是程序化

计算机科学不是计算机编程。像计算机科学家那样去思维意味着远不止能为计算机编程,还要求能够在抽象的多个层次上思维。

2. 是根本的,不是刻板的技能

根本技能是每一个人为了在现代社会中发挥职能所必须掌握的。刻板技能意味着机械的重复。具有讽刺意味的是,当计算机像人类一样思考之后,思维可就真的变成机械的了。

3. 是人的,不是计算机的思维方式

计算思维是人类求解问题的一条途径,但绝非要使人类像计算机那样思考。计算机枯燥且沉闷,人类聪颖且富有想象力。是人类赋予计算机激情。配置了计算设备,我们就能用自己的智慧去解决那些在计算时代之前不敢尝试的问题,实现"只有想不到,没有做不到"的境界。

4. 是数学和工程思维的互补与融合

计算机科学在本质上源自数学思维,因为像所有的科学一样,其形式化基础建筑于数学之上。计算机科学又从本质上源自工程思维,因为我们建造的是能够与实际世界互动的系统,基本计算设备的限制迫使计算机学家必须计算性地思考,不能只是数学性地思考。构建虚拟世界的自由使我们能够设计超越物理世界的各种系统。

5. 是思想，不是人造物

不只是我们生产的软件、硬件等人造物将以物理形式到处呈现，并时时刻刻触及我们的生活，更重要的是还将有我们用以接近和求解问题、管理日常生活、与他人交流和互动的计算概念；而且，面向所有的人，所有的地方。当计算思维真正融入人类活动的整体以致不再表现为一种显式之哲学的时候，它就将成为一种现实。

1.5 计算机的应用领域

1.5.1 科学计算

科学计算是计算机最重要的应用之一。例如，工程设计、地震预测、气象预报、火箭发射、核爆模拟等都需要有计算机承担庞大复杂的计算任务。计算机高速度、高精度的运算能力可解决过去靠人工无法解决的问题。例如，气象预报的精确化以及高能物理实验数据的实时处理等，都要依靠计算机才能实现。计算机的运行能力和逻辑判断能力，改变了某些学科传统的研究方法，促成了计算力学、计算物理、计算化学、生物控制论和按需要设计新材料等新学科的出现。犹如社会科学研究领域，由于变量多、随机因素多，长期停留在定性研究阶段，计算机将社会科学的定性研究和定量研究逐步结合起来，使社会科学的研究方法更加科学化。

1.5.2 数据处理

当前计算机应用最为广泛的是数据处理，用计算机进行数据处理将产生新的信息形式。计算机数据处理包括数据采集、数据转换、数据分组、数据组织、数据计算、数据存储、数据检索和数据排序等。例如，人口统计、档案管理、银行业务、情报检索、企业管理等。

计算机的大容量存储和快速存取功能，可节省大量用于例行性知识处理的时间。随着新技术革命的到来，人类掌握的科学知识呈现爆炸式增长的局面，一个科技人员若不能利用计算机检索自己所需的信息，就会淹没在情报资料的海洋中，无法从事创造性探索。

计算机使组织管理技术得以发展。经济发展的两个主要方面，一是生产，二是管理。生产自动化固然重要，但如果管理落后，那么即使生产自动化了也不能发挥应有的效益。计算机用于信息管理，为管理自动化、办公自动化创造了条件。

1.5.3 过程控制

计算机是生产自动化的基本技术工具，它对生产自动化的影响有两个方面：一是在自动控制理论上，现代控制理论处理复杂的多变量控制问题，其数学工具是矩阵方程和向量空间，必须使用计算机求解；二是在自动控制系统的组织上，由数值计算机和模拟计算机组成的控制器,是自动控制系统的大脑。计算机按照设计者预先规定的目标和计算程序以及反馈装置提供的信息,指挥执行机构动作。生产自动化程度越高,对信息传递的速度和准确性的要求也越高,这一任务靠人工操作已无法完成,只有计算机才能胜任。在综合自动化系统中,计算机赋予自动控制系统越来越大的智能性。

利用计算机及时采集数据、分析数据、制定最佳方案、进行自动控制,不仅可以大大提高自动化水平、减轻劳动强度,而且可以大大提高产品质量及产品合格率。因此,在冶金、机械、石油、化工、电力及各种自动化系统部门,计算机都已经得到十分广泛的应用,并获得了非常好的效果。

1.5.4 计算机辅助工程

1. 计算机辅助设计

利用计算机高速处理、大容量存储和图形处理功能,来辅助设计人员进行产品设计的技术,称为计算机的辅助设计(CAD)。计算机辅助设计技术已广泛应用于电路设计、机械设计、土木建设设计及服装设计等各个方面,不但提高了设计速度,也大大提高了产品质量。

2. 计算机辅助制造

在机器制造业中,利用计算机,通过各种数值控制机床和设备,自动完成产品的加工、装配、检测和包装等控制过程的技术,称为计算机辅助制造(CAM)。

3. 计算机辅助教学

通过学生与计算机系统之间的对话,实现教学的技术,称为计算机辅助教学(CAI)。对话是在计算机程序和学生之间进行的,它使教学内容生动、形象、逼真,模拟其他手段难以做到的动作和场景。通过交互式帮助学生自学、自测,方便灵活,可满足不同层次人员对教学的不同要求。

4. 其他计算机辅助系统

其他计算机辅助系统包括利用计算机作为工具辅助产品测试的计算机辅助测试(CAT);利用计算机对学生的教学、训练和对教学事务进行管理的计算机辅助教育(CAE);利用计算机对文字、图像等信息进行处理、编辑、排版的计算机辅助出版系统(CAP),等等。

1.5.5 办公自动化

办公自动化(Office Automation,OA)指的是应用计算机、电子设备和软件,来数字化地创建、收集、存储、处理并传播完成办公室任务所需的信息。原始数据的存储,电子转账和电子业务信息的管理,组成了办公自动化系统的基本活动。

  计算机的诞生和发展促进了人类社会的进步和繁荣,作为信息科学的载体和核心,计算机科学在知识时代扮演了重要的角色。在行政机关、企事业单位工作中,采用 Internet/Intranet 技术,基于工作流的概念,以计算机为中心,采用一系列现代化的办公设备和先进的通信技术,广泛、全面、迅速地收集、整理、加工、存储和使用信息,使企事业内部人员方便快捷地共享信息,高效地协同工作;改变过去复杂、低效的手动办公方式,为现代化科学管理和决策服务,从而达到提高行政效率的目的。一个企业实现办公自动化的程度也是衡量其实现现代化管理的标准。

1.6 习　　题

1. 简述计算机的发展史。
2. 计算机可分为哪几类?
3. 计算机有哪些用途?
4. 要学好"大学计算机基础"这门课程,你认为应该采用怎样的方法?

第 2 章 信息的表示

伴随着以计算机科学技术为核心的现代信息技术的飞速发展和广泛应用,人类社会已经从工业时代进入信息时代。信息反映着客观世界中各种事物的特征和变化,是经过加工处理并对人类的客观行为产生影响的具有知识性的有用数据。计算机的主要功能是进行信息处理和信息存储。计算机中所处理的信息有两类:数值型信息和非数值型信息。数值型信息指的是数字和数量,除此之外均属非数值型信息,如表示文字、图形、图像及声音的信息。本章主要介绍数值型信息在计算机中的表示方式,即整数和小数在计算机中的表示方式。非数值型信息在计算机中的表示方式将在第 8 章多媒体技术中详细介绍。

2.1 进　　制

2.1.1 进制的基本概念

进制也称为进位制、进位计数制,它是一种计数方式,采用进制可以用有限的数字符号代表所有的数值。人类日常最常用的是十进制,即使用 10 个阿拉伯数字 0~9 进行计数。由于人类解剖学的特点,双手共有十根手指,所以人类自然而然就采用了十进制,并且成为人类使用最为常见的一种进制。成语"屈指可数"在某种意义上描述了一个简单计数的场景,原始人类在需要计数的时候,首先想到的就是利用天然的算筹——手指来进行计数。数值本身是一个数学上的抽象概念。经过长期的演化、融合、选择、淘汰,系统简便、功能全面的十进制计数制成为人类文化中主流的计数方法。除了 0~9 基本的符号以外,十进制的运算规则是"逢十进一"及"借一为十"。

除了十进制外,日常生活中还有很多进制。例如,时钟采用的六十进制,60 秒是 1 分钟,60 分钟是 1 小时;再如,七进制,7 天是 1 个星期;十二进制,12 个月是 1 年。无论哪种数制,其共同之处都是进位计数制。

在采用进位制计数的数字系统中,如果只用 R 个基本符号 $(0,1,2,\cdots,R-1)$ 表示数值,则称其为 R 进制,R 称为该进制的基数,而数制中每一固定位置对应的单位值称为位权。

一个十进制数 $(d_n d_{n-1} \cdots d_1 d_0 . d_{-1} d_{-2} \cdots d_{-m})_{10}$ 可表示为

$$(d_n d_{n-1} \cdots d_1 d_0 . d_{-1} d_{-2} \cdots d_{-m})_{10} = d_n \times 10^n + d_{n-1} \times 10^{n-1} + \cdots + d_1 \times 10^1 + d_0 \times 10^0$$
$$+ d_{-1} \times 10^{-1} + d_{-2} \times 10^{-2} + \cdots + d_{-m} \times 10^{-m}$$

一个十进制数,千位的位权是 10^3,百位的位权是 10^2,十位的位权是 10^1,个位的位权是 10^0。

可以看出,各种进位计数制的位权是基数 R 的某次幂。因此,任何一种进位计数制表示的数都可以写成按其位权展开的多项式之和。一个 R 进制数 $(d_n d_{n-1} \cdots d_1 d_0 . d_{-1} \cdots d_{-m})_R$ 可表示为

$$(d_n d_{n-1} \cdots d_1 d_0 . d_{-1} \cdots d_{-m})_R = d_n \times R^n + d_{n-1} \times R^{n-1} + \cdots + d_1 \times R^1 + d_0 \times R^0$$
$$+ d_{-1} \times R^{-1} + d_{-2} \times R^{-2} \cdots + d_{-m} \times R^{-m}$$

其中,d_i 是数码,R 是基数,R^i 是位权。表 2-1 列出了计算机中常见的几种进位计数制。

表 2-1 计算机中常见的几种进位计数制

进位计数制	二进制	八进制	十进制	十六进制
规则	逢二进一	逢八进一	逢十进一	逢十六进一
基数	2	8	10	16
位权	2^i	8^i	10^i	16^i

2.1.2 计算机中为什么使用二进制

在早期设计的机械计算装置中,使用的是十进制或者其他进制数来进行数值运算。例如,利用齿轮的不同位置表示不同的数值,这种计算装置可能更加接近人类的思想方式。一个计算设备有 10 个齿轮,每一个齿轮有 10 格,小齿轮转一圈大齿轮走 1 格。这就是一个简单的 10 位十进制的数据表示设备,可以表示 0~9999999999 的数字,配合其他一些机械设备,这样一个简单的基于齿轮的装置就可以实现简单的十进制加减法了。而现代计算机采用二进制来作为信息表示和处理的基本进制,这主要有如下 5 个原因。

(1) 如果采用十进制,则需要使用电子管来表示 10 种状态,这样势必增加电子电路设计的复杂性。而采用二进制,电子管只需要描述两种状态,即开和关,这两种状态正好可以用 1 和 0 表示。也就是说,电子管的两种状态决定了以电子管为基础的电子计算机采用二进制来表示各种信息。

(2) 运算简单。二进制的和、积运算组合各有 4 种(0+0=0,1+0=1,0+1=1,1+1=0;0×0=0,1×0=0,0×1=0,1×1=1),相对于其他进制来说运算规则简单,例如十进制数的乘法运算和加法运算各有 100 种,简单的运算规则有利于简化计算机内部结构,提高运算速度。

(3) 适合逻辑运算。逻辑代数是逻辑运算的理论依据,二进制只有两个数码,正好与逻辑代数中的真和假相吻合。

(4) 计算机使用二进制,而人们习惯于使用十进制。二进制与十进制间的转换很方便,二进制与八进制、十六进制的转换也很简单,因此使人与计算机间的信息交流既简便

又容易。

(5) 用二进制表示信息具有抗干扰能力强、可靠性高等优点。因为每位数据只有 0 和 1 两个状态,当受到一定程度的干扰时,仍能可靠地分辨出它是 1 还是 0。

基于上述原因,计算机内部采用二进制对所有信息进行编码。二进制的数字符号是 0 和 1,基数是 2,运算规则是"逢二进一"。因为二进制只有两个可以使用的数,如果表示较大的数就需要使用很多 0 和 1 来表示。例如,十进制数 8 需要使用 4 位二进制数来表示,十进制数 1024 需要使用 11 位二进制数来表示,当数值很大的时候,0 和 1 的位数就会快速增长,为了增强可读性,人们通常采用八进制、十进制和十六进制来表示计算机内的数值。因此,十进制、二进制、八进制和十六进制是需要熟悉的 4 种进位制,如表 2-2 所示。

在这 4 种进制中,十六进制的基本符号中用 A、B、C、D、E、F 分别代表十进制的 10、11、12、13、14、15。如果不使用 A、B、C、D、E、F 代表 10、11、12、13、14、15,而是直接使用 10、11、12、13、14、15,就会产生歧义。例如,十六进制数 2314,其中 14 本意是十六进制中的 14,采用 2314 就可以认为是 4 位十六进制数,而不是 3 位十六进制数。所以用 23E 来表示,避免了和 2314 产生歧义。

表 2-2 4 种进位制

进 制	基数	进位原则	基 本 符 号
二进制	2	逢二进一	0,1
八进制	8	逢八进一	0,1,2,3,4,5,6,7
十进制	10	逢十进一	0,1,2,3,4,5,6,7,8,9
十六进制	16	逢十六进一	0,1,2,3,4,5,6,7,8,9,A,B,C,D,E,F

为了区别这 4 个进制表示的数,一般约定用下标来明确进制。例如 $(3456)_8$,表示 3456 这个数是一个八进制数。也可以用英文字母来描述某种进制,例如 $(3456)_H$ 表示 3456 这个数是一个十六进制数,二进制、八进制和十进制分别用字母 B、O、D 表示,使用的是各类进制的英文单词的第一个字母。

2.2 不同进制之间的转换

2.2.1 十进制与二进制、八进制、十六进制之间的转换

1. 二进制、八进制、十六进制转换成十进制

由 R 进制数的表示公式

$$(d_n d_{n-1} \cdots d_1 d_0 . d_{-1} d_{-2} \cdots d_{-m})_R = d_n \times R^n + d_{n-1} \times R^{n-1} + \cdots + d_1 \times R^1 + d_0 \times R^0 + d_{-1} \times R^{-1} + d_{-2} \times R^{-2} + \cdots + d_{-m} \times R^{-m}$$

得出,二进制、八进制、十六进制转换成十进制,只要将 R 转换成 2、8、16,按照位权表示展开,然后相加即可。

【例 2-1】 将二进制数 10011.11 转换为十进制数。

$$(10011.11)_2 = 1 \times 2^4 + 0 \times 2^3 + 0 \times 2^2 + 1 \times 2^1 + 1 \times 2^0$$
$$+ 1 \times 2^{-1} + 1 \times 2^{-2} = (19.75)_{10}$$

所以,$(10011.11)_2 = (19.75)_{10}$。

【例 2-2】 将八进制数 267 转换为十进制数。

$$(267)_8 = 2 \times 8^2 + 6 \times 8^1 + 7 \times 8^0 = (183)_{10}$$

所以,$(267)_8 = (183)_{10}$。

【例 2-3】 将十六进制数 1CA 转换为十进制数。

$(1CA)_8 = 1 \times 16^2 + C \times 16^1 + A \times 16^0 = 1 \times 16^2 + 12 \times 16^1 + 10 \times 16^0 = (458)_{10}$

所以,$(1CA)_8 = (458)_{10}$。

其他进制转换为十进制时,只需要修改基数即可。

2. 十进制转换成二进制、八进制、十六进制

由于整数部分转换方法和小数部分转换方法不一样,所以分开介绍。

1) 十进制整数转换为二进制、八进制、十六进制整数

十进制数转换成二进制、八进制、十六进制的方法可由上述 R 进制数的表示公式推导出来。首先介绍十进制整数转换为二进制数的方法。十进制整数转换为八、十六进制数的方法和转换为二进制类似,只需要将 2 变为 8 或者 16。

设 $(d_n d_{n-1} \cdots d_1 d_0)_2$ 是一个二进制整数串,这个整数的十进制数表示为 N,则

$$N = d_n \times 2^n + d_{n-1} \times 2^{n-1} + \cdots + d_1 \times 2^1 + d_0 \times 2^0$$
$$= d_n \times 2^n + d_{n-1} \times 2^{n-1} + \cdots + d_1 \times 2^1 + d_0$$
$$= (((d_n \times 2 + d_{n-1}) \times 2 + \cdots + d_1) \times 2) + d_0$$

等式两边同时除 2,等式保持不变。从等式右边可以看出,N 除以 2 得到余数 d_0,商 $d_n \times 2^{n-1} + d_{n-1} \times 2^{n-2} + \cdots + d_2 \times 2^1 + d_1$;再对商除以 2,又能得到余数 d_1,商 $d_n \times 2^{n-2} + d_{n-1} \times 2^{n-3} + \cdots + d_3 \times 2^1 + d_2$;以此类推,直到商为 0。在除以 2 取余数的过程中,余数要么为 0,要么为 1。最先求出的 d_0 是二进制最低位,最后求出的 d_n 是二进制的最高位,所以,每次除 2 求出的余数按照所求的顺序逆序连接在一起就是所要求的二进制数。

由上述推导,十进制整数转换成二进制的规则总结如下:

十进制整数反复除以 2,直到商为 0,然后逆向取余数。注意,先求得的余数为低位,后求得的余数为高位。

【例 2-4】 将十进制数 97.8125 转换成二进制数,先求整数部分 $(97)_{10}$ 的二进制数。

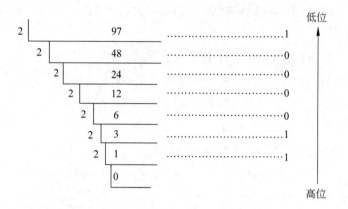

所以,整数部分为$(97)_{10}=(1100001)_2$。

2) 十进制小数转换为二进制、八进制以及十六进制小数

十进制小数转换成二进制小数的方法也可以通过类似上述的推导求解出来。

设$(0.d_{-1}d_{-2}\cdots d_{-m})_2$是一个二进制小数串,这个小数的十进制数表示为$N$,则

$$N = d_{-1} \times 2^{-1} + d_{-2} \times 2^{-2} + \cdots + d_{-m} \times 2^{-m}$$
$$= (d_{-1} + (d_{-2} + \cdots + (d_{-m} \div 2) \cdots) \div 2) \div 2$$

等式两边同时乘以 2,等式保持不变。从等式右边可以看出,N 乘以 2 的结果,其整数部分为 d_{-1},小数部分为 $d_{-2} \times 2^{-1} + \cdots + d_{-m} \times 2^{-m+1}$;再对小数部分乘以 2,又能得到整数 d_{-2},小数部分 $d_{-3} \times 2^{-1} + \cdots + d_{-m} \times 2^{-m+2}$;以此类推,直到小数部分的结果为 0 或者达到所需要的二进制位数。

由上述的推导,十进制小数转换成二进制小数的规则总结如下:

将小数乘 2 后取其整数,将剩余的小数重复刚才的过程,直到剩余小数为 0 或者计算到规定位数为止。注意,先求得的整数为高位,后求得的整数为低位。

【例 2-5】 求小数部分$(0.8125)_{10}$的二进制数。

```
        0.8125                    高位
    ×      2
       1.6250      ················1
        0.625
    ×      2
       1.250       ················1
        0.25
    ×      2
        0.5        ················0
        0.5
    ×      2
        1.0        ················1
                                   低位
```

所以,小数部分$(0.8125)_{10} = (0.1101)_2$。

最后,整数和小数将两部分转换结果合并:$(97.8125)_{10} = (1100001.1101)_2$。

注意,十进制小数不一定都能转换成完全等值的二进制小数。由上述的小数转换成二进制的方法,我们会发现小数乘以 2 不一定都能最终归结到 0,这时只要小数点后的位数达到用户所需的精度就可以,精度视需求而定。

【例 2-6】 求小数$(0.3145)_{10}$的等值二进制数。

```
        0.3145
      ×      2
      ────────
        0.6290  ·············· 0    高位
        0.629
      ×     2
      ────────
        1.258   ·············· 1
        0.258
      ×     2
      ────────
        0.516   ·············· 0
        0.516
      ×     2
      ────────
        1.032   ·············· 1
        0.032
      ×     2
      ────────
        0.064   ·············· 0
        0.064
      ×     2
      ────────
        0.128   ·············· 0    低位
        ...
```

由上面的计算可以发现,继续乘以 2 若干次,小数部分都不可能最后归为 0。也就是说,0.3145 不可能转换成与之等值的二进制小数,只能依据需求尽可能地与 0.3145 接近。例如,要求小数点后保留 6 位,那么只要计算出 6 位二进制位即可。

十进制转换为八进制、十六进制规则与上述十进制转换成二进制规则相同,只是将基数换成 8 或 16,读者可以自行学习。

2.2.2 二进制与八进制、十六进制之间的转换

我们知道十进制 $2^3 = 8$,八进制中的基本符号为 0~7,这 8 个数恰好可以使用 3 位二进制数表示:$(0)_8 = (000)_2$、$(1)_8 = (001)_2$、$(2)_8 = (010)_2$、$(3)_8 = (011)_2$、$(4)_8 = (100)_2$、$(5)_8 = (101)_2$、$(6)_8 = (110)_2$、$(7)_8 = (111)_2$。同理,$2^4 = 16$,十六进制的 16 个基本符号 0~F 恰好可以使用 4 位二进制数表示。因此,十进制 $2^3 = 8$ 和 $2^4 = 16$ 是二进制与八进制和十六进制之间转换的基础。

为了说明二进制与八进制、十六进制之间的转换,下面以小数点为基准,分整数部分

和小数部分分别进行讨论。

1. 二进制转换成八进制、十六进制

1) 二进制转换成八进制

二进制转换成八进制的规则如下。

整数部分：从右向左，每 3 位一组，最左边不足 3 位时，左边添 0 补足 3 位。

小数部分：从左向右，每 3 位一组，最右边不足 3 位时，右边添 0 补足 3 位。

【例 2-7】 将二进制数 1101001011.1011111 转换为八进制数。

$$(\underbrace{001\ \ 101\ \ 001\ \ 011}\ .\ \underbrace{101\ \ 111\ \ 100})_2$$
$$\ \ \ \ \downarrow\ \ \ \ \ \ \downarrow\ \ \ \ \ \ \downarrow\ \ \ \ \ \ \downarrow\ \ \ \ \ \ \ \downarrow\ \ \ \ \ \ \downarrow\ \ \ \ \ \ \downarrow$$
$$\ \ \ \ 1\ \ \ \ \ \ 5\ \ \ \ \ \ 1\ \ \ \ \ \ 3\ \ .\ \ 5\ \ \ \ \ \ 7\ \ \ \ \ \ 4$$

所以，$(1101001011.1011111)_2 = (1513.574)_8$。

2) 二进制转换成十六进制

二进制转换成十六进制的规则如下。

整数部分：从右向左，每 4 位一组，最左边不足 4 位时，左边添 0 补足 4 位。

小数部分：从左向右，每 4 位一组，最右边不足 4 位时，右边添 0 补足 4 位。

【例 2-8】 将二进制数 1101001011.1011111 转换为十六进制数。

$$(\underbrace{0011\ \ 0100\ \ 1011}\ .\ \underbrace{1011\ \ 1110})_2$$
$$\ \ \ \ \ \downarrow\ \ \ \ \ \ \ \ \downarrow\ \ \ \ \ \ \ \ \downarrow\ \ \ \ \ \ \ \ \ \downarrow\ \ \ \ \ \ \ \ \downarrow$$
$$\ \ \ \ \ 3\ \ \ \ \ \ \ \ 4\ \ \ \ \ \ \ \ B\ \ .\ \ \ B\ \ \ \ \ \ \ \ E$$

所以，$(1101001011.1011111)_2 = (34B.BE)_{16}$。

2. 八进制、十六进制转换成二进制

1) 八进制转换成二进制

八进制转换成二进制的规则是：只要将每一位的八进制数扩展成 3 位二进制数，最后将最右边及最左边的 0 删除即可。

【例 2-9】 将八进制数 1513.57 转换为二进制数。

$$(\ 1\ \ \ \ \ 5\ \ \ \ \ 1\ \ \ \ \ 3\ .\ 5\ \ \ \ \ 7\ )_8$$
$$\ \ \ \downarrow\ \ \ \ \ \downarrow\ \ \ \ \ \downarrow\ \ \ \ \ \downarrow\ \ \ \ \ \downarrow\ \ \ \ \ \downarrow$$
$$\ 001\ \ \ 101\ \ \ 001\ \ \ 011\ .101\ \ \ 111$$

所以，$(1513.57)_8 = (1101001011.101111)_2$。

2) 十六进制转换成二进制

同八进制转换成二进制道理相同，十六进制转换成二进制的规则是：只要将每一位的十六进制数扩展成 4 位二进制数，最后将最右边及最左边的 0 删除即可。

【例 2-10】 将十六进制数 34B.BC 转换为二进制数。

$$(\ 3\ \ \ \ \ \ 4\ \ \ \ \ \ B\ .\ \ B\ \ \ \ \ \ C\ )_{16}$$
$$\ \ \ \downarrow\ \ \ \ \ \ \downarrow\ \ \ \ \ \ \downarrow\ \ \ \ \ \ \downarrow\ \ \ \ \ \ \downarrow$$
$$\ 0011\ \ 0100\ \ 1011\ .1011\ \ 1100$$

所以,$(34B.BC)_{16}=(1101001011.101111)_2$。

为了方便,将常见的十进制数与二进制数、八进制数、十六进制数对应关系罗列,如表 2-3 所示。

表 2-3　常见进制之间的对应关系

十进制数	二进制数	八进制数	十六进制数	十进制数	二进制数	八进制数	十六进制数
0	0	0	0	8	1000	10	8
1	1	1	1	9	1001	11	9
2	10	2	2	10	1010	12	A
3	11	3	3	11	1011	13	B
4	100	4	4	12	1100	14	C
5	101	5	5	13	1101	15	D
6	110	6	6	14	1110	16	E
7	111	7	7	15	1111	17	F

2.3　信息存储的计量单位

我们知道计算机内部都是以二进制来描述各类信息的,那么计算机存储各类信息本质上就是存储大量的二进制数。下面介绍二进制存储的基本单位以及存储容量的概念。计算机中存储数据的最小单位是位(bit,b,比特),用于存放一位二进制数,即一个 0 或一个 1。连续的 8 位二进制称为一个字节(Byte,B),字节是计算机信息处理和存储分配的基本单位,1B=8b。计算机的存储器,如硬盘、U 盘、内存条等,通常也是以多少字节来表示它的容量。常用的单位有千字节(KB)、兆字节(MB)、吉字节(GB)、太字节(TB)等,各单位之间的换算如下。

$1KB=2^{10}B=1024B$

$1MB=2^{10}KB=1024KB$

$1GB=2^{10}MB=1024MB$

$1TB=2^{10}GB=1024GB$

计算机中字节作为处理信息和存储的基本单位,但是还有一个非常重要的概念——字,对于我们理解计算机有着很大的作用。通常把计算机进行数据处理时,一次存取、加工和传送的数据长度称为字(Word,W)。字通常由一个或者多个字节组成,字节是计量单位,而字是其用来一次性处理事务的一个固定长度的单位。人们通常说的 32 位的计算机或者 64 位的计算机,指的是 CPU 能够一次处理 32 位的 0 或 1,即 4 个字节;或者一次处理 64 位,即 8 个字节。也就是说,32 位或 64 位计算机的字长分别为 32 位或 64 位。64

位的计算机比 32 位的计算机处理能力更强。32 位的计算机可以安装 32 位的操作系统；64 位的计算机既可以安装 64 位的操作系统，也可以安装 32 位的操作系统。目前，大部分计算机都是 64 位的。

2.4 二进制的运算

二进制数用 0 和 1 表示，正好与逻辑代数中的真和假吻合，二进制的运算除了可进行常见的算术运算外，还可以进行逻辑运算。下面详细介绍二进制的算术运算和逻辑运算。

2.4.1 算术运算

二进制的算术运算包含加、减、乘、除。二进制的算术运算规则和十进制数运算规则相同，不同之处在于二进制是"逢二进一"和"借一为二"。加法、减法、乘法、除法的运算规则如下。

1. 二进制加法

二进制加法运算规则如表 2-4 所示，和十进制的加法运算规则类似，唯一不同的就是进制不一样。十进制加法是"逢十进一"，而二进制则是"逢二进一"。二进制加法运算规则总结为：0+0=0、0+1=1、1+0=1、1+1=0(进位为 1)。

表 2-4 二进制加法运算规则

加法"+"	0	1
0	0	1
1	1	0

【例 2-11】 计算 $(11001)_2+(1001.1101)_2$。

$$\begin{array}{r} 11001 \\ +\quad 1001.1101 \\ \hline 100010.1101 \end{array}$$

所以，$(11001)_2+(1001.1101)_2=(100010.1101)_2$。

2. 二进制减法

二进制减法运算规则如表 2-5 所示。和十进制的减法运算规则类似。十进制减法是"借一为十"，而二进制则是"借一为二"。二进制减法运算规则总结为：0-0=0、0-1=1(借 1)、1-0=1、1-1=0。

表 2-5　二进制减法运算规则

减法"−"	0	1
0	0	1（借 1）
1	1	0

【例 2-12】　计算 $(11101010)_2-(1111)_2$。

$$
\begin{array}{r}
11101010 \\
-1111 \\
\hline
11011011
\end{array}
$$

所以，$(11101010)_2-(1111)_2=(11011011)_2$。

3. 二进制乘法

二进制乘法运算规则如表 2-6 所示。二进制乘法运算规则总结为：$0\times0=0$、$0\times1=0$、$1\times0=0$、$1\times1=1$。

表 2-6　二进制乘法运算规则

乘法"×"	0	1
0	0	0
1	0	1

【例 2-13】　计算 $(1001)_2\times(1010)_2$。

$$
\begin{array}{r}
1001 \\
\times1010 \\
\hline
0000 \\
1001 \\
0000 \\
1001 \\
\hline
1011010
\end{array}
$$

所以，$(1001)_2\times(1010)_2=(1011010)_2$。

4. 二进制除法

二进制除法运算规则如表 2-7 所示。二进制除法运算规则总结为：$0\div0$ 出错、$0\div1=0$、$1\div0$ 出错、$1\div1=1$。

表 2-7　二进制除法运算规则

除法"÷"	0	1
0	出错	0
1	出错	1

【例 2-14】 计算 $(1110101)_2 \div (1001)_2$。

$$
\begin{array}{r}
1101 \\
1001{\overline{\smash{\big)}\,1110101}} \\
\underline{1001} \\
1011 \\
\underline{1001} \\
1001 \\
\underline{1001} \\
0
\end{array}
$$

所以，$(1110101)_2 \div (1001)_2 = (1101)_2$。

2.4.2 逻辑运算

常见的基本的逻辑运算有与(and)、或(or)、非(not)、异或(xor)等。逻辑学中常用 $\wedge$ 表示与运算、$\vee$ 表示或运算、$\neg$ 表示非运算、$\oplus$ 表示异或运算，其运算规则如下。

1. 逻辑与

逻辑与运算规则如表 2-8 所示，即只有参与运算的两个数都是 1 的时候结果才为 1，其他情况均为 0。逻辑与运算规则表示为：$0 \wedge 0=0$、$0 \wedge 1=0$、$1 \wedge 0=0$、$1 \wedge 1=1$。

表 2-8 逻辑与运算规则

A	B	$A \wedge B$
0	0	0
0	1	0
1	0	0
1	1	1

【例 2-15】 计算 $(10101011)_2 \wedge (11001111)_2$。

$$
\begin{array}{r}
10101011 \\
\wedge\ 11001111 \\
\hline
10001011
\end{array}
$$

所以，$(10101011)_2 \wedge (11001111)_2 = (10001011)_2$。

2. 逻辑或

逻辑或运算规则如表 2-9 所示，即只有参与运算的两个数都是 0 的时候结果为 0，其他情况均为 1。逻辑或运算规则表示为：$0 \vee 0=0$、$0 \vee 1=1$、$1 \vee 0=1$、$1 \vee 1=1$。

表 2-9　逻辑或运算规则

A	B	A∨B
0	0	0
0	1	1
1	0	1
1	1	1

【例 2-16】　计算 $(10101011)_2 \vee (11001111)_2$。

$$\begin{array}{r} 10101011 \\ \vee\quad 11001111 \\ \hline 11101111 \end{array}$$

所以，$(10101011)_2 \vee (11001111)_2 = (11101111)_2$。

3. 逻辑非

逻辑非运算很容易理解，就是取反，其运算规则如表 2-10 所示。逻辑或运算规则表示为：¬0＝1、¬1＝0。

表 2-10　逻辑非运算规则

A	¬A
0	1
1	0

【例 2-17】　计算 $\neg(10101011)_2$。

按位取反，所以有 $\neg(10101011)_2 = (01010100)_2$。

4. 逻辑异或

逻辑异或运算规则如表 2-11 所示，即参与运算的两个数，如果不相同则结果为 1，否则为 0。逻辑异或运算规则表示为：$0 \oplus 0 = 0$、$0 \oplus 1 = 1$、$1 \oplus 0 = 1$、$1 \oplus 1 = 0$。

表 2-11　逻辑异或运算规则

A	B	A⊕B
0	0	0
0	1	1
1	0	1
1	1	0

第 2 章　信息的表示

【例2-18】 计算$(10001011)_2 \oplus (11001111)_2$。

$$\begin{array}{r} 10001011 \\ \oplus\ 11001111 \\ \hline 01000100 \end{array}$$

所以,$(10001011)_2 \oplus (11001111)_2 = (01000100)_2$。

2.5 逻辑电路实现二进制运算

二进制中加法运算是最基本的运算,在计算机中四则运算的其他运算都可以通过加法实现。例如,减法是对负数的加法,乘法是多次相同的加法,除法是多次相同的减法。加法在计算机的电子电路里面又是如何实现的呢?因为电子元件本身不能计算,常见的电子元件(如晶体管)往往只能决定电路的导通和断开,所以计算机中的电子元件的开、关两种状态使用1和0来描述。计算机用各种电子电路实现0和1的逻辑运算,从而达到实现加法运算的目的。

计算机硬件系统由各种电路构成,组成电路的基本单元是金属氧化物半导体晶体管。通过晶体管可以构成相应的逻辑门,以完成相应的逻辑运算。常用的逻辑门有与门、与非门、或门、或非门等,逻辑门可以组合使用以实现更为复杂的逻辑运算。图2-1显示的是基本逻辑门电路符号。逻辑门左边的连线代表输入端,右边连线为输出端,小圆圈代表对输出值取反。当逻辑门的输入信号到来时,将根据该门的运算规则产生相应的输出信号。以与门为例,只要输入中有一个为低电平时(逻辑0),输出就为低电平(逻辑0);只有当所有的输入全为高电平时(逻辑1),输出才为高电平(逻辑1)。与门实现与(and)逻辑运算、或门实现或(or)逻辑运算、非门实现非(not)逻辑运算、异或门实现异或(xor)逻辑运算。

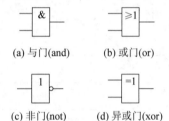

图2-1 基本逻辑门电路符号

计算机中的算术逻辑运算器可以实现算术运算和逻辑运算。逻辑运算可以通过基本逻辑门直接实现。算术运算的核心是加法运算,减法、乘法以及除法等运算都是通过加法运算实现的,而加法可以通过基本的逻辑门电路来实现。实现加法运算的电路称为加法器,加法器分为半加器和全加器。下面就以加法器为例,讨论用基本的逻辑门如何实现半加器和全加器。

1. 半加器

图2-2 1位的半加器

半加器只有两个输入和两个输出,不考虑低位的进位。图2-2描述的是1位的半加器。

1位的半加器的两个输入 A、B 表示的是参与加法运算的两个1位的二进制值,二进制的值是0或1,经过半加器运算以后产生和 S 以及进位 C。因为有两种输入,两种输入产生4种组合,每种组合相加以后产生各自的和以及进位。表 2-12 描述了这 4 种组合产生的和以及进位,这种组合表示称为半加器的真值表。

表 2-12 半加器真值表

A	B	S	C
0	0	0	0
0	1	1	0
1	0	1	0
1	1	0	1

以第二行和第五行为例,来说明 S 和 C 的由来。当输入 A 为 0,B 为 0,$A+B=0+0=0$,因此 S 为 0,进位 C 为 0;当输入 A 为 1,B 为 1,$A+B=1+1=0$(进位 1),因此 S 为 0,进位 C 为 1。由表 2-12 可以看出,只有输入都为 1 的时候才有进位。依据前面所述的逻辑运算规则,不难推导出和 S 及进位 C 的逻辑表达式为

$$S=(A \wedge \neg B) \vee (\neg A \wedge B)$$
$$C=A \wedge B$$

有了逻辑表达式,结合基本的逻辑门功能,就能设计出半加器。第一步先确定输入为 A、B,输出为 C、S。要想产生 S,首先需要两个非门分别将 B、A 变为 $\neg B$、$\neg A$,接着需要两个与门用于 $A \wedge \neg B$ 和 $\neg A \wedge B$ 运算,最后再使用一个或门,将两个与门产生的输出进行或运算就得到了 S。对于 C,只需要一个与门就可以实现。图 2-3 是使用基本的逻辑门实现的 1 位的半加器。

上述介绍的是 1 位的半加器,但是当有多位二进制相加时,除了最低位,如果前一位有进位,那么当前位相加时需要加上前一位的进位。而半加器只有两个输入,没有考虑进位。带进位的加法需要有 3 个输入,实现这个功能就需要新的加法器——全加器。

2. 全加器

全加器的输入除了有参与加法运算的两个 1 位的二进制值以外,还多了一个低位的进位,这个进位的值可能是 0,也可能是 1,而输出和半加器相同,有和以及进位。图 2-4 描述的是 1 位的全加器。

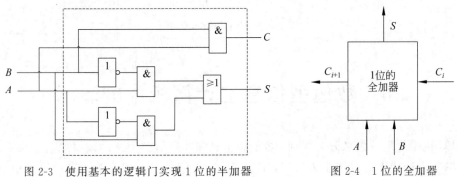

图 2-3 使用基本的逻辑门实现 1 位的半加器   图 2-4 1 位的全加器

因此，3 个输入对应着 8 个组合，表 2-13 描述了全加器的真值表。

表 2-13　全加器真值表

A	B	C_i	S	C_{i+1}
0	0	0	0	0
0	0	1	1	0
0	1	0	1	0
0	1	1	0	1
1	0	0	1	0
1	0	1	0	1
1	1	0	0	1
1	1	1	1	1

仍然以第二行和第五行为例说明 S 和 C 的由来。当输入 A 为 0，B 为 0，C_i 为 0，$A+B+C_i=0+0+0=0$，因此 S 为 0，进位为 0；当输入 A 为 0，B 为 1，C_i 为 1，$A+B+C_i=0+1+1=0$（进位 1），因此 S 为 0，进位为 1。由真值表同样也能推导出 S 和 C_{i+1} 的逻辑表达式，即

$S=(A \land B \land C_i) \lor (A \land \neg B \land \neg C_i) \lor (\neg A \land B \land \neg C_i) \lor (\neg A \land \neg B \land C_i)$

$C_{i+1}=(A \land B) \lor (A \land C_i) \lor (B \land C_i)$

由逻辑表达式不难画出由基本的逻辑门构造出的全加器。通过将 1 位的全加器串接起来就能构成多位全加器，图 2-5 是一个 4 位全加器示意图。

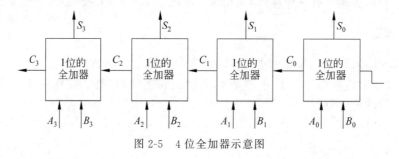

图 2-5　4 位全加器示意图

2.6　数值型信息在计算机中的表示

计算机中处理的信息分为两种：数值型信息和非数值型信息。数值型信息用于表示数量特征；非数值型信息用于表示特定的信息，如文字、图形、图像等。在计算机中，利用 0 和 1 的各种组合来表示信息的方法统称为编码。数值型信息分为整数和实数两类，而

整数又分为不带符号的整数(即无符号整数)和带符号的整数。无符号整数指的是计数系统中大于或等于0的数,没有负数,因此不需要表示符号。如用8位二进制表示整数,其范围是0000 0000~1111 1111。无符号整数直接转换为与之对应的二进制即可。对于带符号的整数常用原码、反码和补码表示,而实数则常用浮点数表示。

2.6.1 原码、反码、补码

在学习原码,反码和补码之前,需要先了解机器数和真值的概念。数在计算机中的表示形式统称为机器数。机器数将正负号数值化,以0代表符号+,以1代表符号−。带有+或者−的数是真值。

【例2-19】 $(-68)_{10} = (-1000100)_2 = (11000100)_2$。

这里−1000100是真值,而11000100是机器数。

对于一个数,计算机要使用一定的编码方式进行存储。原码、反码、补码是计算机存储一个具体数字的编码方式。为了方便地说明问题,约定计算机的字长 n 为8。

1. 原码、反码、补码的基本概念

1) 原码

原码的编码规则如下。

(1) 最高为符号位,正数的符号位为0,负数的符号位为1。

(2) 剩下的 $n-1$ 位用于对这个数的绝对值进行编码,如果不足 $n-1$ 位,则在高位补0,补足至 $n-1$ 位。

【例2-20】 给出下列各数的原码。

$[+1]_原 = (00000001)_2$ $[-1]_原 = (10000001)_2$

$[+55]_原 = (00110111)_2$ $[-55]_原 = (10110111)_2$

$[+0]_原 = (00000000)_2$ $[-0]_原 = (10000000)_2$

+128和−128按照原码的编码规则不能用8位来表示,所以+128和−128没有8位表示的原码。由上述计算可见0的原码不唯一。因为第一位是符号位,所以8位二进制数的取值范围就是[1111 1111,0111 1111],即[−127,127]。原码是人脑最容易理解和计算的表示方式,简单直观。IBM公司是原码最初的支持公司之一,如IBM 709系列计算机就是采用原码的编码方式。

2) 反码

反码的编码规则如下。

(1) 正数的反码和原码相同。

(2) 负数的反码是在原码的基础上,符号位不变,其余各位按位取反。

【例2-21】 给出下列各数的反码。

$[+1]_反 = (00000001)_2$ $[-1]_反 = (11111110)_2$

$[+55]_反 = (00110111)_2$ $[-55]_反 = (11001000)_2$

$[+0]_反 = (00000000)_2$ $[-0]_反 = (11111111)_2$

0 的反码表示也不唯一。美国 20 世纪 60 年代生产的 PDP-1 计算机、UNIVAC1100 系列计算机等都采用反码的编码方式。

3) 补码

补码的表示方法如下。

(1) 正数的补码和原码相同。

(2) 负数的补码是在原码的基础上,符号位不变,其余各位按位取反,末尾加 1,也就是在反码的基础上加 1。

【例 2-22】 给出下列各数的补码。

[+1]$_{补}$=(00000001)$_2$ [−1]$_{补}$=(11111111)$_2$

[+55]$_{补}$=(00110111)$_2$ [−55]$_{补}$=(11001001)$_2$

[+0]$_{补}$=(00000000)$_2$ [−0]$_{补}$=(00000000)$_2$

0 的补码表示是唯一的。

既然原码才是被人脑直接识别并用于计算的表示方式,为何还会有反码和补码呢?例如,7−5 的结果应为 2。使用原码计算出正确的结果需要符号位不参加运算,当符号相同时,符号位不变,两个加数的绝对值相加;当符号位不同时,比较绝对值大小,符号位与绝对值大的相同,结果为大的绝对值减小的绝对值。硬件需要加法器、减法器、比较器共同实现。但是对于计算机来说,所有的运算都需要依靠电子电路来实现,所以希望电路设计要尽可能简单。人们就希望有一种编码方式无须考虑符号位,无须考虑数值绝对值大小,符号位和数值同时参加运算,下面的竖式显示了使用原码计算是行不通的。

```
  10000101   ……………−5 的原码
+ 00000111   ……………  7 的原码
  ────────
  10001100   ……………运算结果为−12
```

下面使用反码计算,看看是否能够得到正确的结果。

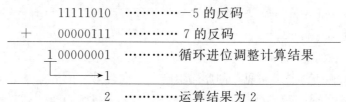

反码需要使用循环进位调整计算结果。硬件需要加法器,不再需要减法器和比较器,反码计算较原码计算简化了电路,但是还需要循环进位计算结果。后来,人们又尝试新的编码,即将补码用于运算。

```
  11111011   ……………−5 的补码
+ 00000111   ……………  7 的补码
  ────────
  00000010   ……………运算结果为 2
```

结果 00000010 是补码,运算结果为 2,是正确的结果。

综上所述,补码不仅解决了 0 的符号编码问题,而且无须考虑所谓的符号位,可以直接进行二进制的加法计算,从而简化了电路设计,也正是这些原因使得补码成为整数在现代计算机中主要的编码方式。

2. 补码背后的原理

从前面的讨论可以知道,算术的加法和减法运算都能用补码加以实现,且结果的正负不需要通过判断两个操作数绝对值的大小来决定。为什么补码能够实现,而其他码制不能实现呢?下面来了解补码的背后的原理。

要想真正掌握补码的知识,首先要理解算术中模的概念。模是指一个计数系统的上界。例如,时钟的范围是 0~11,模为 12,当时针越过 12 时,又从 0 开始新的一轮计数。计算机的计算能力也是有限的,它也是有一个计数范围。人们常说这是一台 32 位的计算机或者 64 位的计算机,表示计算机一次性所能处理的最多的二进制的位数是 32 位的或者 64 位的,32 位计算机的范围是 $0 \sim 2^{32}-1$,模为 2^{32},当数值超出了 2^{32},又从 0 开始计数。

以时钟为例,假设当前时针指向 11 点,而准确时间应是 6 点,调整时间可有以下两种拨法:一种是倒拨 5 小时,即:$(11-5) \bmod 12 = 6$;另一种是顺拨 7 小时:$(11+7) \bmod 12 = 6$。也就是说在以模为 12 的系统中,加 7 和减 5 效果是一样的,因此,凡是减 5 运算都可以用加 7 来代替,可以说在模为 12 的计数系统中 −5 的补码是 7。所以,可以得出一个结论,即在有模的计数系统中,减一个数等于加上它的补数,从而实现将减法运算转化为加法运算的目的。

回到计算机的世界,在计算机中,8 位二进制可以表示 256 个无符号整数,范围是 0~255。所有负数的补码其实就是其中的一部分无符号整数。下面以字长 8 位来讨论负数的补码的表示方法是如何而来的。由上述的讨论,我们知道负数 a 的补码=模数+a,那么利用这个公式来计算 −1 的补码,字长是 8,那么模是 2^8。

$[-1]_{补} = 模数 + a = 2^8 + (-1) = 255 = (11111111)_2$

−1 的补码是 255,−2 的补码是 254……以此类推,−128 的补码是 128(10000000)。因此,8 位补码表示的数值范围是 [−128,127],比原码表示的数值范围多了一个数 −128。

使用二进制来计算,如果负数 a 可以用原码表示为 $(1a_6a_5a_4a_3a_2a_1a_0)_2$,那么

$[a]_{补} = (100000000)_2 + (1a_6a_5a_4a_3a_2a_1a_0)_2$

$= (11111111)_2 + (00000001)_2 - (0a_6a_5a_4a_3a_2a_1a_0)_2$

$= (11111111)_2 - (0a_6a_5a_4a_3a_2a_1a_0)_2 + (00000001)_2$

由上述的公式很容易得出,最高位是 1−0 为 1,代表符号位,因为 $a_i(i=0,1,\cdots,6)$ 或者为 0 或者为 1,所以 $(1-a_i)$ 是 a_i 的取反,最后在末尾处加 1。因此也得到我们常说的关于负数的补码变换规则:符号位不变,其余各位按位取反后末位加 1。但是,上述二进制计算方式对于 −128 求解补码是行不通的,因为 −128 没有原码的表示,但 −128 有补码。

3. 补码运算性质

通过补码可以将减法转换为加法运算,并且通过上述补码的计算,不难得出如下等式。

$$[X+Y]_{\text{补}}=[X]_{\text{补}}+[Y]_{\text{补}}$$
$$[X-Y]_{\text{补}}=[X]_{\text{补}}+[-Y]_{\text{补}}$$

【例 2-23】 使用补码分别计算十进制数 97−43、43−97、97+43 和 −97−43。

$$[(97)_{10}]_{\text{补}}=(01100001)_2 \qquad [(-97)_{10}]_{\text{补}}=(10011111)_2$$
$$[(43)_{10}]_{\text{补}}=(00101011)_2 \qquad [(-43)_{10}]_{\text{补}}=(11010101)_2$$

(1) 计算 97−43。

$$\begin{aligned}[97-43]_{\text{补}}&=[97]_{\text{补}}+[-43]_{\text{补}}\\&=(01100001)_2+(11010101)_2\\&=(100110110)_2\end{aligned}$$

因为已经假定字长为 8 位,所有产生的进位丢弃。运算结果就是补码 00110110,因为符号位是 0,表示结果是正数,转换为十进制数 54。

因此,$[97-43]_{\text{补}}=[97]_{\text{补}}+[-43]_{\text{补}}=(00110110)_2$,即 97−43=54。

(2) 计算 43−97。

$$\begin{aligned}[43-97]_{\text{补}}&=[43]_{\text{补}}+[-97]_{\text{补}}\\&=(00101011)_2+(10011111)_2\\&=(11001010)_2\end{aligned}$$

运算结果是补码方式编码为 11001010,因为符号位是 1,所以结果是负数,换为原码,计算出结果为十进制数 −54。

因此,$[43-97]_{\text{补}}=[43]_{\text{补}}+[-97]_{\text{补}}=(11001010)_2$,即 43−97=−54。

(3) 计算 97+43。

$$\begin{aligned}[97+43]_{\text{补}}&=[97]_{\text{补}}+[43]_{\text{补}}\\&=(01100001)_2+(00101011)_2\\&=(10001100)_2\end{aligned}$$

两个正整数相加,得到的结果符号位是 1,即两个正整数相加得到负数,这个结果肯定是错误的,这种错误称为"溢出"。

(4) 计算 −97−43。

$$\begin{aligned}[-97-43]_{\text{补}}&=[-97]_{\text{补}}+[-43]_{\text{补}}\\&=(10011111)_2+(11010101)_2\\&=(101110100)_2\end{aligned}$$

因为已经假定字长 8 位,所以最前面的 1 去掉以后,运算结果是 01110100,最高位是 0,即结果是正数。细心的读者会发现,两个负数相加得到了正数,这个结果显然也是错误的,也就是发生了"溢出"。

所谓的"溢出",是指对两个操作数进行加法运算时,运算结果超出了机器能表示的范围。因为只有 7 位是数值位,最大只能是 127,而 97+43=140,结果超出了表示的范围;同理,−97−43=−140,也超出了表示范围。当两个操作数是正数,运算的结果符号位是 1,则是正溢出;当两个操作数是负数,运算的结果符号位是 0,则是负溢出。当两个操作数一个是正数一个是负数时,则不会出现溢出。

2.6.2 定点数和浮点数

在计算机中,带有小数点的实数可按照两种方式来处理:一种方式是小数点位置固定,采用这种方式描述的数称为定点数;另一种方式是小数点浮动,采用这种方式描述的数称为浮点数。

1. 定点数

定点数其小数点位置是固定的,即约定机器中所有数据的小数点位置是固定不变的。在计算机中通常采用两种简单的约定:一是将小数点的位置固定在数据的最高位之前;二是将小数点的位置固定在数据的最低位之后。一般称前者为定点小数,后者为定点整数。

定点小数是纯小数,约定的小数点位置在符号位之后、有效数值部分最高位之前。若数据 X 的形式为 $X=X_0.X_1X_2\cdots X_n$,其中 X_0 为符号位,$X_1 \sim X_n$ 是数值的有效部分,也称为尾数,X_1 为最高有效位,则 X 在计算机中的表示形式如图 2-6 所示。

如果最末位 $X_n=1$,前面各位都为 0,则数的绝对值最小,即 $|X|_{\min}=2^{-n}$。如果各位均为 1,则数的绝对值最大,即 $|X|_{\max}=1-2^{-n}$。所以,定点小数的表示范围是:$2^{-n} \leqslant |X| \leqslant 1-2^{-n}$。

定点整数是纯整数,约定的小数点位置在有效数值部分最低位之后。若数据 X 的形式为 $X=X_0X_1X_2\cdots X_n$,其中 X_0 为符号位,$X_1 \sim X_n$ 是尾数,X_n 为最低有效位。定点整数的表示范围是:$1 \leqslant |X| \leqslant 2^n-1$,则 X 在计算机中的表示形式如图 2-7 所示。

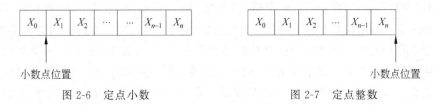

图 2-6 定点小数　　　　　　图 2-7 定点整数

计算机采用定点数表示时,对于既有整数又有小数的原始数据,需要设定一个比例因子,数据按其缩小成定点小数或者扩大成定点整数后再参加运算,运算结果根据比例因子还原成实际数值。若比例因子选择不当,往往会使运算结果产生溢出或者降低数据的有效精度。用定点数进行运算处理的计算机称为定点机。

2. 浮点数

在绝大多数现代的计算机系统中,对于带小数点的数则采用浮点数的表示方法。浮点数的表示方式借鉴了科学计数法来表示实数,即用尾数 M 和阶码 E 来表示,小数 X 表示为

$$X = M \times R^E$$

例如,123.45 用十进制科学计数法可以表达为 1.2345×10^2,其中 1.2345 为尾数,2 为

阶码。浮点数表示法实际上是二进制中的科学计数法，但是同样的数值可以有多种科学计数表达方式，例如，二进制数 11010.101 可以表示成 $0.11010101×2^{101}$、$1.1010101×2^{100}$、$110101.01×2^{-1}$、$1101010×2^{-11}$，因为这种多样性，有必要对其加以规范化以达到统一表达的目的。如果 X 是一个非 0 数，通过调节阶码让尾数满足 $\frac{1}{2}\leq|M|<1$，通过左右移动小数点的方法，使其变成满足这一要求的表示形式，这称为浮点数的规格化表示。

浮点数用有限的连续字节表示，分为阶码和尾数两部分。阶码部分又分为符号位和数值位，尾数部分也是如此。符号位只有一位。通过尾数和可以调节的阶码，就可以表达给定的数值，正是因为可以调节，所以才称为浮点数。浮点数表示形式如图 2-8 所示。

图 2-8　浮点数表示形式

显然，相同的位数，浮点数能表示的数的范围比定点数大得多，这也就是现在绝大多数的计算机系统中使用浮点数来表示小数的原因。

在计算机系统的发展过程中，曾经提出了多种方法来表示实数，业界没有一个统一的标准，很多计算机制造商都在设计自己的浮点数规则以及运算细节。为了便于软件的移植，1985 年，IEEE(Institute of Electrical and Electronics Engineers，美国电气和电子工程师协会)提出了 IEEE-754 标准，并以此作为浮点数表示格式的统一标准。几乎所有的计算机都支持该标准，从而大大改善了科学应用程序的可移植性。IEEE 定义了多种浮点格式，但最常见的是 3 种类型：单精度、双精度、扩展双精度，分别适用于不同的计算要求。一般而言，单精度适合一般计算，双精度适合科学计算，扩展双精度适合高精度计算。单精度浮点数的有效位数是 7 位，双精度浮点数的有效位数是 16 位。一个遵循 IEEE-754 标准的系统必须支持单精度类型，最好也支持双精度类型。单、双精度在以后学习 C 语言的数据类型时将会详细介绍。单精度浮点数使用 32 位来表示，双精度浮点数则使用 64 位来表示。

阶码由于是整数，一般采用补码形式表示；尾数是纯小数，用原码或者补码表示。为了说明问题的方便，假定使用 32 位来描述浮点数，阶码部分占用 1 个字节，也就是 8 位，尾数部分占用 24 位。下面以两个小数为例来说明计算机中浮点数的表示。

【例 2-24】　十进制数 97.8125 的浮点数表示。

$$(97.8125)_{10}=(1100001.1101)_2=(0.11000011101×2^{111})_2$$

阶码使用补码表示，尾数使用原码表示如下。

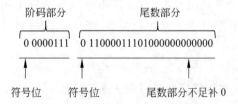

所以,十进制数 97.8125 浮点数的表示为 00000111011000011101000000000000。

【例 2-25】 十进制数 −0.15625 的浮点数表示。

$$(-0.15625)_{10} = (-0.00101)_2 = (-0.101 \times 2^{-10})_2$$

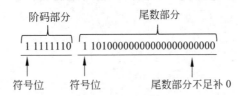

所以,十进制数 −0.15625 浮点数的表示为 11111110110100000000000000000000。

2.7 习　　题

1. 计算机中为什么采用二进制?
2. 将下列十进制数转换为二进制数。
   108　　1020　　−259　　−12.3125　　0.0123　　0.15625
3. 将下列二进制、八进制以及十六进制数转换为十进制数。
   $(-0.00101)_2$　　$(111111.101)_2$　　$(235.0172)_8$　　$(-17)_8$　　$(2A.BC)_{16}$
   $(-45.101)_{16}$
4. 请将下列二进制数转换为八进制和十六进制数,将八进制和十六进制数转换为二进制数。
   $(111111.101)_2$　　$(101010101.1)_2$　　$(24.72)_8$　　$(762.101)_8$　　$(ABC.234)_{16}$
   $(9E.11F)_{16}$
5. 求出二进制数算术运算和逻辑运算的结果。
   101111.01+11.10101　　10000.01−111.11　　11.11×1000　　10000.1÷1.1
   11110101∧11000000　　10111011∨11111111　　¬10110101
   10001011⊕11111111
6. 什么是机器数?什么是真值?
7. 试说出原码、反码以及补码的转换规则,并且求出下列十进制数的原码、反码、补码。假设字长是 8 位。
   127　　−127　　0　　−64　　−128　　92
8. 为什么减法运算通过补码就能变成加法运算?
9. 什么是溢出?什么是正溢出?什么是负溢出?
10. 试说出二进制补码运算性质,并且依据二进制补码运算性质求出下列十进制表达式运算结果,如果有溢出请说明是正溢出还是负溢出。假设字长是 8 位。
    96−43　　−107−48　　87−123　　76+102
11. 给定一个二进制数,怎样能够快速地判断出其十进制等值数是奇数还是偶数?
12. 请写出二进制数 −11.011 和 0.000101 的浮点数表示。

第 3 章 计算机系统

本章主要介绍计算机系统的构成,包括硬件系统和软件系统。首先介绍计算机系统结构,接着以冯·诺依曼体系结构为基础介绍计算机硬件系统的各个组成部件以及它们的基本工作原理,最后介绍软件系统的基础知识和常用软件。

3.1 概 述

一个完整的计算机系统包括硬件系统和软件系统两大部分,如图 3-1 所示。

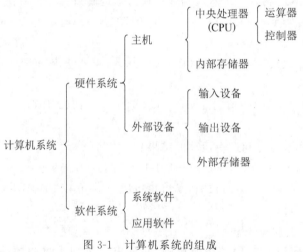

图 3-1 计算机系统的组成

硬件系统是指构成计算机的所有实体部件的集合,是由机械、光、电、磁等器件构成的具有计算、控制、存储、输入和输出功能的物理设备,它包括主机和外部设备。硬件系统是计算机系统运行的物理平台,是计算机完成任务的物质基础。

为了使计算机能正常工作,发挥其作用,除了这些看得见、摸得着的硬件设备之外,计算机系统中还需要有完成各项任务的程序以及支持这些程序运行的支撑平台,这就是计算机软件系统。

软件系统是计算机系统上可运行的软件的集合。软件是一系列按照特定顺序组织,并且能够完成特定功能的计算机数据和指令的集合。软件是用户和硬件之间的接口,主要解决如何管理和使用计算机的问题。通常,人们把不安装任何软件的计算机称为"裸机"。裸机由于不配备任何软件,其本身不能完成任何功能,只有安装了一定的软件后才能发挥其功效。硬件是计算机的物质基础,而软件是计算机的逻辑载体。为了方便用户使用,使计算机系统具有较高的效用,在进行计算机系统的总体设计时,必须全局考虑硬件和软件之间的相互联系以及用户的实际需求。在计算机技术的发展进程中,计算机软件随着硬件技术的迅猛发展而发展;而软件的不断完善又促进了硬件的更新换代,两者的发展密切交织、缺一不可。

3.2 计算机硬件系统

3.2.1 冯·诺依曼体系结构

现代计算机虽在硬件系统结构上有诸多分类,但就其本质而言,多数都是基于美籍匈牙利科学家冯·诺依曼于1946年提出的冯·诺依曼体系结构。因此,这类计算机也称为冯·诺依曼型计算机。冯·诺依曼体系结构的核心思想是"存储程序",把程序本身当作数据来对待,程序和该程序需要处理的数据以二进制方式进行存储,并确定了计算机的五大基本部件和基本工作原理。

根据此体系结构组成的计算机,必须具有以下功能。
- 把程序和程序所需的数据送至计算机中。
- 必须具有长期记忆程序、数据、中间结果以及最终运算结果的能力。
- 具有完成各种算术运算、逻辑运算和数据传送等数据加工处理的能力。
- 能够根据需要控制程序走向,并能根据指令控制机器的各部件协调操作。
- 能够按照要求将处理结果输出给用户。

为了完成上述功能,计算机必须具备五大基本部件,如图3-2所示。
- 输入设备:用来输入程序和数据的部件。
- 存储器:用来存放程序、数据和计算结果的部件。
- 运算器:用来进行数据加工的部件。
- 控制器:用来控制程序有条理执行的部件。
- 输出设备:用来输出结果的部件。

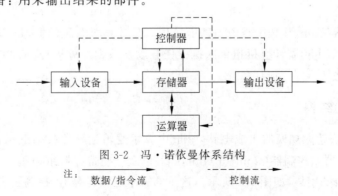

图3-2 冯·诺依曼体系结构

注: 数据/指令流 ——→　控制流 ----→

在冯·诺依曼体系结构形成之前,程序被看作控制器的一部分,而数据则存储在主存中,两者是区别对待的。而冯·诺依曼体系结构把程序当成数据来对待,程序和数据都是以相同的方式存储在主存中,这对于现代计算机的自动化和通用性起到了至关重要的作用。

冯·诺依曼型计算机的工作原理是将数据和预先编好的程序,输入并存储在计算机的主存储器中(即"存储程序");计算机在工作时能够自动且高速地逐条取出指令,并加以执行(即"程序控制")。这就是"存储程序"原理,是现代计算机的基本工作原理。

典型的计算机硬件组织结构是在冯·诺依曼体系结构上进行了细化,如图 3-3 所示。图中,冯·诺依曼体系结构中的控制器和运算器被集成在 CPU 中,主存对应存储器,磁盘、键盘、鼠标和打印机等各种设备分别对应输入设备和输出设备,各种总线(图中以空心箭头表示)对应于体系结构中的互连线,用于传输命令和数据。

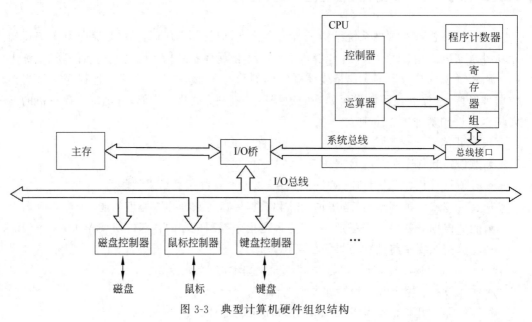

图 3-3 典型计算机硬件组织结构

3.2.2 中央处理器

中央处理器(Central Processing Unit,CPU)是计算机系统的"大脑",是现代计算机系统的核心部件,承担着计算机指令的执行任务以及数据的处理任务,通过执行指令,控制各类硬件和软件协同完成任务。

1. CPU 的结构

CPU 是一块超大规模的集成电路,一般由算术逻辑运算器(Arithmetic Logic Unit,ALU,简称运算器)、控制器(Control Unit,CU)以及一些寄存器组通过 CPU 的内部总线连接成一个有机的整体,如图 3-4 所示。这里的算术逻辑运算器、控制器和寄存器并不是某一个单独部件的名称,而是一组功能部件的统称。

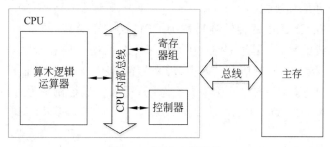

图 3-4　CPU 内部结构

控制器是整个 CPU 的指挥控制中心,是发布命令的"决策机构",负责协调和指挥整个计算机系统进行有序工作。它的主要功能包括指令的分析、指令及操作数的传送、产生控制与协调整个 CPU 工作所需的时序逻辑等。一般由指令寄存器(Instruction Register,IR)、指令译码器(Instruction Decoder,ID)、操作控制器(Operation Controller,OC)和程序计数器(Program Counter,PC)等部件组成。

指令寄存器(IR)用来存放当前从主存储器取出的正在执行的一条指令。

指令译码器(ID)用来对当前存放在指令寄存器(IR)中的指令进行译码,分析这条指令的功能,以此来决定该指令操作的性质和方法。

操作控制器(OC)用来产生各种操作控制信号。

程序计数器(PC)用来存放下一条将要执行的指令所在主存单元的地址。

CPU 工作时,根据程序计数器(PC)里面存储的指令地址,操作控制器(OC)从主存中取出要执行的指令,存放在指令寄存器(IR)中;然后用指令译码器(ID)对指令进行译码,提取出指令的操作码、操作数等信息,操作码将被翻译(译码)成一组控制信号,用于控制运算器进行相应的运算、传输数据等操作;通过操作控制器(OC),按照一定的时序,向相应的部件发出微操作控制信号,协调 CPU 其他部件工作;操作数经译码后分成地址或数据本身,根据控制信号取出所需的数据,送到运算器(ALU)中进行相应的操作;得出的结果根据控制信号保存到相应的寄存器中。

运算器是 CPU 中进行数据加工处理的部件,主要实现数据的算术运算(如加、减、乘、除等)和逻辑运算(如与、或、非、异或等)。运算器是根据接收到的控制器的命令进行操作的,即运算器所进行的全部操作都是由控制器发出的控制信号来指挥的。运算器输出的是运算的结果,一般会暂存在相应的寄存器中。此外,运算器还会根据运算的结果输出一些条件码到程序状态寄存器(Program Status Word,PSW)中,用于标识当前的运算结果状态和一些特殊情况,如进位、溢出等。

寄存器组由一组寄存器构成,分为专用寄存器组和通用寄存器组,用于临时保存数据,如操作数、运算结果、指令、地址和机器状态等。专用寄存器组保存的数据用于表征计算机当前的工作状态。例如,程序状态寄存器保存 CPU 当前状态的信息,如是否有进位、是否允许中断等。通用寄存器组保存的数据可以是参加运算的操作数或运算的结果,其用途广泛并且可由程序员规定其用途,通用寄存器的数目因微处理器不同而异。通常,要对寄存器组中的寄存器进行编址,以标识访问哪个寄存器,编址一般从 0 开始,寄存器组中寄存器的数量是有限的。

指令和数据在 CPU 中的传输通道称为 CPU 的内部总线,总线实际上是一组导线,是各种公共信号线的集合,用作 CPU 中所有部件之间进行信息传输的共同通道。CPU 用它来传输地址、数据和控制信号。其中,用来传输 CPU 发出的地址信息的总线称为地址总线;用来传输数据信息的总线称为数据总线;用来传送控制信号、时序信号和状态信息等的总线称为控制总线。

2. 指令系统

机器指令(简称指令)是计算机唯一能够识别并执行的指令,是 CPU 执行的最小单位,它的表现形式是二进制编码。指令通常由操作码和操作数两部分组成,如图 3-5(a)所示,操作码指出该指令所要完成的操作,即指令的功能,操作数指出参与运算的对象或者运算结果所存放的位置等。一台计算机所能执行的全部指令的集合称为该计算机的指令系统。

指令的长度通常是一个或几个字长,长度可以是固定的,也可以是可变的。图 3-5(b)给出了某个型号 CPU 的加法指令的示例。该指令长度为 16 位(16 位机的一个字长),从左至右标识各位为 b15～b0。其中,b15～b12 代表的是操作码,为 0001,在该 CPU 的指令系统中表示加法操作;b11～b0 代表的是操作数,由于该指令需要 3 个操作数,b11～b0 被拆分成 3 段,分别对应两个相加数(源操作数)和一个求和结果(目的操作数)。b11～b9 对应保存目的操作数的寄存器地址,在该示例中为 010,表示寄存器 R2;b8～b6 与 b2～b0 分别对应保存源操作数的寄存器地址,分别为 R1 和 R2。因此,这条指令的功能是将寄存器 R2 和 R1 中保存的数值进行加法运算,所得到的结果存回寄存器 R2 中。b5～b3 用于扩展加法指令的操作,此处不做解释。

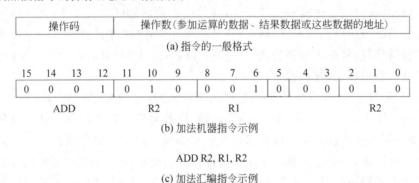

图 3-5 指令的一般格式及示例

指令是由 0 和 1 构成的,计算机易于阅读和理解,但并不适合人阅读和使用。因此,在指令中引入助记符来表示操作码和操作数,以帮助人理解和使用指令,这样的指令称为汇编指令。如图 3-5(c)所示,用 ADD 对应操作码 0001,用来标识该指令是加法指令;用 R1 和 R2 标识用到的寄存器。计算机不能直接执行汇编指令,要由汇编器将其翻译成对应的机器指令才可以执行。对图 3-5(c)的 ADD 指令,汇编器会将其翻译成图 3-5(b)中的指令的形式。

CPU 在设计时就由指令集体系结构规定了一系列与其硬件电路相配合的指令系统,不同型号的 CPU 其指令系统也不相同。在指令系统中,通常定义有以下的指令类型。

(1) 数据处理指令:用于对 CPU 中寄存器里存放的数据进行算术运算和逻辑运算,结果仍然存放在 CPU 的寄存器中。例如,算术运算、逻辑运算、比较指令等。

(2) 数据传送指令:用于在寄存器之间、寄存器与主存储器之间进行数据传输的指令。例如,将数据从主存移入寄存器的 LOAD 指令,将数据从寄存器送入主存的 STORE 指令,等等。

(3) 输入输出指令:用于在主机与外设之间进行数据传输的指令,包括各种外围设备的读和写指令等。有的计算机将输入输出指令包含在数据传送指令中。

(4) 程序控制指令:用于控制程序的流向,能改变指令执行顺序的指令。例如,条件跳转指令、无条件跳转指令、转子程序指令等,都是将程序计数器的值更改为一个非顺序的值,使得下一条指令从新的位置开始执行。

在使用计算机时,人们可以用该计算机所配置的 CPU 指令系统中的所有指令来编写程序。程序就是用于控制计算机行为,完成某项任务的指令序列。图 3-6 是一个程序示例,为了便于阅读,采用汇编指令来编写,分号后面是程序的注释以帮助人们阅读和理解程序,而计算机将忽略这些注释。

```
        mov     #0,     R0      ;将寄存器 R0 置 0
        mov     #1,     R1      ;将寄存器 R1 置 1
        add     R1,     R0      ;将 R0 与 R1 相加,结果保存到 R0
loop:   add     #1,     R1      ;R1 自加 1
        cmp     R1,     #100    ;比较 R1 和 100 的大小
        ble     loop            ;如果 R1 小于或等于 100,从 loop 那条指令开始执行
        halt                    ;程序结束
```

图 3-6 汇编语言程序示例

这段程序的功能是计算 $1+2+\cdots+100$ 的和。程序开始时,首先将 R0 寄存器的值设为 0,R1 寄存器的值设为 1;然后将 R1 的值加到 R0 上,同时 R1 增 1;接着将 R1 的值与 100 进行比较,如果 R1≤100,则重复执行将 R1 加到 R0 上以及 R1 增 1 的操作,再将 R1 和 100 进行比较。这种操作重复执行,一直到 R1>100 时结束,同时程序结束。其中,add 是数据处理指令,cmp 是数据处理指令,ble 是程序控制指令。ble 与 cmp 是一起使用的,当 cmp 比较结果为小于或等于时,则该指令被执行,程序不再是顺序执行,而是跳转到 loop 所标识的那条指令。

通常,用机器指令和汇编指令来编写程序是非常困难的,程序员会把大量的精力和时间浪费在记忆指令格式、操作码和操作数等与实现程序功能无关的事情上。为此,人们又设计了更加贴近于自然语言和数学表达的高级语言,它的书写方式更接近人们的思维习惯,写出的程序更便于阅读和理解,也更易于纠错和修改,这给程序的调试带来了极大的便利,使得人们在编程时把精力和时间放在程序的功能实现上。图 3-6 所示的汇编语言

程序用高级语言 Python 编写后如图 3-7 所示。用高级语言编写的程序,经过编译器编译和连接,即可生成计算机能识别的机器指令构成的程序。

```
x = 1                           //将 1 赋值给变量 x
sum= 0                          //将 0 赋值给变量 sum
while x＜101:                   //当 x＜101 时,执行 while 循环体内程序;否则,跳出循环体
    sum = sum + x               //sum 与 x 相加,结果赋值给 sum
    x = x+1                     //x 自加 1
print("1+2+…+100 =",sum)        //输出 sum 的值
```

图 3-7 Python 高级语言程序示例

3. CPU 的工作原理

冯·诺依曼体系机构中提到计算机的工作原理是将预先编好的程序和原始数据,输入并存储在计算机的主存储器中;计算机在工作时能够自动且高速地按照程序逐条取出指令,并加以执行,即计算机的工作过程实际上就是 CPU 自动循环执行一系列指令的过程。CPU 执行一条指令的时间称为指令周期,其中完成一个基本操作所需要的时间称为机器周期。不同型号的 CPU 可能执行指令的机器周期数不同,但是通常都可归为取指令、分析指令、执行指令和写结果 4 个步骤,如图 3-8 所示。

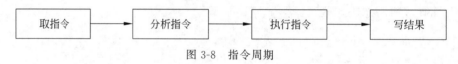

图 3-8 指令周期

(1) 取指令:指令通常存储在主存中,CPU 从程序计数器(PC)中获取将要执行的下一条指令的存储地址。根据这个地址,将指令从主存中读入 CPU,并保存在指令寄存器(IR)中。

(2) 分析指令:也称为译码,由指令译码器(ID)对存在指令寄存器(IR)中的指令进行译码,分析出指令的操作码以及操作数或操作数所存放的位置。

(3) 执行指令:将译码后的操作码分解成一组相关的控制信号序列,控制各部件相互协作完成指令动作,包括从寄存器读数据、输入到运算器进行算术或逻辑运算等。

(4) 写结果:将指令执行阶段产生的结果写回到寄存器/内存,并将产生的条件反馈给程序状态寄存器(PSW)。

以上的机器周期的划分是粗粒度的,事实上每个机器周期所包含的动作很难在一个时钟周期内完成,应进一步将每个机器周期进行细化,细化后的每个动作可以在一个时钟周期内完成,不能再细分。在这里,一个 CPU 时钟周期也称为一个节拍。例如,取指令可以再细分为:

① 将程序计数器(PC)的值装入主存的地址寄存器。

② 将地址寄存器所对应的主存单元的内容装入主存的数据寄存器。

③ 将主存数据寄存器的内容装入指令寄存器(IR),同时程序计数器(PC)内的地址自动"加 1"(注意,这里的"加 1"不是加一个主存单元的大小,而是加一条指令所占用的主

存空间的大小)。

由此可见,取指令这个动作要花费 3 个时钟周期。对现代计算机来说,每个时钟周期非常短。我们常说的 CPU 主频就是 CPU 的工作频率,即 CPU 一秒钟内执行的时钟周期的次数。因此,主频越高,一秒钟内执行的时钟周期的次数也就越多,CPU 的执行速度也就越快。例如,对主频为 3.3GHz 的 CPU 而言,每秒将完成 33 亿个时钟周期,每个时钟周期的时间长度为 0.303ns,而取指令需要花费 3 个时钟周期,即花费 0.909ns。

下面以数据传送指令为例,详细介绍 CPU 是如何工作的。假设将要执行的是地址为 0300H 的主存单元中的指令,其指令码是 1940H,其中高 4 位 1H 是操作码,表示当前指令是数据传送指令;低 12 位 940H 是操作数,表示操作数所在的主存单元的地址。该指令完成的操作是将操作数所指的主存单元的数据传送到累加器中。指令的执行过程如图 3-9 所示。

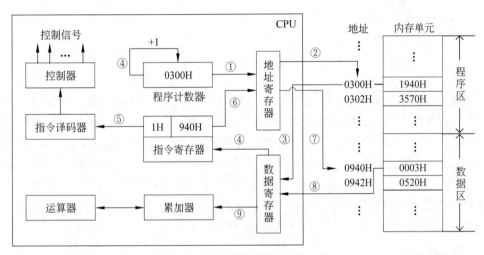

图 3-9 数据传送指令的执行过程

图 3-9 中指令的具体步骤如下。
(1) 将程序计数器(PC)的值 0300H 装入地址寄存器。
(2) 根据地址寄存器中的内容 0300H 找到相应的主存单元。
(3) 将地址为 0300H 主存单元的内容 1940H 装入数据寄存器。
(4) 将数据寄存器的内容装入指令寄存器(IR),同时程序计数器(PC)自动"加 1"。
(5) 指令译码器(ID)对指令寄存器(IR)中的指令进行译码,分析出是数据传送指令,以及需要传送的数据的地址是 940H,并产生相应的控制信号。
(6) 控制器控制将操作数地址 940H 装入地址寄存器。
(7) 根据地址寄存器中的内容 0940H 找到相应的主存单元。
(8) 将地址为 0940H 主存单元的内容 0003H 装入数据寄存器。
(9) 将数据寄存器的内容传送到累加器中。

在一条指令的最后一个节拍完成后,控制器复位指令周期,从取指令节拍重新开始运行,此时程序计数器(PC)的内容已被自动修改,指向的是下一条指令所在的主存地址,所以取到的就是下一条指令。数据处理指令、数据传送指令和输入输出指令的执行不会主动修改 PC 的值,PC 将会自动指向程序顺序上的下一条指令;而程序控制指令的执行会主动改变程序 PC 的值,使得程序的执行将不再是顺序的。

以图 3-6 所示的汇编语言程序为例,来理解 PC 的变化。假设这段程序在主存中的存储形式如图 3-10 所示。

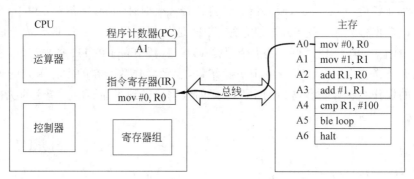

图 3-10　程序在主存中的存储形式

当这段代码被加载到主存中并将开始执行时,操作系统将程序计数器(PC)的值设为 A0,在取指令阶段将 A0 地址的指令"mov #0,R0"取出存入指令寄存器(IR),同时 PC "加 1"变成 A1。这条指令执行结束后,控制器复位指令周期,从取指令阶段重新执行,也就是根据 PC 的值 A1 取下一条指令"mov #1,R1"。该过程将一直执行到 ble 指令,该指令执行完后,将会对 PC 的值进行覆盖,将 loop 对应的指令地址写入 PC 中,使得下一条指令将不再是顺序执行的,而是跳转到 loop 对应的指令开始执行。当条件满足时,ble 指令的执行不修改 PC 的值,此时顺序执行下一条指令即 halt 指令。

4. CPU 的性能

计算机系统性能的优劣很大程度上取决于 CPU 的性能。计算机设计者一直在努力提高计算机的性能,其中一种方法就是通过提高 CPU 的主频来使它运行得快一些,但每个新设计都要局限于当时的技术条件,主频的提高也是有极限的。因此,多数设计者都采取了并行处理(同时处理两件或两件以上事情)的方法,以便在给定主频下取得更好的性能。

一般来说,并行可分为指令级并行和处理器级并行两种,前者是在指令之间采用并行,使计算机在单位时间内处理更多的指令;后者是指让多个 CPU 同时工作,解决同一个问题。

指令流水线是在指令执行周期分节拍的基础上,将指令执行分解成更细的步骤(如 10 个或更多),每个步骤由精心设计的硬件分别执行,使得同一时刻 CPU 能执行多条指令,实现指令级并行,如图 3-11 所示。

超标量体系结构在指令流水线的基础上,采用多条指令流水线提高 CPU 的性能。图 3-12 是双流水线的一种设计示例。该设计中两条流水线共用一个取指令部件,可以一次取两条指令,然后分别将指令送到各自的流水线执行。要实现这种设计,需要多个功能单元来同时执行指令,并且同时执行的指令不能有资源冲突。

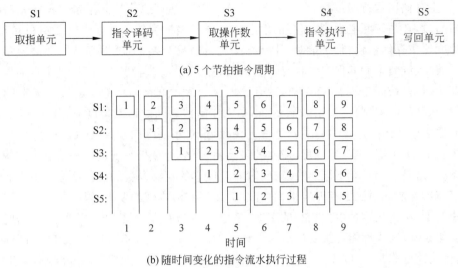

(a) 5个节拍指令周期

(b) 随时间变化的指令流水执行过程

图 3-11 指令流水线

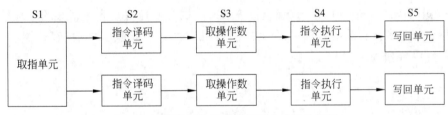

图 3-12 超标量体系结构双流水线设计示例

多核处理器也称为单芯片多处理器,其思想是将两个或多个完整的计算引擎(内核)集成到同一个芯片内,各个处理器并行执行不同的任务,相对于单CPU的指令流水线实现的指令级并行,多核处理器实现了处理器级并行。双核处理器结构如图 3-13 所示。

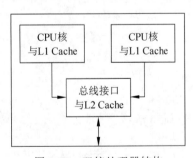

图 3-13 双核处理器结构

3.2.3 存储器系统

计算机系统中的存储器一般分为主存储器(简称主存,又称内存)和辅助存储器(又称外存)。主存储器运行速度快,可与 CPU 直接进行信息交换,但主存储器容量相对较小且价格昂贵,在系统断电后,其保存的信息会丢失。辅助存储器属于外部设备的范畴,其存取速度比主存储器慢,且不能和 CPU 直接进行信息交换,但辅助存储器存储容量大且价格低廉,系统断电后其保存的信息不会丢失,存的信息很稳定。不论是主存储器还是辅助存储器,其访问速度与 CPU 的运行速度都有很大的差距,通常是数量级上的差别(如微秒和纳秒的差别)。为了匹配 CPU 和主存储器之间的访问速度,通常会在 CPU 和主存储器之间插入一个比主存储器速度更快、容量更小的存储设备(如 Cache)。

事实上,为了实现容量、速度、成本的最高性价比,计算机系统通常采用层次结构的存储器系统,这是一个具有不同容量、访问时间和成本的存储设备的层次结构。由于计算机的主存储器不能同时满足存储容量大、存取速度快和成本低的要求,因此在计算机中必须要有速度由慢到快、容量由大到小的多级、多层次结构的存储器,以最优的控制调度算法和合理的成本,构成性能可接受的存储系统。如图 3-14 所示,最上层是 CPU 内部的寄存器,其存储速度非常快,CPU 可以在一个时钟周期内访问它,但其容量非常小,一般只有几百字节;下一层是高速缓冲存储器(简称高速缓存),其存储速度比访问主存快,CPU 可以在几个时钟周期访问它,一般容量是 32KB 到几兆字节;再往下一层是主存储器,CPU 可以在几十到几百个时钟周期内访问它;接下来一层是慢速但是容量很大的本地辅助存储器,用于保存永久存放的数据;最下面一层是用于后备存储的远程辅助存储器,如 Web 服务器、磁盘阵列等。

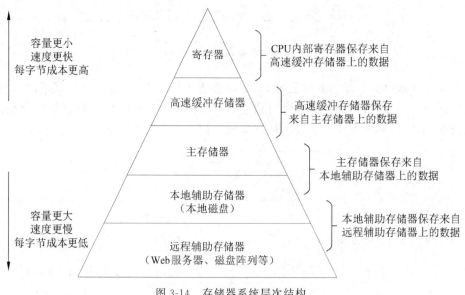

图 3-14　存储器系统层次结构

存储器层次结构的中心思想是:位于上一层的更快、更小的存储设备作为位于下一层的更慢、更大的存储设备的缓存。也就是说,层次结构中的每一层都缓存来自较低一层的数据信息。例如,本地磁盘作为从 Web 服务器上取出的文件(如 Web 页面)的缓存,主存储器作为本地磁盘上数据的缓存,以此类推,直到最小的缓存——CPU 内部寄存器。

基于缓存的存储器层次结构之所以能够行之有效,是因为较慢的存储设备比较快的存储设备容量大且价格便宜,还有程序的如下局部性原理的缘故。
- 时间局部性:最近被访问的内容(指令或数据)很快还会被访问。
- 空间局部性:访问了某个存储单元的内容后,其附近的存储单元的内容也将被访问。

在该层次结构中,自上而下的读写速度越来越慢、存储容量越来越大、成本/字节越来越低廉。首先,CPU 内部寄存器的访问时间是纳秒级的,一般是几个纳秒,高速缓存的访问时间接近 CPU 内部寄存器的访问时间,主存储器的访问时间是几十个纳秒,而磁盘的访问时间至少是 10 毫秒以上;其次,CPU 中寄存器的大小一般为 128 字节或更多一点,高速缓存可以达到几兆字节,主存是几百兆字节到几千兆字节,而磁盘的容量是几吉字节或几千吉字节;再次,主存的价格一般为几美元/兆字节,而磁盘的价格则为几美分/吉字节。

1. 主存储器

主存储器是计算机中重要的部件之一,用于存放 CPU 运行时所需要用到的指令和数据,并能由 CPU 直接随机存取。因此,主存的性能对计算机的影响非常大。现代计算机为了提高性能,同时兼顾合理的造价,往往采用多级存储体系结构。

主存一般采用半导体存储器,与辅助存储器相比,主存具有容量小、读写速度快、价格高等特点。主存储器的结构如图 3-15 所示,包括用于存储数据的存储体和外围电路,外围电路用于数据交换和存储访问控制,与 CPU 或高速缓存连接。

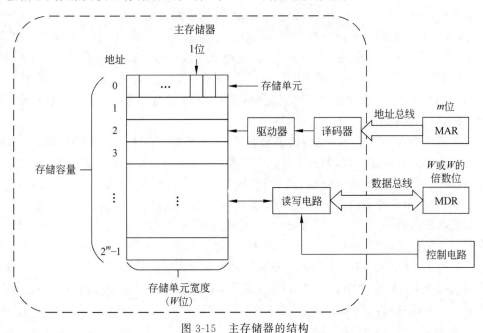

图 3-15 主存储器的结构

外围电路中有两个非常重要的寄存器——地址寄存器(Memory Address Register,

MAR)和数据寄存器(Memory Data Register,MDR),前者是用于临时保存CPU需要访问的主存单元的地址,后者用于临时保存从主存单元内读出或写入主存单元内的数据。CPU需要访问主存时,首先将要访问的地址送入MAR,经地址译码器、驱动器等电路,才能找到所需访问的主存单元。如果是读主存,则在控制电路控制下,将MAR指向的主存单元内的数据送入MDR中,然后发送到CPU或高速缓存;如果是写主存,则首先要将需要写入的数据送到MDR中,在控制电路控制下,将MDR中的数据写入MAR所指向的主存单元中。

主存中存储信息的地方称为存储体,它是主存的核心,是由若干个存储单元组成的。存储单元是主存中存储数据的最基本单元,它由一串二进制数组成,可以代表数字、字符等信息,存储单元的大小一般为8位二进制,即一个字节(Byte)。每个存储单元都有一个编号,这个编号就是主存的地址。主存地址也是用二进制数来表示的,如果计算机中的地址线有m根,则表示地址的二进制数就有m位,那么主存就有2^m个存储单元,存储容量就是2^m字节,主存地址编码的范围是$0 \sim 2^m-1$(从0开始编码)。

CPU是通过主存地址来对主存的存储单元存放的数据进行读写的,这种读写操作通常被称为访问主存。访问主存时可根据主存地址独立地对各存储单元进行读写,访问时间与被访问地址无关,因此主存又称为随机访问存储器(Random Access Memory,RAM)。

RAM是构成主存的主要部分,其内容可以根据需要随时按地址读出或写入,以某种电触发器的状态存储,断电后信息无法保存,用于暂存数据。RAM可分为动态随机存取存储器(DRAM)和静态随机存取存储器(SRAM)两种。DRAM中存储的信息是电荷形式保存在集成电路的小电容中,由于电容漏电,因此数据容易丢失。为了保证数据不丢失,需要在很短的时间内不断地对DRAM充电(称为定时刷新)。由于需要周期性刷新,因此DRAM存取速度相对较慢。SRAM是利用双稳态的触发器来存储0和1,只要不断电,存储的信息就不会丢失。"静态"的意思就是指它无须像DRAM那样定时刷新,因此SRAM存取速度快,工作状态稳定,但其价格比DRAM要贵得多,因此主存采用相对便宜的DRAM来存储信息。

由于断电后RAM中所存储的信息会丢失,因此也称RAM为易失性存储器。主存中还有一类非易失性存储器,即使电源供应中断,其所存储的数据也并不会丢失,如只读存储器(Read-Only Memory,ROM)等。ROM是一种一次写入、多次读出的存储器,它也可以随机访问,但只能随机读出信息,而不能重新写入新信息,其信息通常是厂家在制作芯片时在特定状态下写入的。因为ROM有断电不丢失信息的特点,计算机中常用ROM来存放重要的信息,例如系统的引导程序、自检程序、监控程序等。计算机开机时加载的第一个软件BIOS(Basic Input Output System,基本输入输出系统)就是一组固化在计算机主板上一个ROM芯片中的程序,它保存着计算机最重要的基本输入输出程序、开机后自检程序和系统自启动程序。

下面是主存的主要性能指标。

(1) 主存容量:一个主存中容纳的存储单元总数通常称为该存储器的存储容量。存储容量这一概念反映了存储空间的大小。存储容量一般用字节数(B)来表示,如512KB、

256MB、8GB、1TB。其中，1KB＝2^{10}B，1MB＝2^{20}B，1GB＝2^{30}B，1TB＝2^{40}B。

(2) 存储器访问时间：又称读写时间，是指从启动一次存储器读写操作到完成该操作所经历的时间。以读操作为例，从 CPU 发出读操作命令给主存开始，一直到 CPU 收到数据为止，即为一个读操作的时间。目前，主存访问速度总比 CPU 速度慢得多。一次访问时间大约为 5～10ns，比 CPU 的速度慢 10 倍以上。

(3) 存储周期：是指连续启动两次独立的存储器操作（如连续两次读操作）所需间隔的最小时间。通常，存储周期略大于存储器访问时间。

2. 高速缓冲存储器

早期的计算机系统的存储器层次结构只有 3 层：CPU 内部寄存器、主存储器和本地辅助存储器。随着 CPU 和主存访问速度之间的差距越来越大，CPU 发出访问主存的请求后，往往要等待多个时钟周期才能获取到主存的内容，主存越慢，则 CPU 等待的时间就越长，效率就越低下。系统设计者为了解决 CPU 和主存之间速度不匹配的问题，提出了利用容量小但速度接近 CPU 的存储设备与大容量低速的主存组合使用的方法，以适中的价格得到速度和 CPU 接近的大容量存储器。这种容量小但速度接近 CPU 的存储设备就是高速缓冲存储器（Cache，简称高速缓存）。

Cache 是指存取速度比一般随机存取存储器来得快的一种 RAM，一般而言它不像主存那样使用 DRAM 技术，而使用昂贵但快速的 SRAM 技术，它容量比较小但速度比主存高得多，接近于 CPU 的速度。在计算机存储器系统的层次结构中，Cache 介于 CPU 和主存之间，可以将其集成到 CPU 内部，也可置于 CPU 之外。图 3-16 是一种典型的高速缓存配置方式，位于 CPU 芯片上的 L1 高速缓存的容量可达几十 KB，其访问速度几乎与 CPU 中的寄存器组访问速度一样快；位于 CPU 外的 L2 高速缓存容量更大，可到几 MB，访问 L2 的时间要比访问 L1 的时间多几倍，但仍比访问主存的时间快 10 倍。

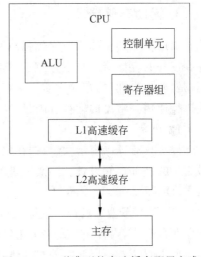

图 3-16　一种典型的高速缓存配置方式

通过对大量典型程序进行分析，发现 CPU 从主存读取指令或数据时，在一定时间内只对主存局部区域进行访问。这是因为某个程序的指令和数据在主存内都是连续存放的，并且有些指令和数据往往会被多次调用（如循环程序），这也说明指令和数据在主存的地址分布不是随机的，而是相对的簇聚，因此 CPU 在执行程序时，访问主存具有相对的局部性，这就是程序的局部性原理。根据这一原理，很容易设想，在 CPU 访问了主存的某个主存单元后，将该单元及其相邻的（多个）单元的内容预先从主存读入 Cache，这样当 CPU 下次访问主存时，有很大的概率会访问上次访问过的主存单元相邻的单元，由于已经预先将相邻（多个）单元的内容读入 Cache，就不需要再去访问主存而是直接从 Cache 中读取数据即可，从而缩短了 CPU 读取数据的时间。

Cache 工作原理非常简单：把当前和未来一段时间内使用频率最高的存储内容保存起来，也就是将 CPU 可能即将会使用的信息暂存在 Cache 中。这样，当 CPU 需要从主存读取这些信息时，由于这些信息已经暂存在 Cache 中，因此不需要访问主存去获取，而是直接从 CPU 内部的 Cache 中获得，且 Cache 的访问速度与 CPU 的运行速度相当。在 Cache 的支持下，CPU 需要读入主存中的数据时，先在 Cache 中查找，只有当在 Cache 中找不到时才会去访问主存，这样大大提高了 CPU 获取数据的速度，提高了整个系统的效率。

高速缓冲存储器最重要的技术指标是它的命中率，指的是在程序某一部分执行期间命中主存引用的比率。较大容量的 Cache 会提高命中率，但会增加其访问时间。一般来说，高速缓存的容量越大，命中率就越高，性能也就越好，但是访问速度会变慢且成本越高。

随着科技的发展以及工艺水平的提高，CPU 的速度越来越快，虽然主存的访问速度也在不断提高，但仍然赶不上 CPU 速度的提高。因此，对于现代高性能 CPU 而言，Cache 的地位越来越重要。目前，在进行高速缓存的设计时，需要考虑 Cache 的速度、Cache 的容量、Cache 数量、指令与数据是否需要分开以及如何合理组织多级 Cache 等问题。

3. 辅助存储器

辅助存储器又称为外存储器，简称辅存或外存，是指除了 CPU 寄存器、高速缓存和主存以外的存储器。与主存相比，辅存容量大、速度慢、价格低，而且断电后仍能保存数据，是"非易失性"的存储介质。辅存属于外部设备的范畴，它们通过各种专门接口与计算机进行通信。常见的辅存有硬盘、光盘等。

1) 硬盘

硬盘具有存储容量大、数据存取方便、价格低廉等优点，目前已经成为保存用户数据最重要的外部存储设备。一般硬盘可分为机械硬盘(Hard Disk Drive)和固态硬盘(Solid State Drive)。

(1) 机械硬盘：机械硬盘即是传统的普通硬盘，由一个或多个表面涂有磁性材料的铝质薄盘组成，内含一个或多个正好浮于磁盘表面的磁头，磁头含有一个引导线圈，磁头与盘面之间隔着一层薄薄的空气垫，盘片是以坚固耐用的材料为盘基，将磁粉附着在平滑的铝合金或玻璃圆盘基上，因此也称为硬磁盘，如图 3-17 所示。磁头可沿盘片的半径方向运动，加上盘片每分钟几千转的高速旋转，磁头就可以定位在盘片的指定位置上进行数据的读写操作。当磁头中有正或负电流通过时，会磁化磁头正下方的磁盘面，并且根据电流的正或负，使得磁性材料的颗粒向左或向右偏转，以此记录 0 或 1，这个过程是向磁盘写数据。当要读出磁盘数据时，磁头通过已经被磁化的区域，此时会感应出正或负电流，由此判断磁盘颗粒的朝向而获得记录的数据。硬盘作为精密设备，尘埃是其大敌，因此多采用密封结构。

硬磁盘的盘片上围绕着轴心的一系列同心圆称为磁道，用于记录数据。从外向内，对

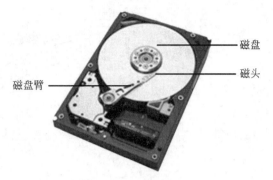

图 3-17 机械硬盘

磁道进行编址,最外圈磁道称为 0 磁道,如图 3-18(a)所示。每个磁盘有一个可伸缩的磁盘臂,它能从磁盘的轴心伸展到每个磁道,磁头就是附着在磁盘臂上进行数据读写的。硬磁盘一般由多个铝盘片叠起来构成,每个盘面都有自己的磁头和磁盘臂,所有的磁盘臂连在一起,如图 3-18(b)所示。在这种结构中,将位于同一半径的磁道合称为柱面。为了方便数据的记录,每个磁道又划分为若干的小区域,称为扇区。

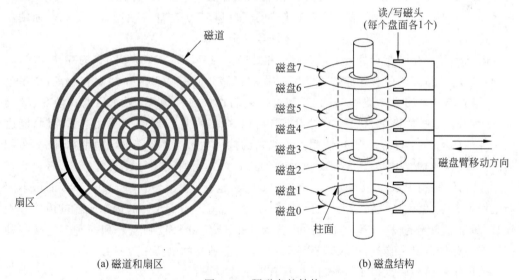

(a) 磁道和扇区　　　　　　　(b) 磁盘结构

图 3-18 硬磁盘的结构

一般每个扇区可存放 512B 数据,数据区之前有用于读写前对磁头进行同步的前导区,数据区之后是纠错码,相邻的扇区之间是隔离带,一个扇区的结构如图 3-19 所示。因此,在存储数据时,磁道的存储区域不会被 100%的使用,一般可用区域为 85%。

硬磁盘一旦通电,盘片就开始高速旋转。当接到读写命令时,在磁盘控制器的控制下,磁头根据给出的地址(由磁头号、柱面号和扇区号组成),首先按柱面号产生驱动信号进行定位,然后再通过盘片的转动找到具体的扇区,最后由磁面对应的磁头读取指定位置的信息,并传送到硬盘自带的高速缓存中。

根据磁盘的结构,由磁盘的参数可计算出按等量扇区划分方式的磁盘容量,公式

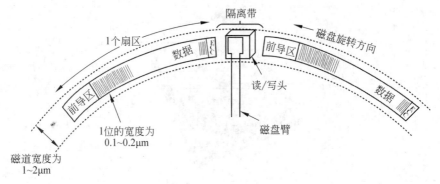

图 3-19　一个扇区的结构

如下。

　　磁盘容量(B)=磁面数×柱面数(磁道数)×扇区数×每扇区字节数(512B)

　(2) 固态硬盘：固态硬盘是一种新式硬盘，是用固态电子存储芯片阵列制成的硬盘。其内部构造十分简单，固态硬盘的主体其实就是一块 PCB 板，而这块 PCB 板上最基本的配件就是控制芯片、缓存芯片(部分低端硬盘无缓存芯片)和用于存储数据的芯片。虽然它的技术和机械硬盘完全不同，但其在接口的规范和定义、功能及使用方法上与普通硬盘几乎相同，在产品外形和尺寸上也与普通硬盘完全一致。

　　固态硬盘按存储介质可分为两种：一种是采用闪存(FLASH 芯片)作为存储介质，另一种是采用动态随机存取存储器(DRAM)作为存储介质。基于闪存的固态硬盘，使用范围广，是固态硬盘的主要类别，它的外观可以被制作成多种模样，例如便携式硬盘、存储卡、U 盘等。这种固态硬盘最大的优点就是可以移动，而且数据保护不受电源控制，能适应于各种环境，适合于个人用户使用。一般它的擦写次数普遍为 3000 次左右，以 128GB 为例，可擦写的总数据量为 128GB×3000=384 000GB。假设你每天下载 10GB 资料且当天删除的话，可用天数为 384 000/10=38 400 天，也就是 38 400/365=105 年，即可不间断地用 105 年，也就是说理论上它可以无限读写。而基于 DRAM 的固态硬盘的应用范围较窄，属于非主流的设备，其应用方式可分为 SSD 硬盘和 SSD 硬盘阵列两种。它是一种高性能的存储器，使用寿命很长，美中不足的是需要独立的电源来保护数据安全。

　　与传统的机械硬盘相比，固态硬盘具有以下优点。

　　(1) 读写速度快：采用闪存或 DRAM 作为存储介质，读取速度相对机械硬盘更快。固态硬盘不用磁头，寻道时间几乎为 0。最常见的 7200 转机械硬盘的寻道时间一般为 12~14ms，而固态硬盘则可达到 0.1ms 甚至更快。

　　(2) 防震抗摔性：传统硬盘都是磁碟型的，数据储存在磁碟扇区里。而固态硬盘是使用闪存或 DRAM 芯片制作而成的，所以固态硬盘内部不存在任何机械部件，这样即使在高速移动甚至伴随翻转倾斜的情况下也不会影响到正常使用，而且在发生碰撞和震荡时能够将数据丢失的可能性降到最小。

　　(3) 低功耗：固态硬盘内部不存在任何机械活动部件，不会产生机械运动，因此能耗和发热量低、散热快。

(4) 无噪音：固态硬盘没有机械马达和风扇，工作时噪音值为 0db。

(5) 工作温度范围大：传统的机械硬盘只能在 5℃～55℃内工作；而大多数固态硬盘可在 -10℃～70℃内工作，有的工业级固态硬盘工作温度可达 -40℃～75℃。

(6) 轻便：与常规 1.8in 机械硬盘相比，固态硬盘重量要轻 20～30g。

虽然和传统机械硬盘相比固态硬盘优点众多，但固态磁盘劣势也较为明显：价格仍较为昂贵，容量较低，一旦硬件损坏，数据较难恢复等；固态硬盘的耐用性（寿命）相对较短。因此，用户在选择硬盘时应按照实际需求和用途进行配置。

2）光盘

光盘（Compact Disk，CD）是近代发展起来不同于完全磁性载体的光学存储介质，用聚焦的氢离子激光束处理记录介质的方法存储和再生信息。其容量大、价格低廉，已被广泛用于软件发布、电子书籍、音视频数据的存储，并作为硬盘的备份使用，其容量一般为 650～750MB。

光盘是在激光视频唱片和数字音频唱片基础上发展起来的。利用激光在某种介质上写入信息，然后再利用激光读出信息，这种技术称为光存储技术。如果光存储使用的介质是磁性材料，即利用激光在磁记录介质上存储信息，就称为磁光存储。通常把采用非磁性介质进行光存储的技术，称为第一代光存储技术，它不能把内容抹掉重写新内容。磁光存储技术是在光存储技术基础上发展起来的，称为第二代光存储技术，其主要特点是可擦除重写。根据光存储性能和用途的不同，光盘可分为以下 3 类。

(1) 只读光盘（CD-ROM）：这种光盘的内容是由厂家事先写入的，使用时用户只能读出，不能修改或增加新的内容。CD-ROM 主要用于软件发布、电视唱片和数字音频唱片、计算机的辅助教学等。

(2) 只写一次光盘（CD-R）：这种光盘允许用户写入信息，写入后可多次读出，但只能写入一次，且不能修改，故称它为"只写一次型"光盘。CD-R 主要用于计算机系统中的文件存档，或写入的信息不再需要修改的场合。

(3) 可擦写光盘（CD-RW）：这种光盘类似于磁盘，可以重复读写。从原理上来看，目前仅有磁存储（热磁效应）和相变记录（晶态-非晶态转变）两种 CD-RW。

光盘主要由基板、记录层、反射层、保护层和印刷层组成，如图 3-20 所示。

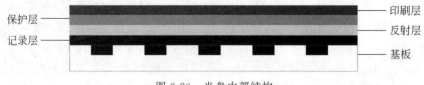

图 3-20 光盘内部结构

(1) 基板：是光盘其他层的载体，更是整个光盘的物理外壳。它的材料是无色透明的聚碳酸酯，抗冲击韧性极好、使用温度范围大、尺寸稳定性好、耐候性好且无毒性。CD光盘的基板厚度为 1.2mm、直径为 120mm，中间有孔，呈圆形。光盘之所以能够随意取放，主要取决于基板的硬度。

(2) 记录层：是刻录信息的地方。其主要的工作原理是在基板上涂抹上专用的有机染料,以供激光记录信息。由于烧录前后的反射率不同,经由激光读取不同长度的信号时,通过反射率的变化形成 0 与 1 信号,借以读取信息。

对于可重复擦写的 CD-RW 而言,与 CD-R 有机染料层不同,CD-RW 盘片的记录层由银、铟、锑、碲合金构成。合金的记录层具有一个约 20% 发射率的多晶结构。CD-RW 驱动器的激光头有两种波长设置,分别为写(P-Write)和擦除(P-Erase),刻录时激光把记录层的物质加热到 500~700℃,使其熔化。在液态状态下,该物质的分子自由运动,多晶结构被改变,呈现一种非晶状状态,而在此状态下凝固的记录层物质的反射率只有 5%,这些反射率低的地方就相当于 CD-ROM 盘片上的"凹陷"。要擦除数据就必须让记录层的物质恢复到多晶结构,此时激光头采用低能量的擦除状态,它会把记录层的物质加热到 200℃,不会使其熔化,但会使其软化。记录层的物质在软化并慢慢冷却时,其分子结构就会从 5% 反射率的非晶状结构转化为 20% 反射率的多晶结构,这样就恢复到 CD-RW 光盘的初始状态。

(3) 反射层:是反射激光光束的区域,借反射的激光光束读取光盘片中的资料。其材料为铝、银、金等金属。

(4) 保护层:是用来保护光盘中的反射层及记录层,防止信号被破坏。材料为光固化丙烯酸类物质。

(5) 印刷层:是用来印刷盘片的客户标识、容量等相关资讯的地方。它不仅可以标明信息,还可以起到一定的保护光盘的作用。

光盘是利用激光束在记录表面上存储信息,根据激光束和反射光的强弱不同实现信息的读写。在光盘中,凹坑是被激光烧录后反射弱的部分,平地是没有受激光烧录而仍然保持高反射率的部分。光盘是用激光束照射盘片后产生反射,然后根据反射的强度来判定数据信息是 0 还是 1。盘片中凹坑部分激光反射弱,平地部分激光反射强,光盘利用凹坑和平地边缘来记录 1,用凹坑和平地的平坦部分记录 0,凹坑和平地的长度代表 0 的个数。这里需要强调的是:凹坑和平地本身并不代表 0 和 1,而是凹坑和平地交界的地方表示 1。由于读数据的激光束的功率只有写数据的激光束的 1/10,因此不会在盘片烧出新的凹坑。

随着技术的发展,后来又出现了 DVD(Digital Video Disk),其基本设计与光盘相同,通过加大光盘的记录区域(记录区域从 CD 盘的 $86cm^2$ 提高到 $86.6cm^2$)和使用波长较短的激光(CD 采用 780nm 红外光,DVD 采用 635~650nm 激光,光道间距和凹凸坑的长度和宽度做得更小)使得单层单面 DVD 容量可达到 4.7GB,如图 3-21 所示。

近年来,又出现了一种新技术 Blu-Ray,即使用蓝色激光,能更精确地定位,单面容量大约为 25GB,双面约为 50GB,预计 Blu-Ray 将会取代 CD 和 DVD。

光盘的主要性能指标如下。

- 容量:指一张光盘的数据存储量。例如,CD-ROM 存储容量一般为 650~750MB 左右;DVD 一般有 4 种规格,分别为 4.7GB(单面单层)、8.5GB(单面双层)、9.4GB(双面单层)和 17GB(双层双面)。

- 数据传输率:指光盘驱动器传输数据的速率,一般是 150KB/s 的倍数。例如,2400KB/s 称为 16 倍数光驱,记为 16X。

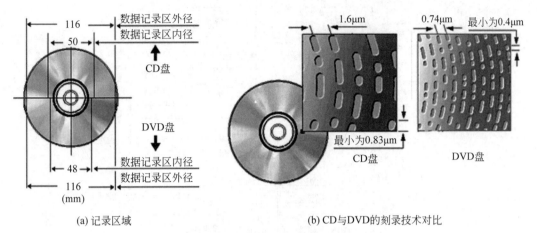

图 3-21　CD 与 DVD 刻录技术

- 读取时间：是指光盘驱动器接收到命令后，移动光头到指定位置，并将第一个数据读入高速缓存所花费的时间。

3.2.4　输入输出系统

输入输出系统（Input/Output System，I/O 系统）是计算机与外界联系的桥梁，实现了计算机与外界之间的通信，一个没有 I/O 系统的计算机系统是"与世隔绝"的废物，不能为人类提供任何服务。I/O 系统由外设和输入输出控制系统两部分组成，控制并实现信息的输入输出，是计算机系统的重要组成部分。

输入输出控制系统包括设备控制器和相应的输入输出软件，它的主要功能是组织和控制数据的输入输出传送，管理与检测外围设备的操作和状态。设备控制器的一端连接在计算机系统的 I/O 总线上，另一端通过接口与设备相连接，如图 3-22 所示。通过设备控制器使外设和主机进行连接并交换数据。例如，打开个人计算机的机箱，会看到主板上插了各式各样的板卡，有声卡、显卡、网卡等，而机箱后部可以看到板卡上带的各种插口。这些板卡就是设备控制器，而板卡上的插口就是接口，可用于连接键盘、鼠标、耳机、显示器等外设。

设备控制器的主要功能包括接收和识别来自 CPU 的控制信息，向 CPU 反馈外设当前工作的状态信息，实现 CPU 与设备控制器、设备控制器与外设之间的数据交换。因此，可以看出，CPU 与外设进行信息传输时，主要传输的是控制信息、状态信息和数据信息。这 3 种信息属于不同性质的信息，必须分别传输。但是，大部分微型计算机的 CPU 和外设进行信息交换时，只有 IN 和 OUT 两种指令，因此控制信息和状态信息都被视为一种数据信息在传输。

1. 输入输出控制方式

由于 CPU 和外设的速度严重不匹配，因此在实现 CPU 和外设数据交换时，要考虑

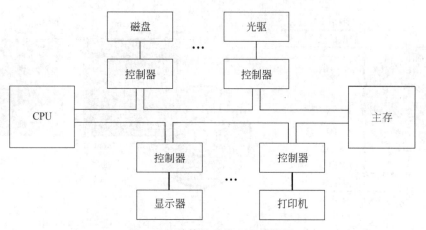

图 3-22 计算机系统 I/O 结构图

快速 CPU 和慢速外设因速度差异而带来的问题,既不能让慢速外设拖累快速 CPU,又不能因为 CPU 速度太快造成传输数据的丢失而产生错误。因此,需要协调好快速 CPU 和慢速外设之间的传输,常用的控制方式有程序查询方式、程序中断方式、直接主存访问方式(Direct Memory Access,DMA)、通道方式等,如图 3-23 所示。

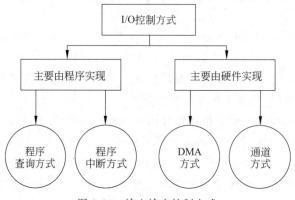

图 3-23 输入输出控制方式

1) 程序查询方式

程序查询方式是早期计算机中使用的一种方式,它通过程序来控制信息在 CPU 和外设之间的传输。CPU 在和外设进行信息传输之前,会向外设发送请求信息传输的控制信息,并从 I/O 接口读入该外设当前的状态信息,检查其当前是否可以进行信息的传输,如果外设当前没有做好交换数据的准备,则 CPU 要反复读取外设的状态信息,直至该外设发出准备就绪的状态信息,CPU 便和外设进行信息交换。这种利用程序不断询问外设的状态,并根据外设当前的状态信息来实现信息输入输出的方式称为程序查询方式。

程序查询方式的优点是 CPU 的操作和外设的操作能够同步,并且硬件结构比较简单。但存在的问题是,相对于 CPU 外设速度很慢,程序在不断查询时将白白浪费掉 CPU 很多时间,在此期间 CPU 除了等待不能处理其他任何业务,这大大降低了 CPU 的利用率。即使 CPU 采用定期地由主程序转向查询设备状态的子程序进行扫描轮询的办法，CPU 宝贵资源的浪费也是可观的。因此，程序查询方式适用于数据传输率比较低的外设。当前除单片机外，很少使用程序查询方式。

2) 程序中断方式

程序查询方式将 CPU 的大量时间浪费在读取外设状态信息和等待外设准备就绪上，真正用于和外设传输信息的时间很短，从而降低了 CPU 的效率，并且在多个外设的情况下无法对一些外部事件进行实时响应，这对具有多个外设且实时性较强的计算机控制系统是很不合适的。正因如此，引入了中断的概念。所谓中断，是指计算机运行过程中，系统中某些突发情况发生时，CPU 暂时中止当前正在执行的程序，转去处理突发情况的程序，处理完毕后自动返回原来被暂停的地方继续执行。

程序中断方式是外设用来"主动"通知 CPU，实现和 CPU 之间的信息交换的一种方式。当外设需要进行信息传输时便"主动"向 CPU 发送一个中断请求，CPU 接到请求后，在条件允许的情况下，中断现行程序，转而执行中断处理程序，完成和外设的信息传输，当中断处理完毕后，CPU 又返回到原来被中断的地方继续执行程序。这种方式使 CPU 并不主动介入外设的信息传输工作，而是在外设有请求时才去进行相应的处理，因此节省了 CPU 宝贵的时间，大大提高了 CPU 的利用率，采用中断方式是管理输入输出操作的一个比较有效的方法。这里需要注意的是，在 CPU 和外设完成信息传输后要能够回到原来被中断的地方，这就要求将中断的返回地址（即中断时 CPU 将要执行的指令的地址）和程序的运行状态预先保存起来，以保证能够正确地返回到原来的程序继续执行，这个过程称为断点保护。

程序中断方式不仅大大提高了 CPU 的效率，还能够对外设的请求做出实时响应。因此，程序中断方式一般适用于随机出现的服务，尤其是在外设发生故障，不立即处理就有可能造成严重后果的情况下。采用程序中断方式可以避免不必要的损失。

3) 直接主存访问（DMA）方式

虽然采用程序中断方式大大提高了 CPU 的利用率，但实际信息传输还是需要 CPU 执行程序来实现的，即 CPU 通过输入输出指令将信息从外设（内存）读入 CPU 内部寄存器，再写到内存（外设）中。程序中断方式每进行一次，都要先保护现场等，再考虑到修改内存地址，判断信息是否传输完毕等因素，CPU 传输一个字节的速度就不会很快。这对于一些高速外设及批量信息传输（如磁盘和内存的信息传输）来说是不能满足信息传输要求的。

对于需要高速信息传输的设备，希望外设能够不通过 CPU 而直接与主存进行信息传输，这就是直接主存访问方式，即 DMA 方式。它的基本思想就是在外设和主存之间开辟直接的信息传输通道。DMA 方式是一种完全由硬件执行输入输出信息交换的工作方式。这种方式既考虑到中断响应，同时又要节约中断开销。在信息传输的开始和结束阶段通过中断方式进行处理，而在信息传输的过程中则无须 CPU 干涉，DMA 控制器从 CPU 完全接管对总线的控制，信息传输直接在内存和外围设备之间进行，可实现高速传送数据。

DMA 方式的信息传输速度很快，传输速度仅受到内存访问时间的限制，满足高速输入输出设备要求,有利于发挥 CPU 的效率。但是,与中断方式相比,DMA 方式则需要更多的硬件。因此,DMA 方式适用于内存和高速外设之间大批量信息传输的场合。

4) 通道方式

DMA 方式的出现已经减轻了 CPU 对输入输出操作的控制,使得 CPU 的效率显著提高,但它仍存在一定的局限性。首先,对于外设的管理以及某些操作的控制仍需 CPU 完成;其次,随着计算机系统功能的不断扩展,外设的种类和数量都在不断增加,对外设的管理和控制也越来越复杂,这对 DMA 控制器的要求也越来越高,为每一个设备都配置一个专用的 DMA 控制器是不经济的,而且多个 DMA 的并行工作还会造成对内存访问的冲突。因此,为了解决这些问题,在大型计算机系统中通常都设置了专门用于和外设进行信息传输的硬件装置,也就是 I/O 通道。

通道是一个具有输入输出处理器控制的输入输出部件。通道处理器有自己的指令系统,能够独立执行用通道命令编写的输入输出控制程序,产生相应的控制信号控制设备的工作,实现对外设的统一管理以及外设与内存之间的信息传输。在通道方式中,CPU 将部分权力给了通道,这就进一步提高了 CPU 的效率。然而,这种提高 CPU 效率的办法是以花费更多硬件为代价的。因此,通道方式更适用于中、大型计算机。

2. 常见的输入输出设备

输入输出设备(简称 I/O 设备),是实现计算机系统与外界通信的桥梁,是用户和计算机系统之间进行交互的主要装置之一。没有 I/O 设备,计算机既不知道要做什么,也不知道该怎么做,做完的结果也无法知道。因此,I/O 设备是计算机系统中不可或缺的一个重要组成部分。输入设备的任务是把数据、指令及某些标志信息等输送到计算机中。输出设备是把计算机系统处理的结果或中间结果以人能识别的各种形式,如文字、图像、音频等表示出来。由于输入输出设备种类繁多,结构不一,无法一一介绍,下面只介绍几种常用的输入输出设备。

1) 键盘

键盘是最常用也是最重要的输入设备,通过键盘可以将英文字母、数字、标点符号等输入计算机,从而向计算机发出命令、输入数据等。

键盘一般由按键、导电塑胶、编码器以及接口电路等组成。键盘上通常有上百个按键,每个按键负责一个功能,一般可分为主键盘区、功能键区、光标键区、小键盘区和指示灯面板,如图 3-24 所示。

(1) 主键盘区:该键盘区的安排与英文打字机类似,包括 26 个英文字母、10 个数字、各种标点符号、空格、回车以及一些控制键,人们输入信息主要利用这一部分。不管键盘其他按键的位置如何变化,这部分按键的位置总是不会变的。

主键盘区有 3 个特殊按键常需与其他按键一起组合使用,它们是 Ctrl、Shift 和 Alt。使用组合键时,需要按下 Ctrl、Shift 和 Alt 中的一个键不放,再按下另一个按键,最后同时松开。

(2) 功能键区:包括 12 个 F 键(F1~F12)以及一个 Esc 键,一般用来作为软件的功能热键。例如,F1 键为帮助,Esc 键为退出等。

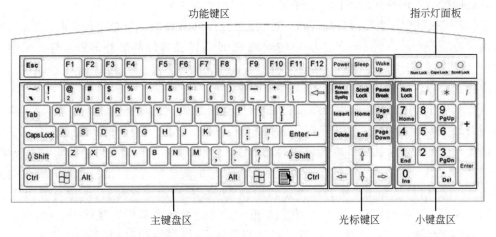

图 3-24 键盘

(3) 光标键区：包括光标键和 9 个特殊键。一般软件都是用这些键来进行光标移动和菜单选择的。例如，Home 键和 End 键分别表示行首及行尾，即不管光标在哪，只要按住 Home 键（或 End 键）光标就会跳到行首（或行尾）。

(4) 小键盘区：用于快速输入数字等，可以通过 NumLock 键在光标功能键和数字功能键之间切换。NumLock 键指示灯亮，表示该键区为数字功能键。

(5) 指示灯面板：包括 NumLock、CapsLock 和 ScrollLock 3 个指示灯，对应 3 个两态功能键——数字锁定键 NumLock、英文大小写锁定键 CapsLock 和滚定锁定键 ScrollLock。

依据键盘工作原理，可以把计算机键盘分为编码键盘和非编码键盘。对编码键盘，键盘控制电路的功能完全依靠硬件自动完成，它能自动将按下键的编码信息送入计算机。编码键盘响应速度快，但它以复杂的硬件结构为代价，而且其复杂性随着按键功能的增加而增加。而非编码键盘并不直接提供按键的编码信息，而是用较为简单的硬件和一套专用程序来识别按键的位置，在软件驱动下与硬件一起来完成诸如扫描、编码、传送等功能。非编码键盘可通过软件为键盘的某些按键重新定义，为扩充键盘功能提供了极大的方便。

常见的键盘接口有 PS/2 和 USB 两种，也就是常说的圆口和方口。PS/2 接口和 USB 接口的键盘在使用方面差别不大，但由于 USB 接口支持热插拔，允许用户在不关闭操作系统、不切断电源的情况下即可更换键盘，因此 USB 接口键盘在使用中略方便一些；但计算机底层硬件对 PS/2 接口支持得更完善一些，因此如果计算机遇到某些故障，使用 PS/2 接口的键盘其兼容性更好一些。主流的键盘既有 PS/2 接口的也有 USB 接口的，购买时需要根据实际需求进行选择。

2) 鼠标

鼠标是当代计算机不可缺少的一种重要的输入设备，也是计算机显示系统纵横坐标定位的指示器，因形似老鼠而得名，它可以对当前屏幕上的游标进行定位，并通过按键和滚轮装置对游标所经过位置的屏幕元素进行操作。鼠标的使用是为了使计算机的操作更加简便快捷，来代替键盘烦琐的指令。

鼠标按其工作原理的不同分为机械鼠标、光电机械鼠标和光电鼠标。

(1) 机械鼠标：主要由滚球、辊柱和光栅信号传感器组成。当拖动鼠标时，底部的胶质小球带动一对转轴转动（分别为 X 转轴、Y 转轴），转轴末端的光栅信号传感器采集光栅信号，传感器产生的光电脉冲信号反映出鼠标器在垂直和水平方向的位移变化，再通过程序的处理和转换来控制屏幕上光标箭头的移动。

(2) 光电机械鼠标：简称光机鼠标，是为了克服纯机械式鼠标精度不高、机械结构容易磨损的弊端而发明的。光机鼠标是在纯机械式鼠标基础上进行改良，通过引入光学技术来提高鼠标的定位精度。与纯机械式鼠标一样，光机鼠标同样拥有一个胶质的小滚球，并连接着 X、Y 转轴，所不同的是光机鼠标不再有圆形的译码轮，而是两个带有栅缝的光栅码盘，并且增加了发光二极管和感光芯片。当鼠标在桌面上移动时，滚球会带动 X、Y 转轴的两只光栅码盘转动，而 X、Y 发光二极管发出的光便会照射在光栅码盘上，由于光栅码盘存在栅缝，在恰当时机二极管发射出的光便可透过栅缝直接照射在两颗感光芯片组成的检测头上。如果接收到光信号，感光芯片便会产生 1 信号；若没有接收到光信号，则将它定为信号 0。接下来，这些信号被送入专门的控制芯片内运算生成对应的坐标偏移量，确定光标在屏幕上的位置。

(3) 光电鼠标：是由发光二极管、光学透镜、光学传感器和控制电路构成的，是通过检测鼠标器的位移，将位移信号转换为电脉冲信号，再通过程序的处理和转换来控制屏幕上鼠标箭头的移动。具体来说，光电鼠标工作时通过发光二极管发出的光线（通常为红色或蓝色），照亮光电鼠标底部表面；然后将光电鼠标底部表面反射回的一部分光线，经过一组光学透镜，传输到一个光感应器件内成像，这样当光电鼠标移动时，其移动轨迹便会被记录为一组高速拍摄的连贯图像；最后利用光电鼠标内部的一块专用图像分析芯片对移动轨迹上摄取的一系列图像进行分析处理，通过分析这些图像上特征点位置的变化来判断鼠标的移动方向和移动距离，从而完成光标的定位。

按照按键数目，鼠标又可分为单键鼠标、双键鼠标、三键鼠标、三键滚轮鼠标、五键滚轮鼠标以及多键滚轮鼠标等。鼠标一般有 3 种接口，分别是 RS-232 串口、PS/2 接口和 USB 接口。

3) 扫描仪

扫描仪是继键盘和鼠标之后功能较强的输入设备，是将各种形式的图像信息输入计算机的重要工具。扫描仪是利用光电技术和数字处理技术，以扫描方式将图形或图像信息转换为数字信号的装置，是通过捕获图像并将之转换成计算机可以显示、编辑、存储和输出的数字化输入设备。

扫描仪主要由光学成像、机械传动和转换电路 3 部分组成。这 3 部分相互配合将反映图像特征的光信号转换为计算机可接受的电信号。扫描仪是利用自然界的每一种物体都会吸收特定的光波，而没被吸收的光波就会反射出去这一原理来完成对文件的读取。扫描仪工作时发出的强光照射在文件上，没有被吸收的光线将被反射到光学感应器上。光感应器接收到这些信号后，将这些信号传送到模数（A/D）转换器，模数转换器再将其转换成计算机能读取的信号，然后通过驱动程序转换成显示器上人们能看到的正确图像。

待扫描的文件通常可以分为反射稿和透射稿。前者泛指一般的不透明文件（如报刊、杂志等),后者包括幻灯片(正片)或底片(负片)。如果经常需要扫描透射稿,就必须选择具有光罩(光板)功能的扫描仪。

按扫描原理,可以将扫描仪分为平板式扫描仪、手持式扫描仪和滚筒式扫描仪。按用途,可以将扫描仪分为用于图稿输入的通用型扫描仪和专门用于特殊图像输入的专用型扫描仪(如条码读入器、卡片阅读机等)。

扫描仪的主要性能指标如下。

- 分辨率:表示扫描仪对图像细节上的表现能力,它决定了扫描仪所记录图像的细致程度。通常用每英寸长度上扫描图像所含有像素点的个数来表示,记为 PPI (Pixels Per Inch)。目前,多数扫描仪的分辨率在 300~2400PPI。
- 灰度级:表示扫描仪所记录图像的灰度层次范围。级数越多,则扫描图像的灰度范围越大,层次越丰富。目前,多数扫描仪的灰度为 256 级。
- 色彩度:表示彩色扫描仪所能产生的颜色范围。通常用表示每个像素点上颜色的数据位数表示。例如,人们常说的真彩色图像指的是每个像素点的颜色用 24 位二进制数表示,共可表示 2^{24} 种颜色,通常称这种扫描仪为 24 位真彩色扫描仪。色彩数越多,则扫描出来的图像越真实。
- 扫描速度:因为扫描速度与分辨率、内存容量、软盘存取速度以及显示时间、图像大小有关,通常用指定的分辨率和图像尺寸下的扫描时间来表示扫描速度。
- 扫描幅面:表示可扫描文件的最大尺寸。常见的有 A4、A3、A0 幅面等。

4) 显示器

显示器也称为监视器,属于计算机的输出设备。它是一种将一定的电子文件通过特定的传输设备显示到屏幕上,再反射到人眼的显示工具。根据制造材料的不同,可分为阴极射线管显示器(Cathode Ray Tube,CRT)、液晶显示器(Liquid Crystal Display,LCD)和等离子显示器(Plasma Display Panel,PDP)。目前常用的是液晶显示器。

(1) CRT 显示器:是依据三基色原理,靠电子束激发屏幕内表面的红、绿、蓝 3 种颜色的荧光粉来显示图像的。由于荧光粉被点亮后很快会熄灭,所以电子枪必须循环不断地激发这些点。电子枪工作原理是由灯丝加热阴极,阴极发射电子,然后在加速极电场的作用下,经聚焦极聚成很细的电子束,在阳极高压作用下,获得巨大的能量,以极高的速度去轰击荧光粉层。这些电子束轰击的目标就是荧光屏上的三基色。为此,电子枪发射的电子束不是一束,而是三束,它们分别受计算机显卡红、绿、蓝三基色视频信号电压的控制去轰击各自的荧光粉单元。受到高速电子束的激发,这些荧光粉单元分别发出强弱不同的红、绿、蓝 3 种光而产生丰富的色彩,这种方法利用人们眼睛在超过一定距离后分辨力不高的特性,产生与直接混色法相同的效果。用这种方法可以产生不同色彩的像素,而大量的不同色彩的像素可以组成一张漂亮的画面,而不断变换的画面就形成可活动的图像。

(2) LCD 显示器:由两块玻璃板构成,厚约 1mm,其间由包含有液晶材料的 5μm 均匀间隔隔开。在显示屏两边设有作为光源的灯管,而在液晶显示屏背面有一块背光板和反光膜,背光板由荧光物质组成并可发射光线,其作用主要是提供均匀的背景光源。背光板发出的光线在穿过第一层偏振过滤层之后进入包含成千上万液晶液滴的液晶层。液晶层中的液滴都被包含在细小的单元格结构中,一个或多个单元格构成屏幕上的一个像素。

在玻璃板与液晶材料之间是透明的电极,电极分为行和列,在行与列的交叉点上,通过改变电压而改变液晶的旋光状态。当 LCD 中的电极产生电场时,液晶分子就会产生扭曲,从而将穿越其中的光线进行有规则的折射,然后经过第二层过滤层的过滤在屏幕上显示出来。

(3) PDP 显示器:是在两张薄玻璃板之间充填混合气体,施加电压使之产生离子气体,然后使等离子气体放电,与基板中的荧光体发生反应,产生彩色影像。PDP 显示器以等离子管作为发光元件,大量的等离子管排列在一起构成屏幕,每个等离子对应的每个小室内都充有氖氙气体,在等离子管电极之间加上高压后,封在两层玻璃之间的等离子管小室中的气体会产生紫外光,并激发平板显示屏上的红、绿、蓝三基色荧光粉发出可见光。每个等离子管作为一个像素,由这些像素的明暗和颜色变化组合使之产生各种灰度和色彩的图像,类似显像管发光。

各种显示器的接口一般是标准的,常用的有 VGA 接口、DVI 接口和 HDMI 接口。显示器的主要性能指标如下。

- 屏幕尺寸:指显示器对角线的长度,单位是英寸(inch)。目前,市场上常见的尺寸有 14in、15in、17in 和 21in。常用的显示器按照长宽比又可分为标屏(窄屏)与宽屏,标屏为 4∶3(还有少量的 5∶4),宽屏为 16∶10 或 16∶9。
- 分辨率:指水平方向和垂直方向上可容纳的像素点个数,通常用"水平方向像素数×垂直方向像素数"来表示。分辨率越高,则屏幕上能显示的像素点个数也就越多,图像也就越细腻。常用的分辨率有 1024×768、1280×1024、1600×1280 等。
- 点距:指一种给定颜色的一个发光点与离它最近的相邻同色发光点之间的距离,这种距离不能用软件来更改,这一点与分辨率是不同的。在任何相同的分辨率下,点距越小,图像就越清晰。点距可由可视宽度/水平像素或者可视高度/垂直像素得到。例如,14in LCD 的可视面积为 285.7mm×214.3mm,最大分辨率为 1024×768,则点距为 285.7mm/1024=0.279mm 或 214.3mm/768=0.279mm。
- 可视角度:指用户可以从不同方向清晰地观察屏幕上所有内容的角度。由于液晶显示器的光线是透过液晶以接近垂直角度向前射出的,因此当从其他角度观看屏幕时,可能产生色彩失真现象,这就是液晶显示器的视角问题。日常使用中可能会有几个人同时观看屏幕,因此可视角度应该越大越好。一般来说,水平视觉 90°~100°,垂直视角 50°~60°就能满足平常使用。目前,新型液晶显示器的水平和垂直可视角度可分别达到 170°和 160°以上,已经可以满足绝大部分用户需求。

5) 打印机

打印机是计算机系统最基本的输出设备之一,用于将计算机处理结果打印在相关介质上。现在多采用 USB 接口与计算机系统进行数据传送。打印机的种类很多,按照打印原理,可分为击打式打印机和非击打式打印机。前者有针式打印机,后者有喷墨打印机、激光打印机等。

(1) 针式打印机:打印的字符或图形是以点阵的形式构成的,它的打印头由若干根打印针和驱动电磁铁组成。打印时是使相应的针头接触色带击打纸面来完成的。目前使用较多的是 24 针式打印机。针式打印机价格便宜、使用方便,但打印速度慢且噪音大。

目前,针式打印机在办公领域仍然有一定的用处,其中最重要的就是用它打印多联文档(如发票联),只有针式打印机击打时产生的压力才能够穿透复写纸。

(2) 喷墨打印机:是将彩色液体油墨经喷嘴变成细小微粒喷到印纸上,形成字符和图形。有的喷墨打印机有 3 个或 4 个打印喷头,分别喷印青、品红、黄、黑四色;有的打印机是共用一个喷头,分四色喷印。每个喷头上都有若干独立喷嘴喷出各种不同颜色的墨水。一般来说,喷嘴越多,则打印速度越快。不同颜色的墨滴落于同一点上,形成不同的复色。例如,黄色和蓝紫色墨水同时喷射到的地方呈现绿色。通过观察简单的四色喷墨的工作方式,很容易理解此类打印机的工作原理,打印出的基础颜色是在喷墨覆盖层中形成的,也就是每一像素点都有 0~4 种墨滴覆盖在其上。喷墨打印机价格适中,打印效果好,深受用户欢迎,但其对使用纸张要求较高且墨盒消耗较快。

(3) 激光打印机:由打印引擎和打印控制器两部分组成。打印控制器与计算机通过各类接口或网络接收计算机发送的控制和打印信息,同时向计算机传送打印机的状态。打印引擎在打印控制器的控制下将接收到的打印内容转印到打印纸上。打印控制器其实是一台功能完整的计算机(嵌入式系统),由通信接口、处理器、内存和控制接口等组成。打印时,将打印控制器保存的光栅位图图像数据转换为激光扫描器的激光束信息,通过反射棱镜对感光鼓充电。感光鼓表面将形成以正电荷表示的与打印图像完全相同的图像信息,然后吸附碳粉盒中的碳粉颗粒,形成感光鼓表面的碳粉图像。而打印纸在与感光鼓接触前被充电单元充满负电荷,当打印纸走过感光鼓时,由于正负电荷相互吸引,感光鼓的碳粉图像就转印到打印纸上。经过热转印单元加热使碳粉颗粒完全与纸张纤维吸附,形成了打印图像。激光打印机速度快、分辨率高、无噪音,但其价格略高。

打印机的主要性能指标如下。

- 分辨率:指衡量打印输出图像细节表现力的重要指标,分辨率越高表示图像越精细,一般用 dpi(每英寸打印点数)表示。打印分辨率包括纵向和横向两个方向,一般情况下激光打印机在纵向和横向两个方向上的输出分辨率几乎是相同的;而喷墨打印机在纵向和横向两个方向上的输出分辨率相差很大,常说的喷墨打印机分辨率是指横向喷墨表现力。喷墨打印机分辨率一般为 300~1440dpi,激光打印机分辨率为 300~2880dpi。
- 打印速度:指的是使用 A4 幅面打印各色碳粉覆盖率为 5% 的情况下引擎的打印速度。激光和喷墨打印机是页式打印机,其打印速度用 ppm(每分钟打印张数)衡量,是一项重要的指标。因为每页的打印量并不完全一样,因此只是一个平均数字,一般为几 ppm 至几十 ppm。
- 缓存:指打印机能存储要打印的数据的存储量。缓存大小也是决定打印速度的重要指标。缓存大,则可以为 CPU 提供足够运算空间和储存临时数据的空间;缓存小,在打印一些复杂文档时,则需要重新输入这些复杂文档的数据,相对来讲就减慢了打印速度。目前,主流打印机的缓存主要为 8~16MB。
- 字体:即打印机内置字体,使用匹配的字体打印可提高打印速度。通常都有 5~10 种字体。当然,在图形打印方式下,这个指标影响不大。

- 打印幅面和最大打印幅面:打印幅面指的是打印机可打印输出的面积,而最大打印幅面是指打印机所能打印的最大纸张幅面。打印幅面越大,则打印的范围越大。目前常用的幅面为 A3、A4、A5 等。有些特殊用途需要更大的幅面,例如工程晒图、广告设计等则需要使用 A2 或者更大的幅面。

3.2.5 总线

计算机内的硬件设备只有连接在一起才能运行工作,但如果将这些硬件设备采用全互连方式,那么连线将会错综复杂,甚至难以实现。为了简化硬件设计电路和系统结构,就需要设计一组公用的线路进行信息的传输,这组公用的连接线路称为总线。总线是一种内部结构,它是计算机各功能部件之间传送信息的公用通道。它是由导线组成的传输线束,可以同时挂接多个硬件设备。主机的各个部件通过总线相连接,外部设备通过相应的接口电路再与总线连接,从而形成了计算机硬件系统,如图 3-25 所示。采用总线结构便于部件和设备的扩充,尤其制定了统一的总线标准则更易于使不同的设备之间实现互连。

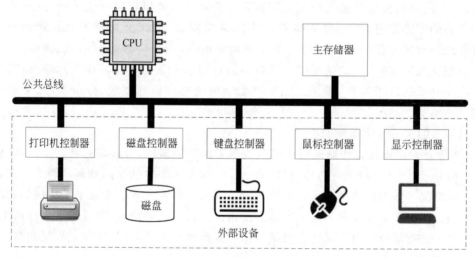

图 3-25　计算机硬件系统结构

1. 总线传输的基本原理

总线的基本作用就是用来传输各种信息,为了使各子系统的信息能有效及时地传送,为了避免各种信息彼此之间相互干扰,其最好的解决办法就是采用多路复用技术,也就是说总线传输的基本原理就是多路复用技术。所谓多路复用,就是指多个用户共享公用信道的一种机制,目前最常见的主要有时分多路复用、频分多路复用和码分多路复用等。

(1) 时分多路复用:是将信道按时间分割成多个时间段,不同来源的信息会要求在不同的时间段内得到响应,不同来源的信息的传输时间在时间坐标轴上是不会重叠的。

(2) 频分多路复用:就是把信道的可用频带划分成若干个互不交叠的频段,各路信息经过频率调制后的频谱占用其中的一个频段,以此来实现多路不同频率的信息在同一信道中传输。而当接收端接收到信号后将采用适当的带通滤波器和频率解调器等来恢复原来的信号。

(3) 码分多路复用:是指被传输的信号都会有各自特定的标识码或地址码,接收端将会根据不同的标识码或地址码来区分公共信道上的传输信息,只有标识码或地址码完全一致的情况下传输信息才会被接收。

2. 总线的分类

总线分类的方式有很多种,下面介绍 4 种常用的分类方法。

1) 按传输内容分类

按照传输数据内容的不同,总线可以分为数据总线、地址总线和控制总线。在有些系统中,数据总线和地址总线可以在地址锁存器的控制下被共享,也就是时分多路复用,这组总线在某些时刻出现的信号表示数据,而在另一些时刻则表示地址。例如,51 系列单片机的地址总线和数据总线就是复用的,而一般计算机中的总线则是分开的。

(1) 数据总线:用于传送数据信息。数据总线通常采用双向三态形式的总线,既可以把 CPU 的数据传送到存储器或输入输出接口等其他部件,也可以将其他部件的数据传送到 CPU。数据总线的位数是微型计算机的一个重要指标,通常与微处理的字长一致。例如,Intel 8086 微处理器字长 32 位,其数据总线宽度也是 32 位。这里的数据指的是广义上的数据,它可以是真正的数据,也可以是指令代码或状态信息,有时甚至是控制信息,因此在实际工作中,数据总线上传送的并不一定是完全意义上的数据。

(2) 地址总线:用于传送地址信息。地址总线的位数往往决定了最大的寻址空间,而实际的主存容量小于或等于这个寻址空间。例如地址总线为 32 位,则其最大可存储空间为 2^{32}B,即 4GB。

(3) 控制总线:用于传送控制信息、时序信息和状态信息。有时微处理器对外部存储器进行操作时要先通过控制总线发出读写信号、片选信号和读入中断响应信号等;也有是其他部件反馈给 CPU 的,例如中断申请信号、复位信号、总线请求信号、设备就绪信号等。因此,控制总线一般是双向的,其传送方向由具体控制信号而定,其位数也要根据系统的实际控制需要而定,实际上控制总线的具体信号状态主要取决于 CPU。

2) 按传输方式分类

按照数据的传输方式不同,总线可以分为串行总线和并行总线。串行总线中,二进制数据是通过一根数据线逐位进行传输;并行总线有多根数据线供数据同时在两个设备之间传输。并行总线犹如一条多车道公路,而串行总线则像是仅允许一辆汽车通行的单行道公路。从原理上讲,并行数据传输的速度要比串行传输快得多且实时性好,但由于占用的总线多,不适于小型化产品;而串行通信在数据通信吞吐量不是很大的微处理电路中则显得更加简易、方便、灵活。目前,常见的串行总线有 USB、RS-232、SPI、I2C、IEEE1394 等;而常见的并行总线有 ISA、PCI、IEEE1284 等。

3) 按位置和连接设备分类

按照总线在计算机中的位置和连接的设备不同,总线可以分为内部总线、系统总线和外部总线。内部总线是 CPU 内部连接运算器、控制器和各寄存器之间的总线,它通过 CPU 的引脚延伸到外部与系统相连。系统总线是 CPU 和计算机系统中其他高速功能部件之间相互连接的总线。系统总线有多种标准,有 16 位的 ISA,32/64 位 PCI 和 PCI Express 等。外部总线也称为 I/O 总线,是 CPU 和中低速的 I/O 外部设备之间相互连接的总线,实际上是一种外设的接口标准。当前微型计算机上常见的接口标准有 USB、RS-232、IDE、SCSI、IEEE1394 等。

4) 按时钟信号分类

按照时钟信号是否独立,总线可以分为同步总线和异步总线。同步总线的时钟信号独立于数据,也就是说要用一根单独的线来作为时钟信号线;而异步总线的时钟信号是从数据中提取出来的,通常利用数据信号的边沿来作为时钟的同步信号。

3. 总线的特性

总线就像高速公路,总线上传输的信息可视为高速公路上的车辆。显而易见,在单位时间内公路上通过的车辆数直接依赖于公路的宽度、等级。因此,总线技术成为微型计算机系统结构的一个重要方面。

总线最重要的技术指标是总线带宽,指的是单位时间内总线上可传送的数据量,即每秒钟传送的信息的最高数据传输率。与总线密切相关的两个因素是总线的宽度和总线的工作频率,它们之间的关系如下。

总线带宽(MB/s)=总线的工作频率(MHz)×总线宽度(b)/8

总线宽度是指总线能同时传送的二进制数据的位数。例如,32 位总线或 64 位总线指的就是总线具有 32 位或 64 位的数据传输能力。数据总线的宽度表示一次传送的数据的位数,数据总线越多,一次传输的数据也就越多,数据总线 32 位表示一次能传输 32 位数据信息;地址总线的宽度表示 CPU 能够直接访问的内存空间的大小,地址总线越多,CPU 的寻址空间就越大,地址总线 32 位表示可访问的地址空间是 2^{32}B,即 4GB。

总线的工作频率是指一秒钟内传输信息的次数,通常以 MHz(兆赫兹)为单位,时钟频率越高,则总线的工作速度越快,总线带宽也越宽。

4. 总线的标准

在早期,各种总线之间在尺寸、引脚等方面各不相同,给总线的互连带来很多困难。为了便于机器的扩充和新设备的添加,就要求总线标准化,规定统一的机械结构规范、模块尺寸、引脚分布位置、数据、地址宽度、传送模式、定时控制方式,以及总线主设备的接口参数,从而形成规范(标准),不同厂商在生产设备器件时必须遵循相应的规范(标准)。这样带来的好处是,不同厂商可以按照同样的标准和规范生产各种不同功能的芯片、模块和整机,用户可以根据功能需求去选择不同厂家生产的、基于同种总线标准的模块和设备,甚至可以按照标准自行设计功能特殊的专用模块和设备,以组成自己所需要的应用系统。这样,使得各功能部件都具有兼容性和互换性,整个计算机系统的可维护性和可扩充性都得到了充分保证。

目前,已经出现了很多总线标准,例如 USB、PCI、ISA、EISA、SICS、AGP、IEEE1394

等总线标准。

3.3　计算机软件系统

冯·诺依曼体系结构的核心思想是"存储程序",这里的"程序"就是软件的一部分。计算机科学对软件的定义是:"软件是在计算机系统支持下,能够完成特定功能和性能的程序、数据和相关文档。"程序是控制计算机完成特定任务的指令集合。数据是程序能够处理信息的数据结构。文档是描述程序功能需求以及程序如何操作和使用的相关说明,如使用指南、维护手册等。程序和数据必须装入计算机内部才能执行并完成其功能;而文档在计算机执行过程中可能是不需要的,不一定要装入计算机内部,但对于用户阅读、修改、维护这些程序却是必不可少的。因此,软件可以形式化的表示为

$$软件=程序+数据+文档$$

软件和硬件不一样。

硬件是物理设备,看得见、摸得着。软件是抽象的逻辑产品,看不见、摸不着、没有物理形态,只能通过运行状况来了解其功能、特性和质量。

硬件开发主要是指根据实际需求进行详细的硬件设计,并将各类元器件、部件组装成满足需求的物理设备,经过严格测试和试用后,批量生产并投放市场。软件开发和硬件开发相比,更依赖于开发人员的智能活动、逻辑思维、技术水平、业务素质、团队合作和团队管理。软件开发不受材质和开发过程的制约,灵活性很大,由于受人为因素影响,其开发成本和进度很难估算。

硬件的生产过程对产品质量的控制相当严格,每件产品检验合格之后才能供用户使用,因此硬件交付后,初期会暴露产品设计、制造中的问题,随着时间的推移,各零部件由于长期使用会有损耗。软件虽然不会像硬件一样老化磨损,但仍要进行缺陷维护和技术更新。软件在交付使用前,会经过严格的测试和试用环节,即使如此仍不能保证软件没有潜在的缺陷。这些缺陷在软件运行期间可能暴露,出现运行错误,阻碍软件实现功能,这时就需要进行"纠错性维护"。随着用户对软件性能要求的提高,需要对软件进行"完善性维护",优化软件性能。由于支持软件运行的软件环境和硬件平台的改变和更新,也需要对软件进行"适应性维护",以适应新的环境。

与硬件相比,软件最突出的优点就是不会磨损老化且可复用。一个久经考验的优质软件开发出来后就可以长期使用下去,而且很容易被复制,从而形成多个副本便于用于其他研究和拓展。而这一点硬件是做不到的。今天,几乎没有人在使用第一代电子管计算机,却仍旧有不少用户在使用 FORTRAN 语言编写的应用程序。

软件从功能上可分为系统软件和应用软件,如图 3-26 所示。

3.3.1　系统软件

计算机系统中的软件多种多样,虽然功能各不相同,但都有一些相同的基本操作。例

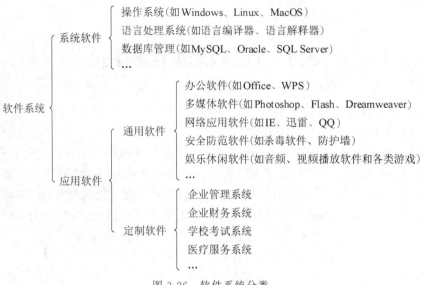

图 3-26 软件系统分类

如,从输入设备获取数据,向输出设备送出数据,从外存读数据,向外存写数据以及对所处理数据的常规管理,等等。这些基本操作的代码如果都写入每个软件里,不仅会使软件的代码量增大,还会因为不同软件对这些基本操作的开发标准不统一而带来诸多不便。除此之外,在一台计算机上运行的各种软件都会共享硬件资源,当两个软件都要向硬盘写入数据的时候,如果没有一个资源管理机构来为它们划分写入区域,则会引起互相破坏对方数据的问题。这就需要有一种专门的软件,不仅能够实现这些基本功能来支持其他软件的运行,还能够对硬件资源进行管理,这种软件就是系统软件。

系统软件是控制和协调计算机主机及外部设备、支持应用软件开发和运行的软件,是无须用户干预的各种程序的集合。系统软件负责对整个计算机系统资源进行调度,监控和维护;对计算机系统中各种独立的硬件设备进行统一管理,使它们可以协调工作。

系统软件是计算机系统中最接近硬件设备的一层软件,向下和硬件设备有着很强的交互性,对硬件资源进行统一的控制、调度和管理;向上对其他软件隐藏了对硬件设备的所有操控细节,使得用户和其他软件将计算机当作一个整体而不需要了解底层的每个硬件设备的运行状况。

系统软件具有一定的通用性。它并不是专为解决某种具体问题而开发的。在通用计算机系统中,系统软件必不可少。通常在购买计算机时,计算机供应厂商会提供给用户一些最基本的系统软件,否则计算机将无法工作。

一般来说,系统软件包括操作系统和相关系统工具,如程序设计语言处理系统、数据库管理系统等。

1. 操作系统

在计算机软件系统中最重要且最基本的软件就是操作系统。操作系统是控制所有在计算机上运行的程序,管理整个计算机的软、硬件资源,为用户提供便捷使用计算机系统的程序集合。它是硬件上的第一层软件,其他软件必须在操作系统的支持下才能运行。从资源管理角度来看,操作系统具有进程管理、内存管理、文件管理、I/O设备管理等功能,同时它还为用户提供了一个与计算机系统交互的操作界面。

常用的操作系统有Windows系列、DOS、UNIX、Linux、Mac OS、Android、iOS等,其中Android、iOS是移动设备常用的操作系统。

2. 程序设计语言处理系统

机器语言是计算机唯一能直接识别和执行的程序语言。除了机器语言外,其他用任何高级语言书写的程序都不能直接在计算机上执行,都需要对它们进行适当的处理才能执行。因此,要在计算机上运行高级语言程序就必须配备程序设计语言处理系统,把用高级语言书写的各种程序转换成能被计算机识别和运行的机器语言程序。

不同的高级语言都有相应的程序设计语言处理系统。任何一种程序语言处理系统通常都包含有一个翻译程序,它把一种程序语言翻译成另一种等价的程序语言。被翻译的语言和程序分别称为源语言和源程序,翻译生成的语言和程序分别称为目标语言和目标程序。

按照处理方法,程序语言处理系统一般采用两种翻译方法:编译方法和解释方法。

编译方法是用相应的编译程序将源程序翻译成目标程序,再用连接程序将目标程序和函数库等相连接,生成最终可执行的文件,运行时不需要重新翻译,直接使用编译结果即可。程序执行效率高,依赖编译器,跨平台性差,如图3-27(a)所示。

解释方法不需要预先编译,程序在运行时通过相应语言解释程序对源程序逐条翻译成机器指令,每执行一次都要翻译一次,因此效率比较低。不少高级语言都有一些只能在运行时刻才能确定的特性。因此,与这些特性相关的目标代码在编译时不能完全生成,需要到运行时才能全部生成。这些语言成分只能采用解释方式处理,如图3-27(b)所示。

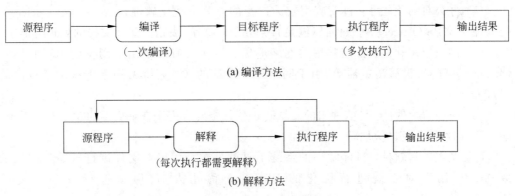

图3-27 程序语言处理系统的两种翻译方法

多数解释程序都是先对源程序进行处理,把它转换成某种中间形式,然后对中间形式的代码进行解释,而不是直接对源程序进行解释。这就是说,多数高级语言处理系统既非纯编译型,也非纯解释型,而是编译和解释混合型的系统。

3. 数据库管理系统

数据库管理系统是数据库系统的核心，是管理数据库的软件。数据库是依照一定方式存储的、能被多个用户共享、具有尽可能小的冗余度、与应用程序彼此独立的相关数据的集合。数据库管理系统是一种操纵和管理数据库的大型软件，能够对数据库进行加工、管理，以保证数据库的安全性和完整性的系统软件。它是用户和数据库之间的接口，主要功能包括创建、撤销、维护数据库以及对库中数据进行添加、删除、修改、检索等各种操作。

常用的数据库管理系统有 Oracle、MySQL、SQL Server、Sybase 和 Access 等。

3.3.2 应用软件

应用软件是为解决用户不同领域的各种实际问题而设计的程序系统。它可以拓宽计算机系统的应用领域，拓展硬件的功能。应用软件能够替代现实世界已有的一些工具，使用起来比那些已有工具更方便、更有效，并且它们能够完成那些已有工具很难完成甚至完全不可能完成的事，扩展了人们的能力。

按照应用软件的开发方式和适用范围，应用软件可以分成通用应用软件和定制应用软件两类。

1. 通用应用软件

这类软件通常是为了解决某一类通用问题而设计的，一般由一些大型专业软件公司开发。这类软件使用人员众多，通用性较强，因此将它们称为通用应用软件。但这类应用软件专用性不强，对于某些有特殊要求的用户并不适用。

常用的通用应用软件有以下 6 类。

(1) 办公自动化软件：目前应用较为广泛的办公自动化软件是 Microsoft Office 系列软件和 WPS Office 系列软件，以满足日常办公对文字、表格和演示文档的处理等需求。

(2) 网络应用软件：目前常用的网络应用软件主要有用于网页浏览的 IE 浏览器、Chrome 浏览器、火狐浏览器等，用于网络即时通信的 MSN、QQ，用于下载网络资源的 FlashGet、迅雷等。

(3) 安全防护软件：目前常用的安全防护软件主要有用于查杀病毒的 360 安全卫士、瑞星杀毒软件、天网防火墙等。

(4) 系统工具软件：目前常用的系统工具软件包括用于对文件进行压缩与解压的 WinRAR、用于对系统进行优化的 Windows 优化大师、用于进行数据恢复的 EasyRecovery 等。

(5) 多媒体应用软件：目前常用的多媒体应用软件包括用于进行矢量绘图的 Corel Draw 和 Illustrator，用于进行图像处理的 Photoshop、用于进行音频处理的 CoolEdit、用于视频编辑处理的 Premiere、用于动画设计的 Flash、用于三维动画制作和渲染的 3Ds-Max、用于进行网页制作 Dreamweaver 等。

(6) 休闲娱乐软件：这类软件包括各类游戏软件、音视频的播放软件、电子杂志阅读软件等。

2. 专用应用软件

专用应用软件是针对某个应用领域的特定具体问题而专门设计开发的软件。例如，大型商场的销售管理和市场预测系统、汽车制造厂的集成制造系统、企业管理系统、医院挂号计费系统、酒店客房管理系统等，正是这些专用软件的应用，使得计算机日益渗透到社会的各行各业。这类软件专用性强，但适用范围小，因此设计和开发成本相对较高，一般由提出需求的用户向专业软件公司定制开发，因此价格比通用应用软件贵得多。

3.4 习　　题

1. 简述冯·诺依曼体系结构的组成和工作原理。
2. 简述 CPU 的内部结构。
3. 简述指令、指令系统以及指令的格式。
4. 简述一条指令执行的过程以及每一步的功能。
5. 简述指令流水线是如何提高 CPU 执行指令速度的，并讨论指令流水线在执行过程中会碰到哪些影响其效率的情况。
6. 简述计算机系统的存储器层次结构以及各自的作用。
7. CPU 和主存之间的传输速率比输入输出设备的传输速率相差多个数量级，如何解决这种速度上的不平衡带来的性能降低问题？
8. 简述 Cache 的功能。
9. 简述 RAM、ROM、Cache 三者的区别。
10. 简述机械硬盘和固态硬盘的区别。
11. 一个磁盘有 10 个盘面，每个盘面有 10 个磁道，分成 10 个扇区，计算该磁盘的容量。
12. 简述光盘的分类。
13. 简述光盘的结构组成。
14. 简述 I/O 控制方式及其各自的特点。
15. 简述总线的分类。
16. 简述系统软件、应用软件及其区别，并举例说明自己常用哪些软件。

第 4 章 算 法

在信息时代,人们使用计算机来解决问题已经成为越来越普遍和基本的方法。计算机虽然是一种自动化的计算工具,但它却不能自动地理解问题、分析问题和解决问题。人们需要将解决问题的方法步骤描述为具体的算法,并依据算法编写出相应的计算机程序,才能借助计算机强大的存储和运算能力,通过运行程序的方式完成特定的计算任务。可以将算法理解为由基本运算及规定的运算顺序所构成的完整的解题步骤,或者看成按照要求设计好的有限的计算序列,并且这样的步骤可以解决一类问题。无论使用哪一种编程语言编写程序,都要首先设计好算法。正因如此,人们将算法称为程序的灵魂,而设计算法是人们利用计算机解决问题的首要工作。

4.1 算法的概念

算法,英文名称是 Algorithm,顾名思义就是计算的方法。算法是定义良好的计算过程,是用来将输入数据转化成输出结果的一系列计算步骤。算法代表着用系统的方法描述解决问题的策略机制。

众所周知,做任何事情都需要遵循一定的步骤。计算机虽然功能强大,能够帮助人们解决很多问题,但是计算机在解决问题的时候也需要遵循一定的步骤。计算机是一种自动化的电子装置,其本身并不具有思考问题、解决问题的能力。计算机在运行过程中所表现出来的所有行为,其实都是 CPU 执行程序(或者说一组指令)的结果。计算机需要依靠非常精确的指令完成每一步的工作。在程序的控制下,计算机通过将一组输入数据经过运算转化为另一组数据作为运算的结果输出,从而完成运算的任务。因此,当人们需要计算机解决某个特定问题之前,就必须首先告诉计算机应该如何完成这项任务,也就是编写相应的程序。

在编写程序的过程中,需要考虑两方面的内容:一是要考虑计算机需要处理什么样的数据,也就是如何描述和组织计算机要处理的数据;二是要考虑计算机应该按照什么样的操作步骤完成这项计算,也就是如何设计解决问题的方法。

我们可以把所有的算法想象为一本"菜谱",其中某个具体的算法就像菜谱中的一道菜(如"西红柿炒鸡蛋")的制作流程,只要按照菜谱的要求进行制作,那么谁都可以做出一道好吃的菜(西红柿炒鸡蛋)。因此,这个做菜的步骤就可以理解为"解决问题的步骤",而在根据菜谱做菜的过程中,所处理的各种原料、配料就是"解决问题的数据",当厨师完成做菜的工作后,一盘"西红柿炒鸡蛋"菜肴就是"解决问题的结果"。

我们将程序设计中关于描述数据、组织数据的方法称为数据结构,而将关于计算机应如何执行计算的一系列方法步骤称为算法。数据是操作的对象,算法是操作的步骤,作为程序设计人员,必须认真考虑和设计这两个因素。这一思想是图灵奖获得者,结构化程序设计的首创者,Pascal 语言之父——Nicklaus Wirth 提出的。

Nicklaus Wirth 提出一个著名的公式:

$$程序 = 算法 + 数据结构$$

需要指出的是,虽然在这个公式中,从表面上看算法和数据结构是分开的两个概念,但在实际解决问题的过程中,一个算法的设计往往与其选择的数据结构有紧密的联系。例如,要在图书馆众多的图书中查找一本书,会采用什么样的方法呢?假设一共有 10 000 本书,如果图书馆中所有的书按照无序的方式排列在书架上,那么能采取的方法就是从头开始逐一查看书架上的书是否是要找的那本书。但是,如果图书馆是按照书名首字母的顺序排列书籍,那么就可以先确定要找的书的书名首字母,并以这个首字母为索引进行查找。更进一步,如果图书馆先按照图书的类别(计算机类、文学类等)对图书进行分类,然后,在每一类中再按照书名的首字母排序,那么在查找图书的时候就会先确定书的类型,再按照书名首字母的索引进行查找。由此可见,如何组织和描述所要解决的问题的数据,往往决定了解决问题的算法如何设计。显然,不同的算法在解决同一类问题的时候,所表现出的性能是有差异的。

4.2 算法的特征

算法是解决"做什么"和"怎么做"的问题。虽然从广义上讲,凡是解决某一类问题的方法步骤都可称为算法,但是在计算机科学领域,对于算法是有着明确的特征要求的,并不是所有解决问题的步骤都可以称为"算法"。在计算机领域,由于程序员在编写程序的过程中需要依赖算法来设计计算机所要执行的每一条指令,因此算法必须是一份完整、清晰而精确的解题方案,并按照顺序详细列出解决一个问题所需的具体步骤。

概括地讲,一个算法必须符合以下特征:执行步骤的有限性、步骤的明确性和有效性,以及对输入输出的具体要求。

4.2.1 算法的有限性

算法的有限性指的是算法必须能在执行有限个步骤之后终止。使用计算机进行运算,当然是希望能够在有限的时间内得到最终的答案。如果一个解题方案需要执行无穷多个步骤,那么它就不能称为一个算法。一个算法应该包含有限个操作步骤,也就是说算法必须能够在执行有限个步骤之后得到答案并终止。算法中不应存在永远反复执行且不返回答案的情况。

例如,数学家莱布尼茨发现圆周率的计算公式是:

$$\pi = \frac{4}{1} - \frac{4}{3} + \frac{4}{5} - \frac{4}{7} + \frac{4}{9} - \frac{4}{11} + \frac{4}{13} - \cdots$$

虽然可以按照这个公式进行计算得到一个不断精确的圆周率数值,但永远也无法精确到圆周率的最后一位数字,因为这是一个无穷无尽的运算过程。

事实上,算法对于"有穷性"的要求更为严格,它往往指的是执行的步骤要在一定的、合理的数量范围之内。例如,一个算法如果需要计算机执行10 000年才能得到答案,那么这个算法步骤虽然是有穷的,依然超过了合理的范围,这个算法也不是一个有效的算法。

算法执行步骤的规模是衡量一个算法性能优劣的重要指标,人们常常需要对这个指标进行计算。计算的方法就是衡量算法的时间复杂度,关于这一部分内容将在后续章节中详细介绍。

4.2.2 算法的明确性

算法的每一个步骤都必须有确切的定义,而不应该是模棱两可的。换句话说,算法中每一个步骤的操作内容,其含义应该是唯一的,不会因为理解方式的不同而产生歧义。对于相同的输入只能得出相同的输出。

例如,在"西红柿炒鸡蛋"这个菜谱中,有一个步骤是执行"放盐"的动作。如果将该动作描述为"放入适量的盐",其执行结果就会因人而异。有的人认为"适量的盐"指的是2g盐,有的人则认为是10g盐。同样是按照这个菜谱炒菜,有的人炒出来的菜口味淡,而有的口味咸。同样的输入,产生了不同的结果。这样的情况对于计算机来说是不允许的,计算机所执行的每一步的指令都必须是精确控制的,不能含糊。

4.2.3 算法的有效性

算法的有效性指的是算法的每一个步骤都必须是有效的。计算机不能自发地思考,因此计算机所执行的由程序表示的算法必须是由机械的步骤构成的。所谓"机械的步骤",就是执行算法的对象不用发挥任何创造性的思维,只要按照这个步骤做就一定能完成。因此,算法中执行的任何步骤都是可以分解为基本的可执行的操作步骤,即算法中的每一步都能够通过执行有限的次数完成,并得到确定的结果。

例如,计算一个正整数 x 的平方根 r。

如果设计解题步骤为:找到一个数 r,确保 r 的平方等于 x。这就不是一个有效的计算步骤,因为在该步骤中并没有明确如何找到这样一个数 r,使得 r 的平方等于 x。

可以设计求平方根算法的算法如下。

① 先设 $r=1$。
② 判断 r 的平方是不是与 x 非常接近(如差值小于0.01)。
③ 如果不是,则让 $r=(r+x/r)/2$,返回步骤②继续执行。
④ 如果是,则停止,此时 r 即为平方根。

在这个算法中,每一个执行步骤都能够有效的执行,得到确定的结果。

再如,要执行两个数相除,若 $b=0$,则执行 a/b 也是不能有效执行的。

4.2.4　算法的输入与输出

所谓输入,是指执行算法时需要从外界取得必要的数据。例如,要计算两个整数 m 和 n 的最大公约数,就需要为算法提供 m 和 n 的值。一个算法也可以没有输入,例如,要计算 25 的平方根,执行算法时就不需要输入任何信息就能得出结果。是否需要输入,取决于在执行算法时,所面对的具体问题对数据的需求。

算法的执行必须要有输出。所谓输出,是指执行算法后得到的结果。得到运算结果是设计算法、执行算法的最终目的。没有输出的算法是没有意义的。

4.3　算法的描述

为了描述一个算法,可以用不同的方法。常用的方法有自然语言、流程图、伪代码等。

4.3.1　自然语言

自然语言就是人们在日常生活中所使用的语言。用自然语言来描述算法的优点是通俗易懂。例如,前面在描述计算一个正整数 x 的平方根 r 的算法时,使用的就是自然语言的方式。但是,使用自然语言来描述算法的缺点也很明显。假如一个算法本身很复杂,那么用自然语言来描述就会使得文字冗长,难以一目了然地梳理出算法中流程的控制结构,而且自然语言本身的二义性也可能使得算法的表述出现歧义。因此,除非是简单的算法,一般情况下不用自然语言进行描述。

4.3.2　流程图

流程图就是使用图形来表示算法。为了便于流程图的普及与算法的交流,美国国家标准化委员会(American National Standard Institute,ANSI)对常见的流程图符号进行了规定,如图 4-1 所示。

流程图各图形符号的含义如下。

(1)起止框:用椭圆框表示,表明一个过程的开始或结束,"开始"或"结束"写在框内。

(2)输入输出框:用斜平行四边形表示,表明输入或者输出数据的操作,操作内容写在框内。

(3)判断框:用菱形框表示,表明一个判断操作,对判断方式的说明写在框内,一般是以问题的形式出现的。对问题的不同回答,决定了流程的走向。

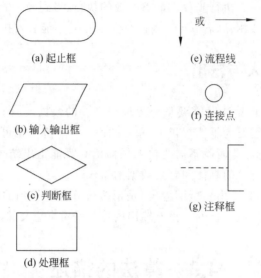

图 4-1　常见的算法流程图符号

(4) 处理框：用矩形框表示，表明一个单独的操作步骤，对操作的说明写在框内。

(5) 流程线：用带箭头的线条表示，表明流程的执行方向。

(6) 连接点：用小的圆圈表示，表明不同流程图的连接点。

(7) 注释框：用来对算法进行说明和解释。

算法描述了解决问题的一系列步骤，而这些步骤必须按照一定的流程执行。这些流程体现出 3 种不同的控制结构，分别是顺序结构、选择结构和循环结构。

1. 顺序结构

顺序结构是最基础也是最常见的步骤顺序，体现在算法中的每一个步骤严格按照它们的先后顺序依次执行。前一个步骤执行完毕后，执行紧跟其后的下一个步骤。

顺序结构如图 4-2 所示。

在顺序结构中，执行完上一个步骤就自动执行下一个步骤，这是无条件的，不需要做任何判断。

例如，要计算任意两个整数的平均数，算法可以描述成以下顺序执行的步骤。

第 1 步：输入两个整数 x 和 y。

第 2 步：将 x 和 y 这两个整数相加，得到计算结果 sum。

第 3 步：将 sum 除以 2，得到计算结果。

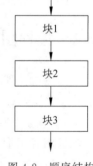

图 4-2　顺序结构

2. 选择结构

在算法中常常需要根据判断的结果选择后续要执行的步骤。

选择结构如图 4-3 所示。

选择结构的算法流程是：首先要对条件进行判断，如果条件成立，则执行块1中描述的算法步骤；否则，执行块2中描述的算法步骤。

例如，如果要将两个数按照从小到大的顺序进行排序，那么算法的步骤可以描述如下："比较这两个数。如果前一个数比后一个数大，就交换它们两个"，这一步骤就体现了选择结构的控制流程。因为，根据该步骤的描述，在执行完判断操作，即"如果前一个数比后一个数大"之后，同时存在两种可能的操作步骤可供选择，一是交换相邻的两个数，二是不交换相邻的两个数。

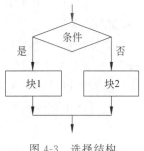

图 4-3　选择结构

选择结构就像一条分叉路口，可以选择向左走，也可以选择向右走，但是两者必选其一，选择的依据就是判断的结果。因此，选择结构也被称为分支结构。

3. 循环结构

在算法中如果涉及一些动作需要重复执行多次，可以将其表示为一种循环结构。在循环结构中，包括循环控制条件和循环体。其中，循环控制条件用来判断循环反复执行的条件，而循环体则描述了每次循环需要执行的操作。

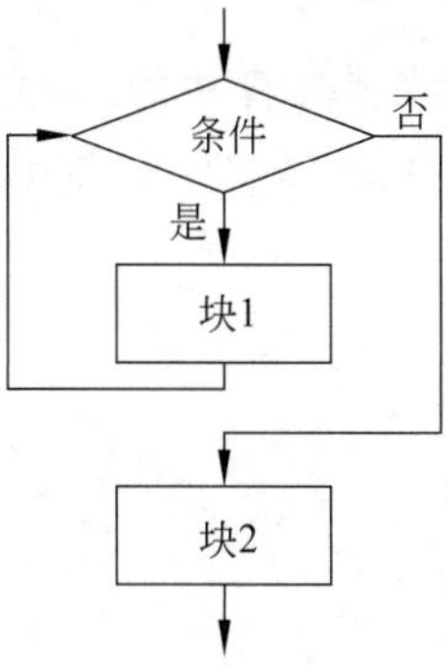

循环结构如图 4-4 所示。

循环结构的算法流程是首先对条件进行判断，如果条件成立，就执行块1中描述的算法步骤，然后继续对循环条件进行判断，直到条件不成立，则结束循环，执行随后的块2中描述的算法步骤。由于块1中的步骤可能会重复执行多次，因此也被称为循环体。

图 4-4　循环结构

例如，在 4.2.3 节中计算 x 的平方根 r 的算法中，通过反复迭代计算变量 r 的值，使其不断靠近 x 的平方根。其中，步骤②"判断 r 的平方是不是与 x 非常接近(如差值小于 0.01)"就是循环控制条件；步骤③"如果不是，则让 $r=(r+x/r)/2$，返回步骤②继续执行"就是循环体。当 r 的平方与 x 的差值大于或等于 0.01 时，就要重复执行步骤③，直到差值小于 0.01，则结束循环，执行循环体的下一个步骤。

值得注意的是，选择结构和循环结构都涉及对执行条件的判断，并根据判断的结果决定下一步的执行动作。因此，在设计算法时，对判断条件的设置必须明确和精准。

已经证明，任何算法都可以用这3种基本结构进行描述。这3种基本结构有以下4个特点。

（1）只有一个入口。
（2）只有一个出口。
（3）结构内的每一部分都有机会被执行到。
（4）结构内不存在死循环。

例如，可以使用流程图方式来表示计算 x 的平方根 r 的算法，如图 4-5 所示。

在实际的算法设计中，这 3 种基本的控制结构并不是彼此孤立的，而是常常需要相互嵌套地使用。例如，顺序结构的每一个步骤可以是一个选择结构或是一个循环结构，而循环结构的循环体中可能也会包含顺序结构、分支结构甚至嵌套循环。

使用流程图可以直观清晰地表示出算法的流程结构和逻辑关系，是一种常用的算法表示工具。使用流程图的缺点在于流程图的绘制较为复杂，图形表示所占用的篇幅较多，尤其是当算法的流程结构较为复杂时，绘制更为费时费力。但是，理解和绘制流程图是程序设计人员必须掌握的一项基本技能。

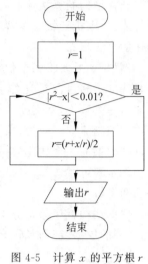

图 4-5　计算 x 的平方根 r 的算法流程图

4.3.3　伪代码

伪代码是介于自然语言和流程图之间，用类似程序代码的方式来描述算法的一种方法。它保留了程序语言的结构化特点，但同时又排除了程序设计中的实现细节，使得算法设计者可以集中精力在算法的设计上。

例如，可以使用伪代码将计算 x 的平方根 r 的算法表示如下。

```
begin
    r=1
    while abs(r*r-x)<0.01
    {
        r=(r+x/r)/2
    }
    print r
end
```

伪代码不用图形符号，因此在编辑时更为方便，并且伪代码与程序设计语言在结构上和表述上更为接近，而伪代码在描述算法的时候不需要受到具体程序设计语言在语法和语义上的严格规定，因此使用起来更为灵活方便，也便于向最终的程序过渡。

4.4　算法的设计

虽然在设计算法时，往往针对的是某一个具体的计算问题。但是，在面对一个计算问题的时候，如何更好地开展算法设计这个工作本身却是一件值得研究的事情。学习、借鉴和研究算法设计的策略，能够更好地指导人们去设计算法。

随着计算机技术的应用与发展,已经形成了很多典型的算法设计方法和策略,这些策略具有一定的普遍性,在计算机求解的大量实际问题中都能够得到应用。下面简单介绍常见的算法设计策略。

4.4.1 分治法

分治法,顾名思义就是"分而治之"的意思,把一个复杂的问题分成两个或更多的子问题,如果这些子问题还比较大,就再把子问题分解成更小的子问题,以此类推,直到最后的子问题可以使用简单的方法解决。将所有子问题的解进行合并,就得到了原来问题的解。

例如,针对一组有序数据的线性查找问题,有一种二分查找算法,又称折半查找,就是使用了分治法的策略来设计的算法。在这个算法中,由于待查找的数据是有序排列的,因此可以先将目标数据与数据列表中间的数据进行比较,如果相等,则找到该数据;如果小于中间数据,则将数据列表一分为二,在左边的数据子列中递归地使用二分查找法继续查找;否则就在右边的数据子列中递归地使用二分查找法继续查找。由于每一次选择比较的数字时,无论偏大还是偏小,都可以让剩下的选择范围缩小一半,因此二分查找法是一种效率较高的查找方法。

4.4.2 贪婪法

贪婪法,又称贪心算法,一般用在寻找最优解的问题中,它指的是在算法的每一步选择中,都采取在当前状态下最好的选择,从而希望最终的结果是最好的。但是,在大部分情况下,贪婪法都不能找到最优解,因为该方法容易过早地做出选择,通常只能得到近似的最优解。

例如典型的背包问题,问题描述如下:有 n 件物品和一个容量为 m 的背包,其中,每一件物品都有其相应的重量和价值。问题的目标是求解让装入背包的物品重量不超过背包容量且价值最大。按照贪婪法,每次选择最贵的一个物品装入背包,或者每次选择单位重量下价值最大的物品装入背包。虽然贪婪法并不能保证最后的结果是最优的,只能是局部最优解,但是并不妨碍贪婪法作为一种可行的算法策略来使用。因为在很多情况下,解题的空间(即存在的可能的解)可能很大,以至于无法在算法的有效时间内通过遍历每一个解来找到最优的那个解,因此,局部最优解在有些条件下也可以被人们接受。

4.4.3 动态规划

动态规划是将一个复杂的求解问题转化成一个分阶段逐步递推的过程。在每一个阶段都需要做出决策,或者说是子问题的解答,从而使得整个计算过程达到最好的结果。当然,各个阶段决策的选取不是任意确定的,它依赖于当前面临的状态,又影响以后的发展。因此,动态规划方法需要系统地记录各个阶段中子问题的解答,据此算出整个问题的解答。动态规划法与分治法都需要将计算问题进行分解,但不同的地方是在动态规划法中子问题之间并不是相互独立的,每一个子问题的解都代表了所属阶段的决策方案,而前一个阶段的决策往往会影响到后一个阶段的决策。因此,使用动态规划法设计算法的关键是:确立最初阶段的解,以及每一个阶段之间的相互影响的关联关系。

例如,有 n 个阶梯,一个人每一步只能跨一个台阶或两个台阶,求解要走完这 n 个台阶一共有多少种走法?

在这个问题中,最初的阶段就是确立当走到第 1 个台阶和第 2 个台阶时的走法,也就是 $f(1)$ 和 $f(2)$ 的解。很显然,要走到第 1 个台阶,只有一种走法,即跨一步。而要走到第 2 个台阶,则可以有两种走法:一步跨一个台阶,跨两次;或者一步跨两个台阶,跨一次。

然后确立各阶段之间的影响关系。假设当走到第 $n(n \geqslant 3)$ 个台阶时,其走法个数 $f(n) = f(n-1) + f(n-2)$。因为要走到第 n 个台阶,共有两种走法:一种是从第 $n-1$ 个台阶跨一步到达,另一种是从第 $n-2$ 个台阶跨两步到达。而到达第 $n-1$ 个台阶和第 $n-2$ 个台阶的方法分别是 $f(n-1)$ 和 $f(n-2)$ 种。

由此,通过递归的计算,就可以得到问题的解。

需要注意的是,算法的设计与算法的设计策略是两个不同的概念。简言之,算法的设计策略就是用来指导如何更好地设计一个具体算法的思想或方法,但并不是算法本身。两者之间的关系,就像是孙子兵法与实际的作战方案之间的关系。孙子兵法本身并不是作战方案,但是可以帮助指挥官去更好地设计相应的作战方案。那个"纸上谈兵"的赵括,虽然熟读兵书,但是不会打仗,就是这个道理。因此,在理论学习的同时,多多实践是提高设计算法、解决实际问题的能力的主要方法。

如果想要更深入地学习算法设计,可以参考数据结构和算法设计等相关的书籍。

4.5 算法的评价

在日常生活中我们常常发现,即便是面对同一类问题,不同的人常常会提出不同的解决方法。同样,针对同一类问题往往会有不同的算法。每一种算法都可以达到解决问题的目的,但花费的成本和时间不尽相同,从节约成本和时间的角度考虑,需要找出最优算法。

例如,同样是"烧水泡茶",有如下 5 道工序:①烧开水;②洗茶壶;③洗茶杯;④拿茶叶;⑤泡茶。显然,前面 4 道工序是最后第五道工序的前提。如果烧开水需要 15min,洗茶壶需要 2min,洗茶杯需要 1min,拿茶叶需要 1min,泡茶需要 1min。那么下面有两种"烧水泡茶"的实现方法。

方法一:

第 1 步:烧水。

第 2 步:水烧开后,洗茶壶、洗茶杯、拿茶叶。

第 3 步:泡茶。

方法二:

第 1 步:烧水。

第 2 步:在烧水的过程中,洗茶壶、洗茶杯、拿茶叶。

第3步：泡茶。

问题：比较上述两种方法有何不同，并分析哪种方法更好。

上面这两种方法都能最终实现"烧水泡茶"的目的，每种方法都是一个算法，而显然这两个算法在执行效率上是有差别的。

因此，如何评估算法的性能、如何选择合适的算法、如何改进现有的算法就成为需要研究的内容。

那么，如何选择一个好的算法呢？首先需要确定算法的评价依据。

显然，选用的算法应该是正确的。除此之外，通常有3个方面的考虑。

(1) 算法在执行过程中所消耗的时间。

(2) 算法在执行过程中所占资源的大小，例如占用内存空间的大小。

(3) 算法的易理解性、易实现性和易验证性等。

衡量一个算法的好坏，可以通过上述3个方面的考虑进行综合评估。从多个候选算法中找出运行时间短、资源占用少、易理解、易实现的算法。然而，现实情况却不尽人意，往往是一个看起来很简便的算法，其运行时间要比一个形式上更复杂的算法慢得多；而一个运行时间较短的算法往往可能占用较多的内存资源。

虽然算法的性能可以通过很多方面进行评判，但是通常人们最关心的是算法的运算速度。但某些时候，如果一种算法消耗了大量的存储空间，那么人们也要关注算法对内存空间的要求。不管怎样，都需要一种客观、标准和明确的方法来确定算法的性能。

通常，执行一个具体的算法，所需要的时间和内存空间会与问题的规模之间具有一定的函数关系。比如同样的排序算法，在对 100 个数排序和对 10 000 个数排序时，所消耗的时间和空间肯定是有差异的，读者很容易就想到后者所要运行的时间更长，所需要消耗的内存空间也会更大。但是，问题的输入规模是客观的，不能因为输入数据的规模而影响对算法本身设计的判断。此外，即便是处理同样的数据规模，在不同性能的计算机上运行同一个算法，在时间消耗上也会不同。因此，并不能单纯地从算法运行的具体时间和空间的数据来作为衡量一个算法性能的指标。而是要考查当问题的规模 n 按照线性方式增长时，所消耗的时间和空间的增长率是多少，这种计算方式称为复杂度，用英文 O 表示。算法的复杂度并没有具体的计量单位，它只是表明当计算数据量的大小发生变化时，将如何影响算法所消耗的资源。

4.5.1 算法的时间复杂度

由于不能通过测量程序在计算机上实际运行所花费的时间来评价某个算法的性能，可以采用"步数"来描述运行时间。"1步"就是一次计算的基本操作。

因为一个算法执行的时间与算法中语句的执行次数成正比，因此可以通过计算算法中的操作步骤数量来衡量算法的时间性能。一般情况下，算法的执行步骤数量与问题的规模 n 成正比，记为 $T(n)$。

假设某种算法的执行步骤是 $T(n)=3n^2+10n+5$ 来表示，如果用复杂度函数 O 来表示，就是 $O(n^2)$。因为当 n 不断增长，且增长到任意大时，算法的执行步骤数量的增长

将主要由 n^2 来决定。随着 n 不断增加，$T(n)$ 中的其他各项对计算结果的影响将越来越小，直到忽略不计。

算法的时间复杂度反映了程序执行时间随输入规模增长而增长的量级，在很大程度上能很好地反映出算法的好坏。常见的复杂度有

$$O(1),O(\log_2 n),O(n),O(n\log_2 n),O(n^2),O(n^3),\cdots,O(2^n),O(n!)$$

它们的复杂度按照从小到大的顺序排列。

$O(1)$ 表示算法中步骤的执行次数是一个常数，不会因为数据规模的变化而变化。例如判断一个数是否为偶数，就是一个常数复杂度的算法，只需要判断这个数是否能被 2 整除即可。一般来说，只要算法中不存在循环操作，其时间复杂度就是 $O(1)$。

$O(\log_2 n)$、$O(n)$、$O(n\log_2 n)$、$O(n^2)$ 和 $O(n^3)$ 称为多项式时间，而 $O(2^n)$ 和 $O(n!)$ 称为指数时间，计算机科学家普遍认为前者(即多项式时间复杂度的算法)是有效算法，把这类问题称为 P(Polynomial，多项式)类问题，而把后者(即指数时间复杂度的算法)这类问题称为 NP(Non-Deterministic Polynomial，非确定多项式)问题。在选择算法的时候，优先选择前者 P 类问题。

当然，并不是所有的问题都能够找到多项式算法。

图 4-6 显示的是不同的算法时间复杂度，在随着问题规模增大时(横坐标)，执行步骤的增长趋势(纵坐标)。

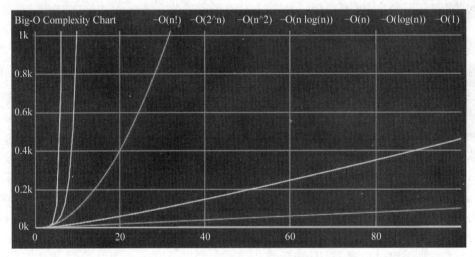

图 4-6 算法复杂度的比较

由此可见，复杂度越小，当问题规模变大时，操作步骤的规模增长的速度较慢。因此，在选择算法时，尽量选择时间复杂度较低的算法。

4.5.2 算法的空间复杂度

算法的空间复杂度计算方式与评价方式与时间复杂度类似，记为 $S(n)$。同时间复杂度相比，空间复杂度的分析要简单得多。

值得注意的是，虽然在选择算法时，理想的情况是算法的时间复杂度和空间复杂度都比较低，但是实际情况往往是鱼和熊掌不可兼得。有时候需要时间换空间，有时候又需要空间换时间。例如，在实时系统中，对系统响应时间要求高，则尽量选用执行时间少的算法；当数据处理量大而存储空间较少时，则尽量选用节省空间的算法。

因此，在不同情况下需要选择不同的算法。但是，大部分情况是空间换时间。毕竟现在计算机的内存比较大，磁盘就更不用说了。因此，在改进算法的时候，更多的是想怎么去优化算法的时间复杂度。

4.5.3　算法的最坏、最好和平均情况分析

一个算法的时间复杂度和空间复杂度并不是确定不变的，即使是同一种算法，在不同的情况下，也会表现出不同的性能。通常用来评判算法性能的 3 种情况是最坏情况、最好情况和平均情况。有些算法可能在不同的情况下，性能会产生很大的差异。

例如线性搜索算法，要求在一组数据中找到一个指定的元素。线性搜索算法就是简单地从数列的第一个元素开始查找，直到找到那个指定的元素为止。在最好情况下，要查找的元素正好处于数列的第一个位置，所以在仅仅遍历一个元素之后就完成了搜索。然而在最坏情况下，要查找的元素处于数列的最后一个位置，所以必须在遍历完所有的元素之后才能找到要查找的元素。在平均情况下，可能会在数列的中间某个位置找到元素。

相比最好情况分析，最坏情况分析更为重要。因为在最好情况下评价算法的性能没有太多的意义，很多算法在最好情况下的表现都相同。例如，在最好情况下，几乎所有的搜索算法都能在一次查询中找到指定的元素，而这并不能说明到底哪种算法更好。而在最坏情况下，算法的执行往往会消耗相当长的时间，不同算法之间性能上的差异就会表现得更明显。

对于同一类问题，可以设计出不同的算法。当有多个算法都可以解决同一个问题时应该如何选择呢？正所谓"仁者见仁，智者见智"，从什么样的角度去评判一个算法的高低，不同的人会有不同的评判依据。虽然一般公认的客观的评判依据有两个，分别是时间复杂度和空间复杂度，但是理解一种算法在各种情况下有怎样的性能也是非常重要的，这样有助于人们根据实际的情况选择合适的算法，正所谓"合适的才是最好的"。

4.6　程序与程序设计语言

4.6.1　程序

算法对于程序设计来说，具有十分重要的意义，是程序设计的"蓝图"和指导思想。虽然算法给出了解决问题的步骤，但是最终人们还是要让计算机来执行求解步骤，从而发挥计算机计算能力强、速度快的特长。因此，设计算法的最终目的是为了将算法中的执行步骤和操作流程转变成一组控制计算机运行的精确指令（即程序），从而完成运算。

如何让计算机自动执行算法中的求解步骤呢？只要将问题求解的步骤用计算机能够理解的语言表达即可，而用文字、流程图或者伪代码描述的算法都不能直接在计算机上运行，因为计算机并不能理解这些表达方式。人们需要使用计算机能够识别的语言来描述指令，这种语言就是程序设计语言。使用程序设计语言来编写程序的过程就是编程。

算法和程序之间既有区别，又有联系。算法是编写程序的依据和基础，而程序是算法的具体实现形式。用计算机程序设计语言来描述算法，就得到了程序。程序运行的过程本质上就是通过一组指令对数据进行计算，并最终输出结果的过程。因此，程序应该包含以下两方面的内容。

（1）对数据的描述，也就是对程序中要处理的数据的类型以及数据的组织形式进行描述，即数据结构。

（2）对操作的描述，就是对如何处理数据以及处理数据的顺序进行描述。

与人类的自然语言不同，程序设计语言具有严格的语法和语义规定。编程人员必须掌握一种具体的程序设计语言的使用规则，才能进行编程。

程序设计语言经历了从低级到高级的发展历程，而且还不断地有新的程序设计语言出现。根据程序设计语言与硬件关联的紧密程度，可以分为低级语言和高级语言两类。

4.6.2 低级语言

最早的程序设计语言是机器语言，仅由 0 和 1 的序列构成相应的二进制指令。它们是计算机硬件能够直接识别和使用的指令描述方式。每一条指令对应计算机能够执行的一项基本操作。

例如，在某型号的计算机中，机器指令 00010100001111 指的是从编号为 00001111 的内存单元格中取一个数，并存放到 CPU 中的 1 号寄存器中。

由于这些机器指令的格式和含义与计算机的硬件电路相关，不同型号的计算机，其所对应的机器指令也不相同。

由机器语言编写的程序虽然执行效率高，但是由于一串 0/1 组成的序列对于程序员来说并没有直观的含义，因此程序员使用机器语言编写程序非常不方便。

随着计算机的发展和普及，程序编写的工作量不断增大，为了提高编程的效率，人们设计了汇编语言。将机器语言中的 0/1 序列用具有特定含义的英文助记符表示出来。

例如，前面的这一句用 0/1 编写的机器指令 00010100001111，就可以用汇编语言表示成"MOV a R1"，其中 MOV 指的是在内存和 CPU 寄存器之间数据的传递，a 表示一个变量在内存中的地址，R1 表示 CPU 中的 1 号寄存器。因此，这条汇编指令的含义就是将内存中变量 a 的值读取到 R1 寄存器中。

由此可见，使用汇编语言编写程序增强了程序的可读性，降低了编程的难度。但是，由于汇编程序不能直接被计算机的硬件电路识别，因此要在计算机上运行汇编程序，必须要经过翻译。为此，人们还开发了相应的翻译程序——汇编器（编译器、解释器），用来把汇编程序转换成机器指令。

4.6.3 高级语言

为了进一步提高编程的效率,人们又在汇编语言的基础上相继开发了高级程序设计语言。高级语言更符合人类的自然语言表示,抽象层次更高,表达能力更强,不但去掉了许多与硬件操作有关的细节,而且还将许多相关的一组机器指令合并成为单条语句,编写起来更为方便。

常见的高级语言有 C、C++、Java、Python 等。

与汇编程序一样,使用高级语言编写的程序也不能被计算机直接运行,需要相应的编译器或解释器将高级语言程序转化为计算机能够理解的指令。

编译器和解释器都是用来实现高级语言到机器语言转化的计算机程序,它们的区别在于:编译器将高级语言编写的程序翻译成等价的机器语言,使其能够直接在计算机上运行。解释器则是模拟一台能够理解某种高级语言的计算机,并在这台模拟出来的计算机上,以逐条执行程序语句的方式来运行程序。

算法和程序有些相似,区别在于程序是以计算机能够理解的编程语言编写而成的,可以在计算机上运行;而算法是以人类能够理解的方式描述的。算法必须要转化成具体的计算机程序才能发挥作用,本质上就是使用具体的程序设计语言对算法进行描述。就算使用同一个算法,若使用的编程语言不同,则写出来的程序也不同。

4.7 经典算法举例

4.7.1 辗转相除法

辗转相除法,又称欧几里得算法,用于计算两个数的最大公约数,它被称为世界上最古老的算法。由于该算法最早被发现记载于公元前 300 年的欧几里得的著作中,因此得以命名。

如果有一个自然数 a 能被自然数 b 整除,则称 a 为 b 的倍数,b 为 a 的约数。例如,12 能分别被 1、2、3、4、6、12 这 6 个自然数整除,则这 6 个数都是 12 的约数。再如,18 能分别被 1、2、3、6、9、18 这 6 个自然数整除。而在 18 和 12 这两个数的约数中,存在一些公共的数,包括 1、2、3、6,这些公共的约数称为公约数,其中最大的公约数为 6。因此,12 和 18 这两个数的最大公约数就是 6。

找出任意两个自然数的最大公约数有很多种算法,例如前面使用的就是穷举法。算法描述如下。

第 1 步:分别计算出两个自然数的所有约数。

第 2 步:找出两个自然数中所有公约数。

第 3 步:找到所有公约数中最大的公约数,即可完成运算,得到结果。

这个算法看上去直观易懂,但实际操作起来却需要较多的操作步骤。欧几里得算法提供了一种巧妙地解决问题的方法,用两个变量 M 和 N 表示两个要求解最大公约数的正整数,其算法描述如下。

第 1 步:如果 $M<N$,则交换变量 M 和 N 的值。

第 2 步:用 N 去整除 M,得到余数,并存放在变量 R 中。

第 3 步:如果 R 的值为 0,则 N 就是要找的最大公约数,输出结果,算法结束;否则,执行下一步。

第 4 步:将 N 的值赋值给 M,将 R 的值赋值给 N,转到第 2 步继续执行。

按照欧几里得算法,下面再来计算 12 和 18 的最大公约数。

(1) M 为 18,N 为 12,用 18 整除 12,得余数 6。

(2) M 为 12,N 为 6,用 12 整除 6,余数为 0,因此 6 就是要找的最大公约数。

由此可见,与穷举法相比,使用欧几里得算法能够很快得到计算结果,因此是一种更好的算法。

4.7.2 排序算法

排序就是将数字按照从小到大的顺序排列。在人们日常的生活中经常会遇到对数字排序的需求。例如,老师需要将学生的考试成绩排序,电子邮箱里的邮件会按照邮件的收件时间的先后排序,物流公司需要将物品按照重量排序等。

例如,有以下 8 个数据:7、13、4、5、8、1、11、9。当对这 8 个数据按从小到大的顺序进行排序后,得到的结果是:1、4、5、7、8、9、11、13。

如果只有 10 个数字,手动排序也能轻松完成,但如果有 100 000 个数,排序就不那么容易了。这时就会考虑依靠计算机强大的计算能力帮人们自动地解决这个问题。因此,需要把对数据排序的操作编写成可运行的计算机程序,而编写程序的前提是人们必须知道如何对数据排序,也就是要设计排序的算法。

正如前文所述,排序的算法种类很多,冒泡排序算法是一种简单直观的排序算法。冒泡排序就是重复"从数列的尾端开始比较相邻的两个数字的大小,如果上一个数字比下一个数字大,则交换两个数字的位置"这一操作。在这个过程中,较小的数字会像泡泡一样,慢慢从下往上"浮到"数列的顶端,所以这个算法被称为"冒泡排序"。

假设待排序的数列为 5、9、3、1、2、8、4、7、6 这 9 个数字。

图 4-7 显示的是经过第一轮冒泡排序后,数列的变化。

如图 4-7 所示,在第 1 步中,首先比较相邻的数字 7 和 6,通过比较发现 7 比 6 大,按照排序的规则,将 7 和 6 交换位置;然后继续第 2 步,向上比较下一对相邻的数字 4 和 6,由于 4 比 6 小,所以无须交换位置;继续第 3 步,向上比较下一对相邻数字 8 和 4……以此类推,直到比较到最顶端的一对数字,完成第一轮冒泡排序。此时,可以发现,数列中最小的数字 1 已经到了数列的顶端。

由于数列还没有完成排序,接下来执行第二轮的排序。根据算法,依然是从数列的最低端开始,依次相邻数字比较。由于在第一轮的排序中,数列中最小的数字已经到达了数列的顶端,所以在接下来的第二轮排序中,可以少比较一次。

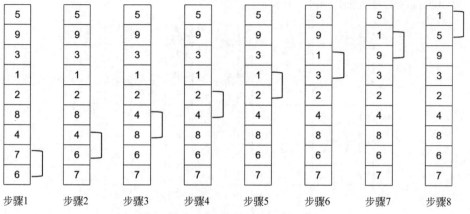

图 4-7 冒泡排序第一轮各步骤示意图

第二轮排序过程如图 4-8 所示。

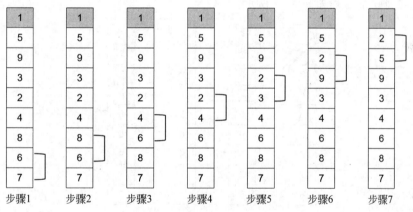

图 4-8 冒泡排序第二轮各步骤示意图

如图所示,在第二轮排序结束后,数列中第二小的数字 2 也到达了预期的位置。第三轮排序的过程如图 4-9 所示。

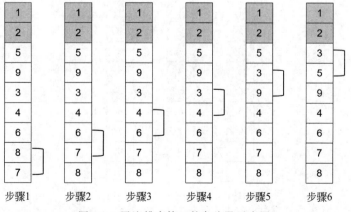

图 4-9 冒泡排序第三轮各步骤示意图

第 4 章 算 法

第四轮排序的过程如图 4-10 所示。

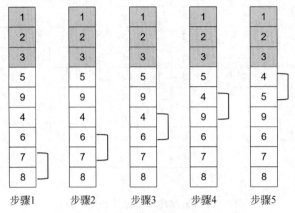

图 4-10　冒泡排序第四轮各步骤示意图

第五轮排序的过程如图 4-11 所示。

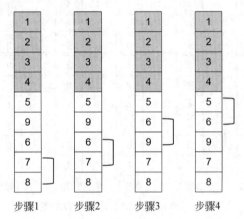

图 4-11　冒泡排序第五轮各步骤示意图

第六轮排序的过程如图 4-12 所示。

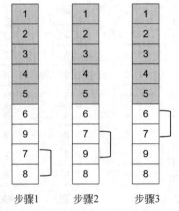

图 4-12　冒泡排序第六轮各步骤示意图

第七轮排序的过程如图 4-13 所示。

第八轮排序的过程如图 4-14 所示。

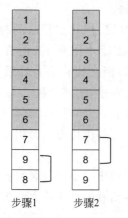
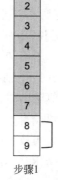

图 4-13　冒泡排序第七轮各步骤示意图　　图 4-14　冒泡排序第八轮步骤示意图

第八轮排序后,冒泡排序结束。可以计算一下在这个过程中总共进行了多少次比较操作。当数列中数据的个数为 9 个时,第一轮 8 次,第二轮 7 次,第三轮 6 次,依次递减,最后一轮是 1 次,所以总共的操作次数是 8+7+6+…+1 次。

可以推论,当数列中数据的个数为 n 个时,冒泡排序中比较操作的总共步数为 $(n-1)+(n-2)+\cdots+1$,约等于 $n^2/2$ 次。比较的次数与待排序数列的个数有关,只要数据个数确定,比较的次数就是确定的。

但是,交换两个数据的操作的次数却不确定,这与原始数列的排列顺序有关。假设出现一种极端情况,原始的数列正好就是按照从小到大的顺序排列的,那么就不需要进行任何交换操作。反过来,如果原始的数列正好是按照相反的顺序,即从大到小的顺序排列的,那么每次比较都要进行交换。

所以,冒泡排序的时间复杂度为 $O(n^2)$。

4.7.3　寻找素数

素数,又称质数,是一类只能被 1 和自身整除的正整数,如 2、3、5 等。素数在人类的科学史上有着重要的地位和悠久的研究历史,尤其是随着现代计算机加密技术的应用,素数的重要性更加突出,寻找大素数成为一个研究的热点问题。

例如,要寻找 n 以内的所有素数,可以有以下两种不同的算法。

算法一:依次对 2~n 的所有整数进行判断,判断其中的每一个数是否为素数,如果是素数,则输出该数;否则,判断下一个数。其中,判断一个整数 m 是否是素数,只需把 m 被 2~m−1 的每一个整数去除,如果都不能被整除,那么 m 就是一个素数。

算法二:埃拉托色尼筛选法。该算法是由公元前 250 年的古希腊数学家埃拉托色尼提出的,其方法步骤如下。

第 1 步:构造一个从 2 到 n 的整数序列。

第 2 步：重复以下动作，直到数列中只剩下素数：
    2.1 剩下的序列中第一个数是素数；
    2.2 划去序列中最近找出来的该素数的倍数。

    与第二种算法相比，第一种算法虽然看上去直观易懂，但其实算法的时间复杂度是 $O(n^2)$，而埃拉托色尼的筛选法，虽然从字面看上去比较难以理解，但算法复杂度为 $O(n\log_2 n)$。也就是说，当 n 比较大时，算法二的时间性能会比算法一好很多，其原因就在于算法二每经过一轮筛选，下一轮用于计算的数据的规模就会急剧减少。但是，也应该看到，虽然算法二的时间复杂度优于算法一，但是所占用的空间明显比算法一要多。这也说明了往往在设计算法的时候，时间复杂度和空间复杂度的优化方向会相互矛盾，时间和空间的优化往往不可兼得。

    随着计算机科学与技术的发展和广泛应用，已经涌现出了很多著名的算法，例如排序算法、加密算法、数据压缩算法、数字签名算法等。这些精妙的算法让人叹为观止，是人类理性思维和创造力结合的产物。

4.8 习　　题

1. 什么是算法？什么是程序？
2. 算法的基本特征有哪些？
3. 设计一个算法，对一组整数进行排序，使用流程图描述算法。
4. 设计一个算法，求 1000 以内的所有素数。
5. 我国古代数学家张丘建在《算经》中曾提过著名的"百钱买百鸡"问题。该问题叙述如下：鸡翁一，值钱五；鸡母一，值钱三；鸡雏三，值钱一；百钱买百鸡，则翁、母、雏各几何？试设计一个算法，解决"百钱买百鸡"问题。
6. 装箱问题：假设有编号分别为 $0,1,\cdots,n-1$ 的 n 种物品，体积分别为 $V_0,V_1,\cdots,V_{n-1}$。将这 n 种物品装到容积都为 V 的若干个箱子中。约定这 n 种物品的体积均不超过 V。不同的装箱方案所需要的箱子数目可能不同。装箱问题要求尽量用少的箱子装下这些物品。请尝试使用贪婪法描述解决这个问题的思路。
7. 对 4.7.3 节中的寻找素数的两种算法进行分析比较，以寻找 100 以内所有素数为例，比较两种算法的时间性能和空间性能。
8. 当世界围棋冠军柯洁输给了 AlphaGo 之后，他说这场比赛依然是人类的胜利。你能说说柯洁为什么这么说吗？人工智能与人类智能有什么区别与联系？

第 5 章 操作系统

操作系统是计算机系统中最重要的软件,它对计算机系统的软硬件资源进行管理、协调,并代表计算机与外界进行通信,正是有了操作系统才使得计算机硬件系统真正可用。本章将重点阐述操作系统是如何完成上述功能的。首先介绍什么是操作系统及操作系统的简要发展历程,使读者对操作系统中的基本概念、技术和发展有直观、形象的了解,然后从资源管理的视角介绍计算机操作系统的基本功能以及相关技术。

5.1 操作系统概述

现代计算机是一个复杂的硬件系统,如果需要直接面对计算机的硬件设备,那对用户会是一个巨大的挑战,用户可能需要花费相当大的精力去学习如何调用打印机的接口打印文件、如何从内存中的某一块读取数据等一些底层的操作。如果现实是如此,计算机也不会像今天这样普及。另外,管理所有这些设备并使之协调工作也是一个巨大挑战。于是几乎所有的计算机都安装了一种称为操作系统的软件,它最主要的任务就是为用户提供一个方便、简单、清晰的计算机系统使用环境。

在现代计算机系统中,操作系统是计算机系统中最基本的系统软件,是整个计算机系统的控制中心。操作系统通过管理计算机系统的软硬件资源,为用户提供使用计算机系统的良好环境,并且采用合理有效的方法组织多个用户程序共享各种计算机系统资源,最大限度地提高系统资源的利用率。操作系统不仅可以为应用程序提供运行基础,它还管理着计算机硬件,充当计算机硬件和计算机用户的中介。操作系统完成这些任务的方式也是多样化的。大型操作系统设计偏重于充分优化硬件的利用率,个人计算机操作系统主要是为了能够支持商业应用、程序设计、游戏娱乐等方便快捷的运行和使用,智能手机、平板计算机等设备的操作系统则更倾向于为用户提供方便的、交互式执行程序的环境。

5.1.1 操作系统发展简史

从 1946 年第一台电子计算机诞生到 20 世纪 50 年代中期的计算机,都属于第一代计算机。此时的计算机操作是由用户(即程序员)采用人工操作方式直接使用计算机硬件系统,即由程序员将事先已穿孔(对应于程序和数据)的纸带或卡片装入纸带输入机或卡片输入机,再启动它们将程序和数据输入计算机,然后启动计算机运行。当程序运行完毕并取走计算结果之后,才让下一个用户上机。人工操作方式严重降低了计算机资源的利用率。随着技术的进步,CPU 的运行速度迅速提高,但输入输出设备的运行速度却提高缓慢,这使得 CPU 与输入输出设备之间速度不匹配的矛盾更加突出。为了缓和矛盾,曾先后出现了通道技术、缓冲技术,但都未能很好地解决上述矛盾,直至后来引入了脱机输入输出技术,才获得了令人较为满意的结果。

为了解决人机矛盾及 CPU 和输入输出设备之间速度不匹配的问题,20 世纪 50 年代末出现了脱机输入输出技术。该技术是事先将装有用户程序和数据的纸带或卡片装入纸带输入机或卡片机,在一台外围机的控制下,把纸带或卡片上的数据和程序输入到磁带上。当 CPU 需要这些程序和数据时,再从磁带或卡片上将其高速地调入内存。

20 世纪 50 年代中期发明了晶体管,人们开始用晶体管替代电子管来制造计算机,从而出现了第二代计算机。为了能充分地利用第二代计算机,应尽量让系统连续运行,以减少空闲时间。为此,通常是把一批任务以脱机方式输入到磁带上,并在系统中配上监督程序(Monitor),在它的控制下使这批任务能一个接一个地连续处理。其自动处理过程是:首先由监督程序将磁带上的第一个任务装入内存,并把运行控制权交给该任务;当该任务处理完成时,又把控制权交还给监督程序,再由监督程序把磁带或磁盘上的第二个任务调入内存。计算机系统就这样对任务逐个进行处理,直至磁带或磁盘上的所有任务全部完成,这样便形成了早期的批处理系统。由于系统对任务的处理都是成批地进行的,并且在内存中始终只保持一个任务,故称此系统为单道批处理系统或简单批处理系统(Simple Batch Processing System)。

在单道批处理系统中,内存中仅有一个任务,无法充分利用系统中的所有资源,致使系统整体性能较差。为了进一步提高资源的利用率和系统吞吐量,在 20 世纪 60 年代中期又引入了多道程序设计技术用于第三代计算机中,由此形成了多道批处理系统(Multiprogrammed Batch Processing System)。在该系统中,用户所提交的任务都先存放在外存上并排成一个队列,称为"后备队列";然后,由任务调度程序按一定的算法从后备队列中选择若干个任务调入内存,使它们共享 CPU 和系统中的各种资源。图 5-1 给出了多道程序工作示例,当程序 A 需要进行输入操作时,CPU 将会加载程序 B 运行,当程序 B 也需要进行输入操作,并且该操作需要很长时间时,程序 A 将在其输入操作结束后被加载运行。

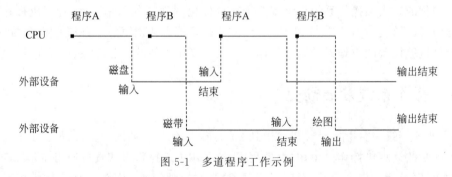

图 5-1 多道程序工作示例

分时系统(Time Sharing System)是指在一台主机上连接了多个带有显示器和键盘

的终端,同时允许多个用户通过自己的终端以交互方式使用计算机,共享主机中的资源。它能很好地将一台计算机提供给多个用户同时使用,提高计算机的利用率。它经常被应用于查询系统中,满足许多查询用户的需要。第一台真正的分时操作系统是由麻省理工学院开发的 CTSS(Compatible Time Sharing System)。继 CTSS 成功后,麻省理工学院又和贝尔实验室、通用电气公司联合开发出多用户多任务操作系统——MULTICS(Multiplexed Information and Computing System),该机器能支持数百用户。值得一提的是,参加 MULTICS 研制的贝尔实验室的 Ken Thompson,在 PDP-7 小型机上开发出一个简化的 MULTICS 版本,它就是当今广为流行的 UNIX 操作系统的前身。

实时系统(Real Time System)的主要功能是及时(或即时)响应外部事件的请求,在规定的时间内完成对该事件的处理,并控制所有实时任务协调一致地运行。虽然多道批处理系统和分时系统已能获得较为令人满意的资源利用率和响应时间,从而使计算机的应用范围日益扩大,但是它们仍然不能满足实时控制和实时信息处理等某些应用领域的需要。

以多道程序管理为基础的现代操作系统具有以下主要特征。

(1) 并发性:指两个或多个程序在同一时间段内运行。注意与并行的区别,并行指的是两个或多个程序在同一时刻同时运行。

(2) 共享性:指系统中的资源可供内存中多个并发执行的程序共同使用。

(3) 虚拟性:指通过某种技术,把一个物理实体变为若干逻辑上的对应物。物理实体是实的,即实际存在的;而逻辑上的对应物是虚的,仅是用户感觉上的东西。

(4) 异步性:在多道程序环境下,允许多个程序并发执行,但只有程序在获得所需的资源后才能执行。在单处理机环境下,由于系统中只有一个 CPU,因而每次只允许一个任务执行,其余任务只能等待。因此,系统中各个任务会因为等待和中断而不可预知它们的执行进度。

并发和共享是操作系统的两个最基本的特征。资源共享是以程序的并发执行为条件的;但若系统不能对资源共享实施有效管理,不能协调好多个程序对共享资源的访问,也必然影响到程序并发执行的程度,甚至根本无法并发执行。

操作系统已经从最早的简单程序,发展到今天的囊括分时多任务和计算机系统资源管理的复杂软件系统。它是一组控制和管理计算机系统和软件资源,合理地组织计算机工作流程,并为用户使用计算机提供方便的程序和数据的集合。在计算机系统中设置操作系统的目的在于提高计算机系统的效率,增强系统的处理能力,提高系统资源的利用率,方便用户使用计算机。操作系统的发展并没有停止,不断发展的计算机技术对其提出了新的要求。例如,出现了多处理机操作系统、分布式操作系统等技术更加复杂的操作系统。

5.1.2 操作系统基础

操作系统的主要任务是为多道程序的运行提供良好的运行环境,以保证多道程序能有条不紊地、高效地运行,并能最大程度地提高系统中各种资源的利用率,方便用户的使用。为实现上述任务,操作系统应具有 4 个方面的功能:进程管理、内存管理、设备管理和文件管理。为了方便用户使用操作系统,还需向用户提供方便的用户接口。因此,操作系统具有资源管理者和用户接口两重角色。

1. 资源管理者

计算机系统的资源包括硬件资源和软件资源。从管理角度看,计算机系统资源可分为四大类:CPU、存储器、输入输出设备和信息(通常是文件)。操作系统的目标是使整个计算机系统的资源得到充分有效的利用。为达到该目标,一般通过在相互竞争的程序之间合理有序地控制系统资源的分配,从而实现对计算机系统工作流程的控制。作为资源管理者,操作系统的主要工作是跟踪资源状态、分配资源、回收资源和保护资源。由此,可以把操作系统看成是由一组资源管理器(CPU 管理、内存管理、输入输出设备管理和文件管理)组成的软件系统。

在传统的多道程序系统中,CPU 的分配和运行都是以进程为基本单位的,因而对 CPU 的管理可归结为对进程的管理。进程管理的主要功能是创建和撤销进程,对多个进程的运行进行协调,实现进程之间的信息交换,以及按照一定的调度算法把 CPU 分配给进程。

内存管理的主要任务是为多道程序的运行提供良好的环境,方便用户使用内存,提高内存的利用率,以及能从逻辑上扩充内存。为此,内存管理应具有内存分配、内存保护、地址映射和内存扩充等功能。

设备管理用于管理计算机系统中所有的输入输出设备,设备管理的主要任务是:完成用户进程提出的输入输出请求;为用户进程分配其所需的输入输出设备;提高 CPU 和输入输出设备的利用率;提高输入输出速度;方便用户使用输入输出设备。为实现上述任务,设备管理应具有缓冲管理、设备分配、设备处理和虚拟设备等功能。

文件管理的主要任务是对用户文件和系统文件进行管理,以方便用户使用,并保证文件的安全性。为此,文件管理应具有对文件存储空间的管理、目录管理、文件的读写管理以及文件的共享与保护等功能。

2. 用户接口

对多数计算机而言,直接对输入输出设备操作和编程是相当困难的,需要一种抽象机制让用户在使用计算机时不涉及硬件细节。操作系统正是这样一种抽象,用户使用计算机时,都是通过操作系统进行的,不必了解计算机输入输出设备工作的细节。通过操作系统来使用计算机,操作系统就成为了用户和计算机之间的接口。该接口通常可分为人-机接口和程序接口两类。

(1) 人-机接口:是提供给用户使用的接口,用户可通过该接口取得操作系统的服务。

(2) 程序接口:是提供给程序员在编程时使用的接口,是用户程序取得操作系统服务的唯一途径。

5.2 进程管理

5.2.1 进程与程序

在 5.1.2 节中提到对 CPU 的管理可归结为对进程的管理，为了弄清楚操作系统如何对 CPU 进行管理，首先需要弄清楚 CPU 是如何工作的。在 3.2.2 节中已经介绍了 CPU 的工作过程，可以用 4 个字概括这个过程，即"取指执行"：CPU 从 PC（程序计数器）所指向的内存地址取出指令，并存储在 IR（指令寄存器）中，而后对指令进行解释和执行，同时 PC 自动加 1。由于任何一个程序员所写的程序都只会使得 PC 在其内部来回移动（因为其编写程序时不可能知道未来运行时会与哪个程序同时运行），因此，可以想象在没有其他技术支持的情况下，当某一个程序在执行时，PC 只会在这个程序内部来回移动。也就是说，一段时间之内只能有一个程序在运行。这与用户实际使用计算机的情况有很大区别。计算机用户习以为常的使用场景可能是一边用"迅雷"视频软件下载某个电影，一边用 IE 浏览器访问某个网页，同时还可能使用"酷狗音乐"播放某首歌曲，这是如何做到的呢？

为了解决这个问题，必须引入一种非常重要的技术手段——中断（Interrupt）。中断是在计算机发展过程中出现的一种技术，中断发生时的处理过程如下：首先由 CPU 外部的设备（可能是时钟发生器，也可能是一个 I/O 设备）产生一个中断信号，中断当前 CPU 正在执行的工作，将 CPU 内部一些寄存器的值（可统称为程序执行的上下文，Context）保存到内存中的某个位置，并将 PC 指向事先设定好的某个内存地址（一般位于操作系统所在的内存区域，记为 OS_entry），这样 CPU 在下一个指令周期执行时，便会从该处（OS_entry 处）开始执行。中断发生时保存的上下文保证了在未来的某个时刻可以将 CPU 恢复到中断发生之前的状态，进而使得中断发生之前正在执行的程序可以继续运行。这里主要讨论了外部中断的执行过程，事实上 CPU 处理的中断信号还可能来自其内部（即内部中断），这部分内容在其他课程中会详细介绍，在此不再赘述。

在中断技术的辅助下，当一个程序（如 IE 浏览器）运行了一段时间后，时钟中断发生，此时 PC 被设置到操作系统中的某个位置，CPU 开始执行操作系统的指令，操作系统执行过程中计算出下一个要执行的程序（这个过程称为调度，Schedule）。例如酷狗音乐，将酷狗音乐被中断时的上下文恢复到 CPU 中，并将 PC 设置为酷狗音乐上次被中断处的位置，此后酷狗音乐得以继续执行。每个程序每次能执行的时间称为时间片（Time Slice）。由于 CPU 的工作速度非常快，上述过程在极短的时间内即被完成，因此人类用户感觉不到中间被中断过，好像所有程序都在同时运行一样。实际上，在任意时间点上，CPU 都只能执行一个程序的指令。宏观上看各个程序似乎在"同时"执行，但微观上其实是称为并发（Concurrency）的串行的技术在执行，又因为"同时"执行的多个程序同时都存放在内存中，所以这种现象又称为多道程序设计（Multiprogramming）。在操作系统里，与并发相对应的另一个容易被弄混淆的概念是并行（Parallel），在并行方式下，同一个时刻确实有多个程序被处理,但这需要多个 CPU 的支持,本书中主要讨论单 CPU 的情况。

从上述分析可以看出,为了保证多个程序的并发执行,在操作系统中需要保存每个程序被中断的上下文,这些上下文与被执行的程序一一对应,而且每个程序每次被中断的上下文很可能不相同,为了保存这样的一组上下文信息,需要在操作系统内部开辟一块空间,使用某种数据结构进行存储,这样的一种数据结构称为进程控制块(Process Control Block,PCB)。程序的执行还需要一些输入的数据信息(如 word.exe 的执行需要一个.doc 文件作为输入),这样可以把程序、程序执行所需要的数据、PCB 统一视为一个整体,这个整体在操作系统领域里有一个专门的名字,称为进程(Process)。

通过上述分析不难看出进程具有如下特征。

(1) 结构特征:通常的程序是不能并发执行的。为使程序(含数据)能独立运行,应为之配置一进程控制块,即 PCB;而由程序、相关的数据和 PCB 3 部分构成了进程实体。

(2) 动态性:进程的实质是进程实体的一次执行过程,因此动态性是进程的最基本的特征。动态性还表现在"它由创建而产生,由调度而执行,由撤销而消亡"。可见,进程实体有一定的生命期,而程序则只是一组有序指令的集合,并存放于某种介质上,其本身并不具有动态的含义,而是静态的。

(3) 并发性:这是指多个进程实体同时存放于内存中,并且能在一段时间内"同时"运行。并发性是进程的重要特征,同时也成为操作系统的重要特征。引入进程的目的也正是为了使某个进程实体能和其他进程实体并发执行;而程序(没有建立 PCB)是不能并发执行的。

(4) 独立性:在操作系统中,独立性是指进程实体是一个能独立运行、独立分配资源和独立接受调度的基本单位。凡未建立 PCB 的程序都不能作为一个独立的单位参与运行,或者说未建立 PCB 的程序根本就不是一个进程。

(5) 异步性:这是指进程按各自独立的、不可预知的速度向前推进,或者说进程实体按异步方式运行。

在这里,我们把传统操作系统中的进程定义为:进程是程序的运行过程,是系统进行资源分配和调度的一个独立单位。进程与程序之间的区别和联系有以下 4 个方面。

(1) 进程是动态的,程序是静态的。可以将进程视为程序的一次执行,而程序是有序代码的集合。

(2) 进程是暂时的,程序是永久的。进程存在于主存,进程运行结束就消亡,而程序可长期保存在外存储器上。

(3) 进程与程序的组成不同。进程的组成包括程序、数据和进程控制块。

(4) 进程与程序密切相关。同一程序的多次运行对应到多个进程,一个进程可以通过调用激活多个程序。

5.2.2 进程状态

在 5.2.1 节中提到,在实际的计算机系统中,各个进程在时钟中断的作用下呈现交替执行的并发状态,由操作系统通过调度算法选择出下一次要执行的进程。那么是不是所有的进程在被选择时都处在相同的地位呢？考虑这样一个问题,假如有一个进程 A,在第一个时间片内执行的过程中遇到一条 I/O 指令(如从磁盘读取一组数据),为了提高 CPU 的使用率,操作系统调度另一个进程 B 执行,当 B 的时间片用光时,A 的 I/O 操作并没有完成,此时如果操作系统调度进程 A 执行,那么进程 A 能够继续向前执行么？通常来讲,答案是否定的。由于进程 A 中的后续指令很可能要用到 I/O 操作读入的数据,因此如果进程 A 继续向前执行很可能出现错误。由此可见,操作系统在调度进程执行时需要对各个进程区别对待,或者说进程的调度队列可能不止一个。那么进程依照什么排队呢？这里引入一个新的概念称为进程的状态：进程执行时的间断性决定了进程可能在不同的运行阶段具有不同的状态。一个进程可能具有以下 3 种基本状态。

(1) 就绪状态(Ready)：当进程已分配到除 CPU 以外的所有必要资源后,只要再获得 CPU,便可立即运行,进程这时的状态称为就绪状态。在一个计算机系统中处于就绪状态的进程可能有多个,通常将它们排成一个队列,称为就绪队列。

(2) 运行状态(Running)：进程已获得 CPU,其程序正在运行。在单处理机系统中,只有一个进程处于运行状态；在多处理机系统中,则有多个进程处于运行状态。

(3) 阻塞状态(Blocked)：正在运行的进程由于发生某事件(如输入输出操作)而暂时无法继续运行时,便放弃 CPU 而处于暂停状态,即进程的运行受到阻塞,把这种暂停状态称为阻塞状态,有时也称为等待状态或封锁状态。在阻塞状态下,即使将 CPU 分配给该进程,进程也无法继续执行。致使进程阻塞的典型事件有：请求输入输出操作,申请缓冲空间等。通常将这种处于阻塞状态的进程也排成一个队列。也有一些系统根据阻塞原因的不同而把处于阻塞状态的进程排成多个队列。

处于就绪状态的进程,在调度程序为之分配了 CPU 之后,该进程便可运行,相应地,它就由就绪状态转变为运行状态。正在运行的进程也称为当前进程,如果因分配给它的时间片用完而被暂停运行时,该进程便由运行状态又恢复到就绪状态；如果因发生某事件而使进程的运行受阻(如进程请求使用某 I/O 设备,而该设备正被其他进程使用时),使之无法继续运行,该进程将由运行状态转变为阻塞状态。图 5-2 展示了进程的 3 种基本状态以及各状态之间的转换关系。

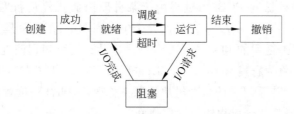

图 5-2 进程的 3 种基本状态及其转换关系

进程在整个生命周期内,就是不断地在这 3 个状态之间进行转换,直到进程被撤销。

(1) 就绪→运行：就绪状态的进程一旦被操作系统选中,获得 CPU,便发生此状态变迁。因为处于就绪状态的进程往往不止一个,操作系统根据调度算法把 CPU 分配给其中某个就绪进程,建立该进程运行状态标记,把它由就绪状态变为运行状态,并把 CPU 的控制权转到该进程,这样该进程就投入运行。

（2）运行→阻塞：运行中的进程需要执行 I/O 请求时，发生此状态变迁。处于运行状态的进程为完成 I/O 操作需要申请新资源（如需要等待数据的读入）而又不能立即被满足时，进程状态由运行变成阻塞。此时，系统将该进程在其等待的设备上排队，形成资源等待队列。同时，操作系统根据调度算法把 CPU 分配给处于就绪状态的其他进程。

（3）阻塞→就绪：被阻塞进程的 I/O 请求完成时，发生此状态变迁。被阻塞的进程在其被阻塞的原因获得解除后不能立即执行，而必须通过操作系统统一调度获得 CPU 才能运行。因此，系统将其状态由阻塞状态变成就绪状态，放入就绪队列，使其继续等待 CPU。

（4）运行→就绪。当一个正在运行的进程时间片用完时，发生此状态变迁。一个正在运行的进程，由于规定的运行时间片用完，系统将该进程的状态修改为就绪状态，插入就绪队列。

5.2.3 进程管理与调度

1. 进程控制块

前面提到，为了保存程序执行的断点，引入了一种特殊的数据结构——进程控制块 PCB。实际上，它的作用准确来说是为了描述和控制进程的运行，它是进程实体的一部分，是操作系统中最重要的记录型数据结构。PCB 中记录了操作系统所需的、用于描述进程的当前情况以及控制进程运行的全部信息。进程控制块的作用是使一个在多道程序环境下不能独立运行的程序（含数据），成为一个能独立运行的基本单位，一个能与其他进程并发执行的进程。或者说，操作系统是根据 PCB 来对并发执行的进程进行控制和管理的。例如，当操作系统要调度某进程执行时，要从该进程的 PCB 中查出其当前状态及优先级；在调度到某进程后，要根据其 PCB 中所保存的 CPU 各寄存器信息，设置该进程恢复运行的现场（中断时的状态），并根据其 PCB 中保存的程序和数据的内存地址，找到其需要运行的程序和数据；进程在运行过程中，当需要和与之合作的进程实现同步、通信或访问文件时，也都需要访问 PCB；当进程由于某种原因而暂停运行时，需要将其断点的 CPU 环境保存在 PCB 中。可见，在进程的整个生命周期中，系统总是通过 PCB 对进程进行控制，即系统是根据进程的 PCB 而不是任何别的什么而感知到该进程的存在。当系统创建一个新进程时，就为它建立了一个 PCB；进程结束时又回收其 PCB，进程于是也随之消亡。PCB 可以被操作系统中的多个模块读取或修改，例如被调度程序、资源分配程序、中断处理程序以及监督和分析程序等读取或修改。

在进程控制块中，主要包括下述 4 个方面的信息。

（1）进程标识符：进程标识符用于唯一地标识一个进程。

（2）CPU 状态：CPU 状态信息主要是由 CPU 的各种寄存器中的内容组成的。CPU 在运行时，许多信息都放在寄存器中。当进程被中断时，所有这些信息都必须保存在 PCB 中，以便在该进程重新运行时，能从断点继续运行。

（3）进程调度信息：在 PCB 中还存放一些与进程调度有关的信息，包括：①进程状态,指明进程的当前状态;②进程优先级,用于描述进程使用 CPU 的优先级别的一个整数;③进程调度所需的其他信息,它们与所采用的进程调度算法有关,例如进程已等待 CPU 的时间总和、进程已运行的时间总和等;④事件,指进程由运行状态转变为阻塞状态所等待发生的事件,即阻塞原因。

(4) 进程控制信息:包括:①程序和数据的地址,指进程的程序和数据所在的内存或外存(首)地址;②进程同步和通信机制,指实现进程同步和进程通信时必须具有的机制,如消息队列指针、信号量等;③资源清单,即一张列出了除 CPU 以外的、进程所需的全部资源以及已经分配到该进程的资源的清单;④连接指针,它给出了本进程(PCB)所在队列中的下一个进程的 PCB 的首地址。

2. 进程控制

进程控制是进程管理中最基本的功能。它用于创建一个新进程,终止一个已经完成的进程,或者终止一个因出现某事件而使其无法运行下去的进程,还负责进程运行中的状态转换。例如,当一个正在运行的进程因等待某事件而暂时不能继续运行时,将其转换为阻塞状态,而当该进程所期待的事件出现时,又将该进程转换为就绪状态,等等。

1) 进程的创建

一旦操作系统发现了要求创建新进程的事件后,便按下述步骤创建一个新进程。

(1) 申请空白 PCB。为新进程申请获得唯一的数字标识符 PID(Process Identifier),并从内存区域申请一块未使用区域用于存放该 PCB。

(2) 为新进程分配资源。为新进程的程序和数据以及用户栈分配必要的内存空间。

(3) 初始化进程控制块。PCB 的初始化包括:①初始化标识信息;②初始化 CPU 状态信息;③初始化 CPU 控制信息,将进程的状态设置为就绪状态。

(4) 将新进程插入就绪队列。

2) 进程的终止

如果系统中发生了要求终止进程的某个事件,操作系统将按下述过程终止指定的进程。

(1) 根据被终止进程的标识符,从 PCB 集合中检索出该进程的 PCB,从中读出该进程的状态。

(2) 若被终止进程正处于运行状态,应立即终止该进程的运行。

(3) 若该进程还有子孙进程,还应将其所有子孙进程予以终止,以防它们成为不可控的进程。

(4) 将被终止进程所拥有的全部资源,或者归还给其父进程,或者归还给系统。

(5) 将被终止进程(PCB)从所在队列或链表中移除。

3) 进程的阻塞

进入阻塞状态后,由于此时该进程还处于运行状态,所以应先立即停止运行,把进程控制块中的现行状态由"运行"改为"阻塞",并将 PCB 插入阻塞队列。如果系统中设置了因不同事件而阻塞的多个阻塞队列,则应将本进程插入具有相同事件的阻塞(等待)队列。最后,运行调度程序进行重新调度,将 CPU 分配给另一个就绪进程并进行切换,即保留被阻塞进程的 CPU 状态(在 PCB 中),再按新进程的 PCB 中的 CPU 状态设置 CPU 的环境。

4) 进程的唤醒

当某进程被阻塞的原因消失(如获得被阻塞时需要的资源)时,操作系统将其唤醒。唤醒进程的过程是:首先通过进程标识符找到被唤醒进程的 PCB,然后从阻塞队列中移出该 PCB,将 PCB 中的进程状态设置为就绪状态,并插入就绪队列。

3. 进程调度

当 CPU 空闲时,操作系统将按照某种策略从就绪队列中选择一个进程,将 CPU 分配给它,使其能够运行。按照某种策略选择一个进程,使其获得 CPU 的工作称为进程调度。引起进程调度的因素有很多,例如正在运行的进程结束运行、运行中的进程要求 I/O 操作、分配给运行进程的时间片已经用完等。

进程调度策略的优劣将直接影响到操作系统的性能。目前常用的调度策略有以下 4 种。

(1) 先来先服务:按照进程到达就绪列表的先后顺序来调度进程,到达得越早就越先执行。

(2) 时间片轮转:系统把所有就绪进程按先后次序排队,并总是将 CPU 分配给就绪队列中的第一个就绪进程,分配 CPU 的同时分配一个固定的时间片(如 50ms)。当该运行进程用完规定的时间片时,系统将 CPU 和相同长度的时间片分配给下一个就绪进程,如图 5-3 所示。每个用完时间片的进程,如果未遇到任何阻塞事件则将在就绪队列的尾部排队,等待再次被调度运行。

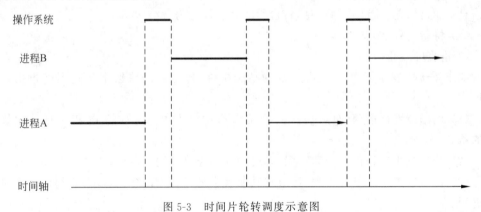

图 5-3 时间片轮转调度示意图

(3) 优先级法:把 CPU 分配给就绪队列中具有最高优先级的就绪进程。根据已占有 CPU 的进程是否可被抢占这一原则,又可将该方法分为抢占式优先级调度算法和非抢占式优先级调度算法。前者当就绪进程优先级高于正在 CPU 上运行的进程优先级时,将会强行停止其运行,将 CPU 分配给就绪进程;而后者不进行这种强制性切换。

(4) 多级反馈队列轮转:把就绪进程按优先级排成多个队列,赋给每个队列不同的时间片,一般高优先级进程的时间片比低优先级进程的时间片小。调度时按时间片轮转策略先选择高优先级队列的进程投入运行。若高优先级队列中还有其他进程,则按照轮转法依次调度执行。只有高优先级就绪队列为空时,才从低一级的就绪队列中调度进程。

5.3 内存管理

内存是计算机系统的重要组成部分。近年来,内存容量虽然一直在不断扩大,但仍不能满足现代软件发展的需要,因此内存仍然是一种宝贵而又紧俏的资源。如何对它加以有效的管理,不仅可以提高内存的利用率,而且还对系统性能有重大影响。概括来说,内存管理主要完成内存分配和回收、地址重定位、内存保护、虚拟内存4个方面的功能。

5.3.1 内存分配和回收

内存分配和回收主要完成为每个程序分配及回收内存空间的任务。操作系统作为计算机的资源管理者,其内部必须要维护一张"内存分配表",用以记录物理内存中哪些部分已经被占用,哪些部分没有被占用。在分配时,需要采用适当的内存分配方法,以提高存储器的利用率,减少不可用的内存空间;同时允许正在运行的程序申请附加的内存空间,以适应程序和数据动态增长的需要(如 word 文档的大小随着内容的增加会逐渐变大)。

操作系统在实现内存分配时,可采取静态和动态两种方式。在静态分配方式中,每个进程的内存空间是在进程装入时确定的;在进程装入后的整个运行期间,不允许该进程再申请新的内存空间,也不允许进程在内存中"移动"。在动态分配方式中,每个进程所要求的基本内存空间也是在装入时确定的,但允许进程在运行过程中继续申请新的附加内存空间,以适应程序和数据的动态增长,也允许进程在内存中"移动"。

5.3.2 地址重定位

程序在计算机上运行一般需要经历编码、编译连接、执行3个基本步骤,为了完成程序中变量的引用、指令的跳转等工作,需要为编译连接后的程序中的每条指令分配一个地址,这个地址一般都是从0开始的(起始地址),程序中的其他地址都是相对于起始地址计算得到。由这些地址所形成的地址范围称为"逻辑地址空间",其中的地址称为"逻辑地址"或"相对地址"。此外,计算机实际内存中的地址范围称为"内存空间",其中的地址称为"物理地址"。

在多道程序环境下,每道程序不可能都从0内存地址开始装入,这使得逻辑地址和物理地址不一致。为使程序能正确运行,存储器管理必须提供地址映射功能,以便将逻辑地址转换为内存空间中与之对应的物理地址。

图 5-4 给出了某个程序的逻辑地址和物理地址的示意图。该程序逻辑地址范围为

0～299,此时内存中从物理地址为 1000 开始的一块区域未被占用。可以看出,若将该程序装入第 1000～1299 号单元,执行"MOV AX,[200]"(将地址为 200 的内存单元中的内容读入 AX 寄存器)指令时,会把实际内存中物理地址为 200 的内容送入 AX,显然这样会出错。应该将物理地址为 1200 的单元内容送入 AX 才是正确的。在程序执行时,将逻辑地址转换为物理地址的工作称为地址重定位,其主要任务是建立程序的逻辑地址与物理地址之间的对应关系。在 CPU 中,一般会设计一个完成地址重定位的单元,称为内存管理单元(Memory Management Unit,MMU)。

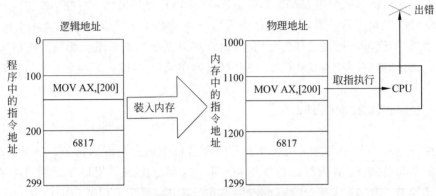

图 5-4　程序的逻辑地址和物理地址示例

图 5-5 给出了利用 MMU 实现内存重定位的一套方案:在 MMU 中设计一个基址寄存器(Base Register),在将程序装入内存时,同时将装入的起始物理地址设置到基址寄存器中(此例中为 1000),在 CPU 执行"MOV AX,[200]"这条指令时,首先将指令中包含的逻辑地址 200 与 MMU 中的基址寄存器中的内容相加,计算出对应的物理地址为 1200,进而去执行"将物理地址为 1200 的内存单元内容送入 AX"的操作,以此保证程序执行的正确性。实际的计算机中实现重定位的方案比这套方案要复杂得多,本书中只是用了最简单的方式来说明重定位技术的实现机制。

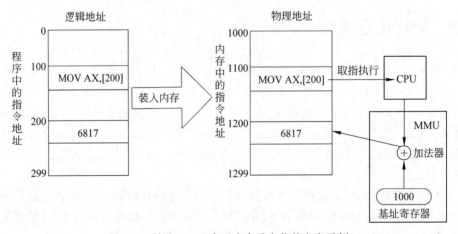

图 5-5　利用 MMU 实现内存重定位的方案示例

5.3.3 内存保护

内存保护的主要任务是确保每个用户程序都只在自己的内存空间内运行,彼此互不干扰;绝不允许用户程序访问操作系统的程序和数据;也不允许用户程序转移到非共享的其他用户程序中去执行。由于内存中有多个进程在并发执行,一个进程中的程序错误可能会对另一个进程的内存造成破坏。例如,假定进程 1 中有一个对数组 A 进行初始化的程序,如图 5-6 所示。

```
for(i=0;i<5000;i++){
    A[i]=0;}
```

图 5-6 一个可能发生地址越界的程序

如果数组 A 的大小真的是 5000,那么这是一个正确的程序,这段程序的执行会按照预期将 A 中的所有元素都清零;反之,如果 A 的大小只有 50,但由于程序员的疏忽将 50 错写成了 5000,那么这段程序的执行就会破坏存放在数组 A 之后的一大片内存区域(大小为 50～5000)。如果这片区域只属于进程 1 的话还好,因为只有它自己受到影响;但是,如果进程 1 所占据的内存区域只有 500,那么,内存中位于进程 1 之后的那个进程就有可能会受到影响。这种错误被称为"地址越界"。操作系统设计的基本目标之一就是实现进程之间的"相互隔离",使得一个进程中所发生的错误不会殃及其他无关进程。而"内存保护"的目标就是防止一个进程中的地址越界错误对其他进程的内存区产生不良影响。图 5-7 中给出了一种通过对 MMU 进行扩展,实现"内存保护"的方法。图 5-7 中的做法是在 MMU 中增加一个"界限寄存器"和一个"比较器"。其中,"界限寄存器"用于存放机器指令程序所占内存区域的长度,"比较器"用于将未经扩展的 CPU 执行指令时所产生的"逻辑地址"与"界限寄存器"中所存放的程序长度进行比较,来判断是否发生了"地址越界"。如果没有发生地址越界(如图 5-7(a)所示),则逻辑地址程序经由"比较器"送往"加法器",继续进行地址重定位操作;如果发生了地址越界(如图 5-7(b)所示),"比较器"会向 CPU 发出一个"地址保护中断"(Memory Protection Trap)信号,CPU 对这个中断信号的响应将使得它从当前进程正在执行的用户程序中跳回操作系统,并执行相应的错误处理程序,错误处理程序的通常做法是终止当前进程的执行(因为它正在执行一个有错的用户程序,如果继续执行下去,会造成更多的伤害)。

细心的读者也许会注意到,操作系统在调度不同的进程执行之前,必须重新设置"基址寄存器"和"界限寄存器"的值,那么用于设置这两个寄存器的值是怎么来的呢?在没有写入这两个寄存器之前应该存放在什么地方呢?稍加思考后不难得出:这两个值是在创建进程的时候确定,这两个值比较适合的存放位置是 PCB。操作系统在创建进程的时候将所确定的值填入 PCB,在转向执行某个进程的时候将存放在该进程的 PCB 中的这两个值读出并填入这两个寄存器。

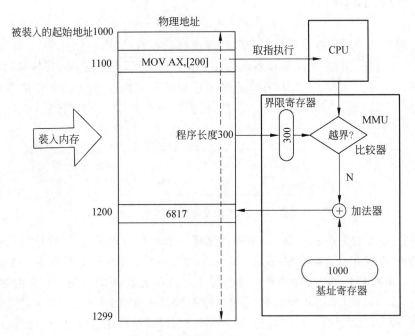

(a) 未发生地址越界

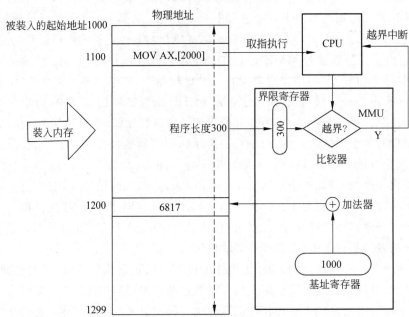

(b) 发生地址越界

图 5-7　通过对 MMU 进行扩展实现内存保护的方法

5.3.4 虚拟内存

内存管理的最后一个目标是实现虚拟内存(Virtual Memory),就是要在小内存中运行大程序。到目前为止,我们都是隐含地假定分配给每个进程的内存区域要足以容纳下整个用户程序。而引入虚拟内存的目的就是打破这个假定,使得实际分配给进程的内存区域可以小于用户程序的大小,这样,用户程序不是真的运行在一块和自己一样大小的实际内存中,而是运行在一块虚拟内存中,虚拟内存所需要占用的实际内存大小可能远远小于用户程序的大小。这样的好处是,在同样大小的内存中,可以同时运行更多的进程,提供更多的用户服务。而这是完全有可能做到的,从宏观上看,程序的运行存在局部性原理,即一段时间内 CPU 只执行程序中完成某一功能的部分指令。例如在上课时,大部分时间会使用 PowerPoint 的播放功能,而编辑功能很少被用到。从微观上看,每个程序的执行总是一条指令接着一条指令地顺序进行,分配给一个进程的内存区域只要足以容纳当前正在执行的那条指令以及这条指令所需要访问的数据就可以了。虚拟内存的实现同样需要 MMU 的支持,MMU 电路在每条指令执行完毕后会向 CPU 发出中断信号,使其转向操作系统,由操作系统将下一条将要执行的指令和指令需要操作的数据调入内存(同时将已经执行过的那条指令及其相关数据逐出内存),这样,分配给一个进程的内存区域只要能满足一条指令的执行需求就行,可以和用户程序的大小完全无关。

5.4 文件管理

在计算机系统中,对软件资源的使用是非常频繁的,操作系统的重要功能之一就是对软件资源进行管理。软件资源通常是以文件的形式存放在磁盘或其他外部存储介质上,操作系统是通过文件系统实现对文件的管理,因此文件系统在操作系统中占有非常重要的地位。

文件系统应具备的主要功能有:实现文件的按名存取,分配和管理文件的存储空间,建立并维护文件目录,提供合适的文件存取方法,实现文件的共享与保护,提供用户使用文件的接口,等等。

5.4.1 文件与文件系统

在计算机系统中,文件的定义是存储在外部存储介质上的、具有符号名的一组相关信息的集合。而文件系统是对文件实施管理、控制和操作的一组软件。

文件系统的基本功能是实现文件的按名存取。文件名是为了方便用户的使用,给每个文件赋予的名称,也就是文件的标识。用户通过文件名来使用文件而不必关心文件的存储方法、物理位置和物理访问方式。文件包括两部分:一是文件内容,二是文件属性。文件属性是对文件进行说明的信息。文件属性主要有文件的创建日期、长度、权限、存放位置等,这些信息主要被文件系统用来管理文件。不同的文件系统通常有不同种类和数量的文件属性。下面列出了一些常见的文件属性。

(1) 文件名称:是供用户使用的文件的外部标识,是文件最基本的属性。文件名称通常是由一串 ASCII 码或者汉字组成的,现在常常由 Unicode 字符串组成。通常每种操作系统都会规定构成文件名的字符范围。

(2) 文件内部标识:有的文件系统不但为每个文件规定了一个外部标识(即文件名),而且还规定了一个内部标识。文件内部标识只是一个编号,可以方便管理和查找文件。

(3) 文件物理位置:具体标明文件在外部存储介质上所存放的物理位置。

(4) 文件拥有者(所有者):操作系统通常是多用户的,不同的用户拥有各自不同的文件,对这些文件操作权限也不同。通常文件创建者对自己所建立的文件拥有所有权限,而对其他用户所建立的文件则拥有有限的权限。

(5) 文件权限:文件拥有者设置的不同用户对文件操作的权限。例如,可以允许自己读写和执行文件,而只允许其他用户读文件。

(6) 文件类型:可以从不同的角度对文件进行分类。例如,普通文件和设备文件,可执行文件和文本文件,等等。

(7) 文件长度:通常是其数据的长度,单位通常是字节(Byte)。

(8) 文件时间:文件的时间属性有很多,例如创建时间、修改时间、执行时间、最后一次读时间等。

为了有效、方便地组织和管理文件,需要从不同的角度对文件进行分类。按照文件的用途可以将文件分为系统文件(构成系统软件的文件)、库文件(由标准的、非标准的子程序库构成的文件)和用户文件(用户自己建立的文件)。按照文件的性质可以将文件分为普通文件(系统规定的普通格式的文件)、目录文件(包含普通目录的属性信息的特殊文件)和特殊文件(如将输入输出设备视为文件)等。按照文件的保护级别可以将文件分为只读文件、读写文件、可执行文件和不保护文件等。按照文件数据形式可以将文件分为源文件(由源代码和数据构成的文件)、目标文件(源程序经过编译程序编译,但尚未连接成可执行代码的目标代码文件)和可执行文件(编译后的目标代码同连接程序连接后形成的可以运行的文件)等。不同操作系统对文件的管理方式不同,由此对文件的分类也有很大的差异。

随着操作系统的不断发展,功能强大的文件系统不断涌现。下面是一些具有代表性的文件系统。

- FAT(File Allocation Table):是 Microsoft 公司在 DOS/Windows 系列操作系统中使用的一种文件系统的总称。FAT12(Microsoft 公司在 DOS 诞生时就开始使用的文件系统,直到 2009 年仍然在软盘上使用)、FAT16(Microsoft 公司在 DOS 4.0 后使用的文件系统)、FAT32(Microsoft 公司在 Windows 95 之后的操作系统中使用的文件系统)都是 FAT 文件系统。

- NTFS(New Technology File System):是 Microsoft 公司为了配合 Windows NT 的推出而设计的文件系统,为系统提供了极大的安全性和可靠性。

- APFS(Apple File System)：是苹果公司2016年发布的文件系统,是配备固态硬盘的Mac计算机的默认文件系统。
- EXT(Extended File System)：是Linux系统中常用的文件系统,易于向后兼容,所以新版的文件系统无须改动就可以支持已有的文件。

5.4.2 文件目录

具体实现文件系统时,不能回避目录这一概念,因为文件系统一般是通过目录将多个文件组织成不同结构的。从概念上看,目录是文件的集合;从实现上看,目录也是一个文件,其中保存了它所直接包含的文件的描述信息。目录可以包含不同类型的文件,当然也可以包含目录。如果一个目录包含另一个目录,则被包含的目录称为子目录,包含者称为父目录,不被任何目录包含的目录称为根目录。由于计算机硬盘可以存储或包含任何文件,因此也可以将硬盘看作目录,通常称为根目录。目录的这种包含关系可以衍生很多目录结构,从用户角度来说,常用的文件目录有单级目录结构、二级目录结构和多级目录结构等。

文件系统要实现文件的"按名存取",必须建立文件名与文件实际存储的物理位置(地址)的对应关系。具体实现时,文件系统为所有文件建立和维护了一个清单,每个文件在清单中都登记了一项,也就是文件目录项,称为文件控制块(File Control Block,FCB)。FCB通常包括以下信息。

(1) 文件存取控制信息：如文件名、文件创建者、文件存取权限、文件类型和文件属性等。

(2) 文件结构信息：包括文件的逻辑结构和物理结构,如文件所在设备名、文件物理结构类型、记录存放在外存的相对位置或文件第一块的物理块号等。

(3) 文件使用信息：如已打开该文件的进程数量、文件修改情况、文件大小等。

(4) 文件管理信息：如文件建立日期、文件最近修改日期、文件访问日期等。

当创建一个新文件时,系统就要为它建立一个FCB,其中记录了这个文件的所有属性信息。当用户要访问某个文件时,系统首先查找目录文件,找到相对应的文件目录,然后通过比较文件名就可以找到所要访问文件的FCB,根据其中记录的文件信息相对位置或文件信息首块物理位置等就能依次存取文件信息。

为了方便用户使用文件,文件系统通常向用户提供各种调用接口。用户通过这些接口实现对文件的各种操作。对文件的操作可以分为两类：一类是对文件自身的操作,如建立文件、打开文件、关闭文件、读写文件等;另一类是对文件内容的操作,如查找文件中的字符串、插入、删除等。

5.4.3 文件的组织结构

文件的组织结构分为文件的逻辑结构和文件的物理结构。前者是从用户的观点出发所看到的、独立于文件物理特性的文件组织形式,是用户可以直接处理的数据及其结构;后者是文件在外存上具体的存储结构。

文件的逻辑结构通常分为记录式文件和流式文件。记录式文件在逻辑上总是被看成一组顺序的记录集合,即文件内容被划分成多个记录,记录可以按顺序编号为:记录0,记录1,…,记录n。记录式文件又可分为定长记录文件和变长记录文件。流式文件又称无结构文件,是指文件内部不再划分记录,它是由一组相关信息组合成的有序字符流,文件长度直接按字节计算。

文件的物理结构是由外存(通常指磁盘)的组织方式决定的,对于不同的外存组织方式,将形成不同的文件物理结构。目前常用的外存组织方式有以下3种。

(1) 连续组织方式:在对文件采取连续组织方式时,为每个文件分配一片连续的磁盘空间,把逻辑文件中的信息顺序地存储到分配好的磁盘空间中,由此所形成的文件物理结构将是顺序式的文件结构,此时的物理文件称为顺序文件。

(2) 连接组织方式:在对文件采取连接组织方式时,可以为每个文件分配不连续的磁盘空间,再通过每个盘块上的连接指针将同属一个文件的所有盘块连接在一起,由此所形成的即是连接式文件结构,此时的物理文件称为连接文件。

(3) 索引组织方式:在对文件采取索引组织方式时,所形成的将是索引式文件结构。

在传统的文件系统中,通常采用其中的一种组织方式来组织文件。在现代的文件系统中,由于存在着多种类型的特别是实时类型的多媒体文件,因此文件的物理结构可能采取多种类型的组织方式。

一般来说,文件的物理结构与逻辑结构不是一一对应的。例如,一个保存公司员工信息的文件,文件中包含多个员工的信息。文件在逻辑上看都是连续的,但在物理介质(如磁盘)上存放时却不一定连续。例如,这个文件大小超过了1个扇区,未满2个扇区,但是物理结构上却占用了2个(相邻或不相邻)扇区来保存这个文件。

5.4.4 文件外存空间的管理

为了实现前面任何一种文件的物理组织方式,都需要为文件分配外存(磁盘)空间,因此文件系统应记录可供分配的外存空间情况。此外,操作系统还应提供对外存空间进行分配和回收的手段。不论采用哪种分配和回收方式,外存空间的基本分配单位都是磁盘块而非字节。下面介绍常用的文件外存空间的管理方法。

1. 空闲表法

在磁盘上建立一张空闲表,表中记录了外存上所有的空闲区,每个空闲区对应表中的一项,主要信息包括序号、该空闲区的第一个盘块号、该空闲区的空闲盘块数等。所有空闲区按照其起始盘块号递增的次序排列,形成整个空闲表,如图5-8所示。系统为某个新建立的文件分配存储空间时,顺序检索整个空闲表,直至找到第一个满足要求的空闲区,将该空闲区分配给文件,同时修改空闲表。系统对文件释放(如文件删除)的存储空间回收时,要考虑回收的存储区是否与空闲表中插入点的前面一个空闲区或后面一个空闲区相邻,对相邻者应予以合并。

序号	第一空闲盘块号	空闲盘块数
1	2	4
2	9	3
3	15	5
4	—	—

图 5-8 空闲表示例

2. 空闲链表法

空闲链表其基本思想是将磁盘上的所有空闲区域串成一个链表,根据构成链表的基本元素,又可分为空闲盘块链表或空闲盘区链表。前者以盘块为单位,后者以空闲盘区(可能包含多个盘块)为单位。当系统需要给文件分配存储空间时,分配程序从空闲链表上的链首开始,依次摘下适当数目的空闲盘块(或盘区)分配给文件使用。当用户因文件删除而释放存储空间时,系统将回收的盘块(盘区)依次挂在空闲链表的末尾。空闲盘块链表如图 5-9 所示。

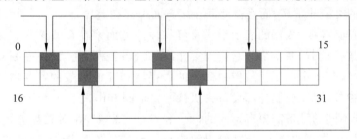

图 5-9 空闲盘块链表示例

3. 位示图法

位示图法是用二进制的一位来表示磁盘中一个盘块的使用情况,例如用 0 表示盘块已分配,用 1 表示盘块空闲。磁盘上的所有盘块都有一个二进制位与之对应,这样由所有盘块所对应的位构成一个集合,称为位示图。通常可用 $m \times n$ 个位数来构成位示图,并使 $m \times n$ 等于磁盘的总块数,如图 5-10 所示。

	1	2	3	4	5	6	7	8	9	10	11	12	13	14	15	16
1	1	1	0	1	1	0	1	0	0	1	0	1	0	0	1	1
2	0	0	0	1	1	1	0	1	1	0	0	1	1	1	1	1
3	1	1	1	0	1	1	0	1	0	1	0	0	1	1	1	1
4																
5																
6																

图 5-10 位示图示例

5.5 设备管理

设备管理的主要对象是 I/O 设备和相应的设备控制器。设备管理最主要的任务是，完成用户提出的 I/O 请求，提高 I/O 效率，提高设备的利用率，并能为更高层的应用方便地使用这些设备提供手段。

5.5.1 设备管理的基本功能

为了满足系统和用户的要求，设备管理应具有以下基本功能。其中，前两项功能是为了方便用户使用 I/O 设备，第三、四项功能是用于提高 CPU 和 I/O 设备的利用率；后两项功能是为用户在共享设备时提供方便，以保证系统能有条不紊地运行，当系统发生错误时能及时发现错误，甚至能自动修正错误。

1. 隐藏物理设备的细节

I/O 设备的类型非常多，而且彼此间在多方面都存在差异，例如它们接收和产生数据的速度、传输方向、粒度、数据的表示形式及可靠性等方面都存在着差异。为了对这些千差万别的设备进行控制，通常都为它们配置相应的设备控制器。设备控制器是一种硬件设备，其中包含有若干个用于存放控制命令的寄存器和存放参数的寄存器。操作系统通过这些命令和参数，可以控制外部设备去执行所要求的操作。

显然，对于不同的设备需要有不同的命令和参数。例如，在对磁盘进行操作时，不仅要给出本次是读还是写的命令，还需给出源或目标数据的位置，包括磁盘的盘面号、磁道号和扇区号。由此可见，如果要求程序员或用户编写直接面向这些设备的程序，将是极困难的。因此，I/O 系统必须通过对设备进行适当的抽象，以隐藏掉物理设备的实现细节，仅向上层应用提供少量的、抽象的读写命令。

2. 与设备的无关性

隐藏物理设备的细节，在早期的操作系统中就已实现，它可方便用户对设备的使用。与设备的无关性是在较晚时才实现的，并且是在隐藏物理设备细节的基础上实现的。一方面，用户不仅可以使用抽象的 I/O 命令，还可使用抽象的逻辑设备名来使用设备。例如，当用户要输出打印时，只要提供打印的命令和抽象的逻辑设备名即可，而不必指明具体是哪一台打印机。另一方面，也可以有效地提高操作系统的可移植性和易适应性，对于操作系统本身而言，应允许在不需要将整个操作系统进行重新编译的情况下，增添新的设备驱动程序，以方便新的 I/O 设备的安装。例如，在 Windows 中，系统中新的 I/O 设备可以自动安装和寻找驱动程序，从而做到即插即用。

3. 提高处理机和 I/O 设备的利用率

在一般的系统中，许多 I/O 设备之间是相互独立的，能够并行操作，在处理机与设备之间也能并行操作。因此，设备管理的第三个功能是要尽可能地让处理机和 I/O 设备并行操作，以提高它们的利用率。为此，一方面要求处理机能快速响应用户的 I/O 请求，使 I/O 设备尽快地运行起来；另一方面也应尽量减少为每个 I/O 设备运行处理机的干预时间。

4. 对 I/O 设备进行控制

对 I/O 设备进行控制是驱动程序的功能。目前对 I/O 设备主要采用 4 种控制方式：①轮询的 I/O 方式；②中断的 I/O 方式；③直接存储器访问方式；④I/O 通道方式。具体采用何种控制方式，与 I/O 设备的传输速率、传输的数据单位等因素有关。例如，打印机、键盘等低速设备，由于其传输数据的基本单位是字节（或字），故应采用中断的 I/O 方式；而对于磁盘、光盘等高速设备，由于其传输数据的基本单位是数据块，故应采用直接存储器访问方式，以提高系统的利用率；而 I/O 通道方式的引入，使得对 I/O 操作的组织和数据的传输，都能独立进行而无须 CPU 的干预。为了方便高层软件及用户，显然设备管理也应屏蔽掉这种差异，从而向用户提供统一的操作接口。

5. 确保对设备的正确共享

从设备的共享属性上，可将系统中的设备分为独占设备和共享设备两类。

（1）独占设备：进程应互斥地访问这类设备，即系统一旦把这类设备分配给了某个进程使用后，便由该进程独占，直至用完释放。典型的独占设备有打印机、磁带机等。

（2）共享设备：是指在一段时间内允许多个进程同时访问的设备。典型的共享设备是磁盘，当有多个进程需要对磁盘进行读写操作时，可以交叉进行，不会影响到读写的正确性。

6. 错误处理

大多数的设备都包括了较多的机械和电气部分，运行时容易出现错误和故障，从处理的角度可将错误分为临时性错误和持久性错误。对于临时性错误，可通过重试操作来纠正，只有在发生了持久性错误时才需要向上层报告。例如，在磁盘传输过程中发生错误，系统并不认为磁盘发生了故障，可以重新再传，一直要重传多次后，若仍有错才认为磁盘发生了故障。由于多数错误是与设备紧密相关的，因此对于错误的处理，应该尽可能在接近硬件的层面上进行。也就是说，在低层软件能够解决的错误应不向上层报告，因此高层也就不能感知；只有低层软件解决不了的错误才向上层报告，请求高层软件解决。

5.5.2 I/O 软件系统

I/O 软件涉及的面很宽，向下与硬件有密切关系，向上又与文件系统、虚拟存储器系统和用户直接交互,为了使复杂的 I/O 软件具有清晰的结构、更好的可移植性和易适应性,目前的操作系统普遍采用层次式结构的 I/O 软件系统。也就是将操作系统中的设备管理模块分为若干个层次,每一层都是利用其下层提供的服务完成输入输出功能中的某些子功能,并屏蔽这些功能实现的细节,同时也向更高层提供服务。

I/O 软件系统通常被组织成 4 个层次结构,如图 5-11 所示,各层次及其功能如下所述,图 5-11 中的箭头表示 I/O 的控制流。

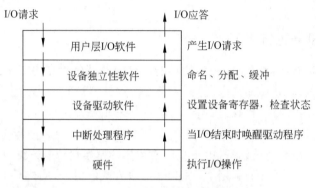

图 5-11 I/O 软件系统的层次结构

(1) 用户层 I/O 软件:是 I/O 软件的最上层软件,面向用户,负责与用户和设备无关的 I/O 软件之间的通信。当接收到用户的 I/O 指令后,它把具体的请求发送给设备独立性软件,进行下一步的处理。用户层 I/O 软件主要包含用于 I/O 操作的库函数和 SPOOLing 系统。前者向用户提供统一的接口,屏蔽具体的硬件细节,SPOOLing 是在多道程序设计中将一台独占设备改造为共享设备的一种常用技术。

(2) 设备独立性软件:现代操作系统中的 I/O 软件基本上都实现了设备无关性,也称为与设备无关的软件。其基本含义是 I/O 软件独立于具体使用的物理设备,由此带来的最大好处是提高了 I/O 软件的可适应性和可扩展性。使它们能应用于许多类型的设备,而且在每次增加新设备或替换老设备时都不需要对 I/O 软件进行修改,这样方便了系统的更新和扩展。设备独立性软件的内容包括设备命名、设备分配、数据缓冲和数据高速缓冲等软件。

(3) 设备驱动程序:处于 I/O 软件的次底层,是进程和设备控制器之间的通信程序。其主要功能是:将上层发来的抽象 I/O 请求转换为对 I/O 设备的具体命令和参数,并把它们装入设备控制器中的命令和参数寄存器中,或者相反。由于设备之间的差异很大,每类设备的驱动程序都不相同,故设备驱动程序必须由设备制造厂商提供,而不是由操作系统设计者来设计。因此,每当系统增加一个新设备时,都需要由设备制造厂商提供相应的驱动程序。

(4) 中断处理程序:处于 I/O 软件系统的底层,直接与硬件进行交互。当有 I/O 设备发来中断请求信号时,在中断硬件做了初步处理后,便转向中断处理程序。首先保存被中断进程的 CPU 环境,然后转入相应的中断处理程序进行处理,处理完毕再恢复被中断进程的现场后,返回到被中断的进程继续运行。

5.6 用户接口

用户接口是操作系统五大功能之一,它负责用户与操作系统之间的交互。通过用户接口,用户能向计算机系统提交服务请求,而操作系统通过用户接口提供用户所需要的服务。

操作系统面向不同的用户提供了不同的用户接口:人-机接口和程序接口。前者给使用和管理计算机应用程序的人使用,包括普通用户和管理员用户;后者是应用程序接口,给编写程序的人使用。

通常,向使用和管理计算机应用程序的用户提供的用户接口称为命令控制界面,它由一组以不同形式表现的操作命令组成。当然,普通用户和管理员用户提供的命令集是不一样的。命令控制界面的常见形式有命令行用户界面和图形用户接口界面。程序接口由一组系统调用组成。通过系统调用,程序员可以在程序中获得操作系统提供的各类底层服务,能使用或访问系统的各种硬件资源。

在命令行用户界面中,用户通过键盘输入一个命令串,操作系统执行该命令,并将结果以字符形式输出。图 5-12 所示是 Windows 操作系统的命令行用户界面。在命令行用户界面中,通常有一个命令解释器,负责对用户输入的命令串进行接收、分析和执行。命令行通常带有一个命令提示符,提示用户可以输入命令,用户输入命令以回车结束,此时命令解释器开始分析执行命令。命令所附加的参数让同一个命令可以有多种可能的执行动作。通常,用户熟练掌握命令的使用后,通过命令行与系统交互,比通过图形更高效。但是,通过命令行用户界面使用操作系统时,必须对系统提供的命令,包括命令名称、参数和格式都有非常清晰的了解。

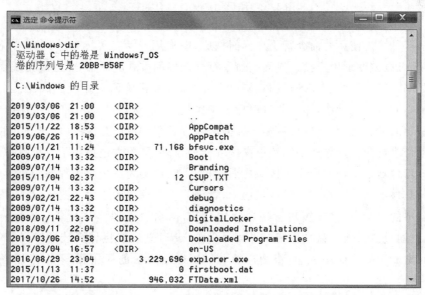

图 5-12 Windows 操作系统的命令行用户界面示例

通过命令行使用计算机系统的方式有脱机控制方式和联机控制方式。在脱机控制方式中，用户编写一个文本文件，文件中包含了一系列命令，这些命令组合在一起完成某个任务。命令解释器对该文件的执行是批量式的，从文件开始处逐条执行命令，在执行过程中用户无法与系统交互，直到命令执行结束时才能根据输出信息判断执行情况。在联机方式中，用户通过逐条输入命令交互式地控制系统。

图形用户接口（Graphical User Interface，GUI）是指采用图形方式显示的计算机操作环境用户接口，如图5-13所示。与命令行用户界面不同，图形用户接口界面通过各种图形化的元素，将操作系统能提供给用户的所有资源和操作展现给用户，用户通过对各图形界面元素进行选择来向操作系统发送命令。

图5-13　图形用户接口界面示例

与早期计算机使用的命令行用户界面相比，图形用户接口界面对于用户来说更为简便易用，也可以说图形用户接口界面是命令行用户界面方式的图形化，已成为现代操作系统的主要用户接口形式。在图形用户接口界面中，计算机画面上显示窗口、图标、按钮等图形表示不同目的的动作，用户通过鼠标等指针设备进行选择。键盘在图形用户界面仍是一个重要的设备，键盘不仅可以输入数据的内容，而且可以通过各种预先设置的快捷键等键盘组合进行命令操作达到和菜单操作一样的效果，并极大地提高了工作效率。

窗口管理器是实现图形用户接口界面的核心，它负责为每个应用程序构建窗口，并在屏幕上分配显示空间。在程序运行过程中，管理器将跟踪应用程序的变化，当应用程序要改变其窗口的显示时，将向窗口管理器发送通知，由窗口管理器对其窗口进行修改。同样，当用户通过鼠标或键盘操作窗口界面元素时，窗口管理器将计算被操作元素的位置，判断该元素属于哪个应用程序，将用户的动作传递给对应的应用程序，由应用程序进行响应。

操作系统中，系统调用通常以程序库的形式出现，可以在各种编程语言编写的程序中调用这些服务。通过系统调用,程序员能够获得操作系统的主要功能的支持,包括进程控制、文件管理、设备管理、信息维护和网络等系统服务。

5.7 习　　题

1. 什么是操作系统?操作系统的主要功能和特征是什么?
2. 什么是多道程序设计技术?多道程序设计技术对操作系统的形成起到了什么作用?
3. 现在操作系统中为什么要引入进程的概念?进程的含义和特征是什么?进程与程序有什么区别?
4. 什么是并发?什么是并行?
5. 什么是中断?中断发生时,CPU 和操作系统分别要做哪些工作?
6. 进程管理有哪些主要功能?它们的主要任务是什么?
7. 内存管理有哪些主要功能?它们的主要任务是什么?
8. 处于阻塞状态的一个进程,当它所等待的事件发生时,把它的状态由阻塞改为就绪,让它到就绪队列里排队,为什么不直接将它投入运行呢?
9. 什么是物理地址?什么是逻辑地址?
10. 什么是地址重定位?为什么要进行地址重定位?试举例说明实现动态地址重定位的过程。
11. 文件管理的主要功能是什么?
12. 设备管理的主要任务和功能是什么?
13. 为什么要在设备管理中引入设备无关性?
14. 操作系统提供的用户接口有哪几种?各有什么优缺点?

第 6 章 数据库技术

从 20 世纪 50 年代开始,计算机的应用由科学研究部门逐渐扩展到企业、行政部门。到了 20 世纪 60 年代,数据处理已经成为计算机的主要应用方式。数据处理是指从某些已知的数据出发,推导加工出一些新的数据。在数据处理中,对数据进行计算通常比较简单,但对数据进行管理就比较复杂,也就是如何实现对数据进行分类、组织、编码、存储、检索和维护等比较复杂,为了实现这些操作,需要提供丰富有效的数据存储、处理和检索机制,需要开发各种功能各异的信息管理系统,数据库则是支撑这些系统的基础技术之一。

目前,数据库和数据库系统已经成为现代社会日常生活的重要组成部分,在每天的工作、学习和生活中,人们经常与数据库打交道。例如,到银行存钱或取钱、预订宾馆房间、网上购买机票和车票、在图书馆查找资料、在网上购物等,所有这些活动底层都有数据库的支撑。由此可见,数据库是信息化社会中信息资源开发与利用的基础。对于一个国家来说,数据库的建设规模、数据库信息量的大小和使用频度,已经成为衡量这个国家信息化程度的重要标志。

本章主要介绍数据管理技术的发展、数据库的基本概念、数据模型(特别是关系模型)以及数据库设计的一般方法和步骤。

6.1 数据库技术概述

在系统学习数据库之前,首先介绍数据管理技术的发展阶段、数据库的一些基本概念以及数据库的应用。

6.1.1 数据管理技术

数据库技术是应数据管理任务的需要而产生的,是数据管理的技术。在计算机问世之前,对数据的管理只能是手工和机械的方式。计算机问世之后,在应用需求的推动下,随着计算机硬件(主要是外部存储器)、软件的不断发展,数据管理技术经历了人工管理、文件系统管理和数据库系统管理 3 个阶段。

1. 人工管理

20 世纪 50 年代中期以前,计算机主要用于科学计算。硬件上外部存储器只有磁带、卡片和纸带等,还没有磁盘等直接存取设备,数据并不保存;软件上没有操作系统,没有管理数据的专门软件。在这种情况下,对于数据的管理是由用户自己完成的,所以称为人工管理。人工管理数据具有如下特点。

(1) 数据不保存。数据并不单独保存在计算机系统中。程序中的数据,随着程序的运行完成,其所占用的内存空间同指令所占用的内存空间一起被释放。

(2) 数据由应用程序自己管理。数据需要由应用程序自己设计、说明(定义)和管理,程序员在编写程序时自己规定数据的存储结构、存取方法和输入方式等。

(3) 数据不共享。数据是面向应用程序的,一组数据只能对应一个程序。当多个应用程序涉及某些相同的数据时,也必须各自定义,无法相互利用、相互参照,因此程序之间有大量的冗余数据。

(4) 数据不具有独立性。程序依赖于数据,如果数据的类型、格式和输入输出方式等逻辑结构或物理结构(如更换了存储设备或物理存储方式)发生变化,必须对应用程序做出相应修改。

2. 文件系统管理

从 20 世纪 50 年代末到 20 世纪 60 年代中期,计算机开始大量应用于数据管理。硬件上有了磁盘、磁鼓等直接存储设备;软件上出现了高级语言和操作系统,操作系统中有了专门管理数据的软件(即文件系统)。在这种情况下,对于数据的管理是由文件系统完成的,所以称为文件系统管理。文件系统管理数据的特点。

(1) 数据可以长期保存。数据以"文件"形式可以长期保存在磁盘等外部存储器上,可以反复用于查询、修改、插入和删除等操作。

(2) 数据由文件系统管理。文件系统可以对数据的存取进行管理,把数据组织成相互独立的数据文件,利用"按名访问,按记录存取"的管理技术,对文件进行修改、插入和删除的操作。

(3) 程序和数据之间具有一定的独立性。程序员和数据之间由文件系统提供存取方法进行转换,程序员只与文件名打交道,不必明确数据的物理存储,数据存储发生变化并不一定影响程序的运行,从而使应用程序和数据之间具有"设备独立性"。

与人工管理阶段相比,文件系统阶段对数据的管理有了很大的进步,但一些根本性问题仍没有彻底解决,主要表现在以下两个方面。一是数据冗余度大,一个数据文件只能对应于同一程序员的一个或几个程序,不能共享,当不同的应用程序具有部分相同的数据时,也必须建立各自的文件,因此数据的冗余度大,浪费存储空间。二是数据独立性差,数据和程序相互依赖,一旦改变数据的逻辑结构,必须修改相应的应用程序。

3. 数据库系统管理

20 世纪 60 年代后期,计算机管理的数据对象规模越来越大,应用范围也越来越广泛,对数据处理的速度和共享性提出了新的要求,对多种应用、多种语言互相覆盖地共享数据集合的要求也越来越强烈。此时,文件系统的数据管理方法已经无法适应开发应用系统的需要。为解决多用户、多个应用程序共享数据的需求,使数据为尽可能多的应用服务,数据库系统管理技术应运而生。

1968年,美国IBM公司研发了基于层次模型的数据库系统(Information Management System,IMS)。1969年美国数据库系统语言研究会(Conference on Data System Language,CODASYL)下属的数据库任务组(DataBase Task Group,DBTG)提出了一个网状数据模型的系统方案。1970年,美国IBM公司的E.F.Codd连续发表论文,提出关系模型。从此,数据库技术进入了蓬勃发展的时期。

6.1.2 数据库的基本概念

1. 数据库

数据库(Database,DB),顾名思义,就是存放数据的仓库。当然这个仓库是建立在计算机存储设备上的,数据不是杂乱无章的,而是按一定的格式存放的。数据的种类很多,不仅是数字,还可以是文字、图表、图像、声音、视频等。

严格地说,数据库是长期存储在计算机内的、有组织的、统一管理的、可共享的相关数据的集合。

采用数据库技术进行数据管理,呈现如下几方面的特点。

1) 采用数据模型表示数据

数据模型能够描述现实世界中数据本身的特征,还可以描述数据之间的联系,采用数据模型是数据库技术与文件管理方式的一个本质的差别。数据库领域中最常用的数据模型有层次模型、网状模型、关系模型、对象关系模型等。关系模型由于其高效性和易用性,成为目前使用最广泛的数据模型(6.3节将对关系模型进行详细描述)。

2) 数据面向整个应用领域,共享性高,冗余度低,易扩展

在数据库系统中,不仅要考虑某个应用的数据结构,还要考虑整个组织的数据结构。由于采用数据模型将整个组织所涉及的不同的数据组织集成在一个数据库的整体逻辑结构中,被全组织不同的应用共享,数据不再是面向某个特定应用,而是面向整个系统或组织,因此数据可被多个用户、多个应用共享。数据共享可以大大减少数据冗余,节省存储空间,并且用户新的应用所需的数据均可从数据库中获取相应的数据集合,容易扩展。

3) 程序和数据之间具有独立性

数据库中的数据与应用程序相互独立,即应用程序不因数据的改变而改变。数据的独立性分为两级:物理独立性和逻辑独立性。

物理独立性是指数据的物理存储改变时(如原本数据存放在D盘,现在存放至E盘),应用程序不用改变。逻辑独立性是指数据的逻辑结构改变了,但用户程序可以不变(如原本只用学号、姓名描述学生,现在又增加了新的属性籍贯,当不需要处理籍贯信息时,用户程序不需要任何改变)。

4) 对数据的控制能力强

在文件管理方法中,文件数据的管理维护都需要用户(应用程序)来维护,而数据库在建立、使用和维护时是由数据库管理系统统一管理和控制的,实现了完整性机制、安全性

控制和事务管理,加强了对数据库中数据操作的控制,提高了数据的完整性、安全性、持久性,实现了数据(事务)操作的原子性、并发数据(事务)操作的隔离性等。

综上所述,数据库中的数据按一定的数据模型组织、描述和存储,具有较小的冗余度、较高的数据独立性和易扩展性,并可为多用户同时共享。

2. 数据库管理系统

数据库管理系统(Database Management System,DBMS)是位于用户与操作系统之间的一层数据管理软件,它为用户或应用程序提供了访问数据库的方法,包括数据库的建立、查询、更新以及各种数据控制。各系统间层次关系如图 6-1 所示。

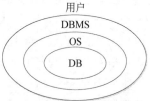

图 6-1 各系统间层次关系图

具体地说,数据库管理系统包括如下主要功能。

1) 数据库的定义功能

DBMS 提供数据定义语言(Data Definition Language,DDL),用户通过它可以方便地对数据库中的数据对象进行定义,指定其数据类型、结构和约束等。

2) 数据操纵功能

DBMS 提供数据操纵语言(Data Manipulation Language,DML),实现对数据库检索、插入、修改和删除等基本操作。

3) 数据的组织、存储和管理

DBMS 要分类组织、存储和管理各种数据,包括数据字典(存放了数据库的定义、数据库运行时的统计信息等)、用户数据、数据的存取路径等。要确定以何种文件结构和存取方式在存储器上组织这些数据,如何实现数据之间的联系。

4) 数据库的控制运行

DBMS 对数据库的建立、运用和维护等进行统一管理、统一控制,以保证数据的安全性、完整性以及多用户的并发操作等。安全性控制是防止未经授权的用户存取数据库中的数据,避免数据的泄露、更改或破坏;完整性控制是保证数据库中的数据及语义的正确性和有效性,防止任何造成数据错误的操作;多用户并发控制是防止多个用户同时对同一个数据进行操作所产生的错误。

5) 数据库的恢复和维护

数据库系统在运行过程中,难免会出现各种错误或故障,此外当发现数据库性能严重下降或系统软硬件设备变化时,也需要重新组织或更新数据库。DBMS 带有一些实用程序或管理工具实现对数据库的维护,包括:数据库数据的载入、转换功能,数据库的转储、恢复功能,数据库的重组和性能监视、分析功能。

6) 提供数据库的多种接口

为了满足不同类型用户的操作需求,DBMS 通常提供多种接口,用户可以通过不同的接口以及使用不同的方法和交互界面来操作数据库。主流的 DBMS 除了提供命令行式的交互式使用接口外,通常还提供了图形化接口,用户使用 DBMS 时就像使用 Windows 操作系统一样方便。

数据库管理系统是数据库系统的核心组成部分,同时也是用户开发数据库应用系统的核心工具。世界各大软件厂商,分别推出了多种 DBMS,目前主流的产品如下。

(1) SQL Server 系列。Microsoft SQL Server 是 Microsoft 公司推出的非常有影响、运行非常安全稳定的专业级数据库管理软件,其数据库管理功能非常完善。由于通过简单的操作就可以非常安全稳定地进行数据库管理,从而使得它拥有了非常高的市场占有率。目前,SQL Server 已经成为数据库领域的主流产品之一。

(2) Oracle 系列。Oracle 数据库是美国 ORACLE 公司(甲骨文)提供的以分布式数据库为核心的一组软件产品,是目前最流行的 C/S(Client/Server,客户/服务器)或 B/S(Browser/Server,浏览器/服务器)体系结构的数据库之一。作为一个通用的数据库系统,它具有完整的数据管理功能;作为一个关系数据库,它是一个完备关系的产品;作为分布式数据库,它实现了分布式处理功能。

(3) Microsoft Access 系列。Access 是 Microsoft 公司推出的基于 Windows 的桌面关系数据库管理系统,是 Office 系列应用软件之一。虽然它的数据库管理功能比较弱,不适合大型数据库的处理和应用,但由于它操作简单、价格便宜,可利用它来制作处理数据的桌面系统,因此在很多地方得到了广泛使用,从而拥有了一定的市场占有率。

(4) 国产数据库。目前,国内的数据库产品处于主流数据库市场的边缘,其主要应用领域是国内的高机密领域(如军队、政府、电力等国家关键涉密领域)或者是国家政策所导向的行业领域,在企业使用率比较低。国产数据库产品基本都拥有自主知识产权,大部分都实现了跨平台、跨操作系统。已经获得实际应用并且较有影响的国产数据库管理系统软件主要有:达梦公司推出的具有完全自主知识产权的高性能数据库管理系统 DM、东软公司推出的我国第一个自主知识产权的商品化数据库管理系统 OpenBASE、天津南大通用数据技术有限公司推出的自主品牌数据库 GBASE、北京人大金仓信息技术股份有限公司开发的金仓数据库 KingBaseES 以及天津神舟通用数据技术有限公司的神通国产数据库 OSCAR。

Internet 的飞速发展对数据库提出了新的需求和挑战,数据库技术也面临着一个以网络计算为核心的全新应用环境,对国产数据库软件来说,这是一个与国外数据库软件抗衡的难得机遇。

3. 数据库系统

数据库系统(DataBase System,DBS)是指在计算机系统中引入数据库后的系统,例如图书管理系统、民航订票系统、银行系统等。数据库系统采用数据库技术存储和维护数据,向应用系统提供数据支持。DBS 一般由数据库、数据库管理系统及其开发工具、应用系统、数据库管理员构成。其中,数据库是系统的核心,数据库管理系统及其开发工具和数据库管理员是系统的基础,应用系统是系统服务的对象,如图 6-2 所示。在不引起混淆的情况下,数据库系统有时也简称为数据库。

(1) 数据库:存储和管理某系统或专题的大量关联数据。

(2) 数据库管理系统及其开发工具:数据库管理系统是建立和操纵数据库的软件;开发工具指的是数据库设计和开发的编程工具,通过这些高效的、可视化的编程工具,可

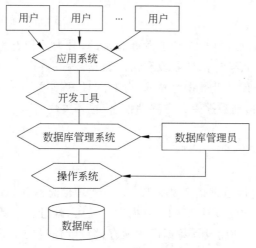

图 6-2　数据库系统的构成示意

以开发各种数据库应用程序。比较流行的开发工具有 Visual Basic、PowerBuilder、Delphi、Visual C++、Java 等。

（3）应用系统：程序员通过开发工具所编写的对数据进行查询、增加、修改、删除等操作的程序包。

（4）数据库管理员：数据库的建立、使用和维护等工作只靠一个 DBMS 是远远不够的，还要有专门的人员来完成，这些人被称为数据库管理员（DataBase Administrator，DBA）。数据库管理员主要负责数据库从设计、测试到部署交付的全生命周期管理。

6.1.3　数据库的应用

数据库的应用领域非常广泛，不管是家庭、学校、医院、公司还是政府部门，都需要使用数据库来存储数据信息。以下是跟我们生活息息相关的一些具有代表性的应用。

（1）上网浏览、网上购物：访问网站的后台数据库系统。

（2）购买火车票、飞机票：访问全国铁路、航空数据库系统。

（3）银行取款：访问银行的数据库系统。

（4）图书馆借书：访问图书馆的数据库系统。

（5）医院看病：访问医院的数据库系统。

除了这些传统的应用方式，随着信息时代的发展，数据库也在不断扩展着应用领域。

1. 多媒体数据库

多媒体数据库主要存储与多媒体相关的数据，如声音、图像、视频等。其最大的特点是数据连续，而且数据量比较大，存储需要的空间比较大。因此，在处理数据对象、数据类型、数据结构、数据模型、应用对象等方面都与经典数据库有着比较大的差异。

2. 移动数据库

移动数据库是在移动计算机系统上发展起来的,最大的特点是通过无线数字通信网络传输的。移动数据库可随时随地获取和访问数据,为一些商务应用和一些紧急情况带来很大便利。移动数据库涉及数据库技术、分布式计算技术、移动通信技术等多个学科,与传统的数据库相比,移动数据库具有移动性、位置相关性、频繁的断接性、网络通信的非对称性等特征。

3. 空间数据库

空间数据库主要包括地理信息数据库(又称地理信息系统,Geographic Information System,GIS)和计算机辅助设计(CAD)数据库。其中,地理信息数据库一般存储与地图相关的信息数据;计算机辅助设计数据库一般存储设计信息的空间数据,例如机械、集成电路以及电子设备设计图等。

4. 信息检索系统

信息检索就是根据用户输入的信息,从数据库中查找相关的文档或信息,并把查找的信息反馈给用户。信息检索领域和数据库是同步发展的,它是一种典型的联机文档管理系统或者联机图书目录。

5. 分布式信息检索

这类数据库是随着Internet的发展而产生的数据库。它一般用于Internet以及远距离计算机网络系统中。特别是随着电子商务的发展,这类数据库发展更加迅猛。许多网络用户(如个人、公司或企业等)在自己的计算机中存储信息,同时希望通过网络使用电子邮件、文件传输、远程登录等方式和别人共享这些信息。分布式信息检索满足了这一要求,它是在分布式的环境中,利用分布式计算和移动代理等技术从大量的、异构的信息资源中检索出对于用户有用的信息的过程。

6. 专家决策系统

专家决策系统也是数据库应用的一部分。由于越来越多的数据可以联机获取,特别是企业通过这些数据可以对企业的发展做出更好的决策,以使企业更好地运行。随着人工智能的发展,使得专家决策系统的应用更加广泛。

6.2 数据库建模

计算机不能直接处理现实世界中的具体事物,需将其转换为有结构的、易于理解的精确表达,即将现实世界中的信息转化为计算机系统中的数据模型,并用DBMS最终来实现。

6.2.1 现实世界客观对象的抽象过程

数据库中的数据来源于现实世界,现实世界是由事物及其联系组成的,每个事物都有自己的特征,事物通过特征相互区别。例如,人具有姓名、性别、身高、体重、出生日期、家庭住址等特征。不同的应用所关心的人的特征是不相同的。例如,身份证管理应用中,最关心的是人的姓名、性别、出生日期、家庭住址等,而对于健康调查应用最关心的则是人的姓名、身高、体重等。因此,选取事物的哪些特征完全是由应用的需要决定的。事物之间的联系也是多样的。例如,教师之间既存在同一部门的联系,也存在同一课题组的联系;对于教务部门来说,最关心的是教师之间同一部门的联系;而对于科研部门来说,最关心的是教师之间同一课题组的联系。因此,选取哪些联系也是由应用系统的需求决定的。要想让现实世界在计算机上的数据库中得以展现,就要将那些最有用的事物特征及其相互间的联系提取出来,借助数据模型精确描述。为了把现实世界中的客观对象抽象组织为某一DBMS 支持的数据存储结构,一般需要经过如图 6-3 所示的几个阶段的抽象过程。

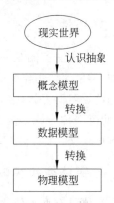

图 6-3 现实世界中客观对象的抽象过程

(1) 首先通过选择、分类、命名等把现实世界中的客观对象抽象为某一种信息结构,这种信息结构不依赖于具体的计算机系统,而是一种概念模型,这是对现实世界的第一层抽象。概念模型通过各种概念来描述现实世界的事物以及事物之间的联系。

(2) 再由数据库设计人员将信息世界的概念模型转换为某一 DBMS 支持的数据模型,这是对现实世界的第二层抽象。数据模型是按计算机的观点对数据建模,提供了表示和组织数据的方法。

(3) 数据模型最终还要由 DBMS 转换为面向计算机系统的物理模型。物理模型描述数据在系统内部的表示方式和存取方法。

6.2.2 概念模型

概念模型(Conceptual Model)又称信息模型,是面向现实世界,从数据的语义视角抽取出对于一个目标应用系统来说最有用的事物、事物特征以及事物之间的联系,并通过各种概念精确地加以描述。概念模型是沟通现实世界与计算机世界的桥梁,是数据库设计人员进行数据库设计的有力工具,也是数据库设计人员与用户之间进行交流的语言。因此,概念模型一方面应该具有较强的语言表达能力,能够方便直接地表达应用中的各种语义知识,另一方面还应该简单、清晰,易于用户理解。概念模型中主要涉及以下基本概念。

1. 实体

实体(Entity)是指应用中可以区别的、客观存在的事物。实体可以是具体的对象,例如一个学生、一所学校;实体也可以是某种概念、抽象的对象,例如,学生的一次选课、部门的一次订货等。

2. 实体集

性质相同的同类实体的集合,称为实体集(Entity Set)。例如,所有的学生、所有的课程等。

3. 属性

实体所具有的某一特性称为属性(Attribute)。一个实体可以由若干个属性来描述,例如,学生实体由学号、姓名、性别、出生日期等属性组成。属性有属性名和属性值之分,例如,"姓名"是属性名,"张三"是姓名属性的一个属性值。属性的值具有一定的取值范围,此范围称为域。例如,学生实体的"姓名"属性的域可定为长度为10的字符串;"性别"的域可定义为('男','女')。

4. 实体型和实体值

实体具有型和值之分。用属性名集合来抽象和刻画同类实体,称为实体型(Entity Type)。例如,学生(学号,姓名,性别,出生日期,所在系,入学时间)就是一个实体型。而具体的(2007001,张三,男,1990-01-01,计算机系,2018)就是该实体的一个值,即实体值(Entity Value)。

5. 关键字

关键字(Key),也称为码,是能唯一标识实体的最小属性集。每个实体一定有关键字。例如,"学号"是学生实体的关键字,可以唯一标识一个学生。"学号"和"姓名"组成的属性组并不能称为关键字,因为其不具有最小属性集的性质。

6. 联系

现实世界中事物彼此间的关联反映为实体间的联系(Relation)。实体间的联系既可以发生在两个实体之间,也可以发生在多个实体之间,还可以发生在同一实体内部。与一个联系有关的实体的个数称为该联系的元数。按元数划分,联系可分为一元联系、二元联系和多元联系。

1) 一元联系

同一实体内部存在联系即为一元联系。例如,职工实体内部存在领导的联系。

2) 二元联系

两个实体间的联系即为二元联系,它有3种类型,如图6-4所示。

(1) 一对一(1∶1)联系:对于两个实体集 A 和 B,若 A 中每一个实体值在 B 中至多有一个实体值与之对应,反之亦然,则称实体集 A 和 B 具有一对一的联系,记为1∶1。

例如,一所学校只有一个校长,而一个校长只在一所学校任职,则学校和校长之间是1∶1联系。

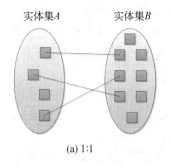 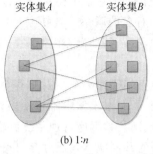 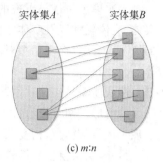

(a) 1:1　　　　　　　　(b) 1:n　　　　　　　　(c) m:n

图 6-4　二元联系的 3 种类型

（2）一对多（1:n）联系：对于两个实体集 A 和 B，若 A 中每一个实体值在 B 中有多个实体值与之对应，反之 B 中每一个实体值在 A 中至多有一个实体值与之对应，则称实体集 A 和 B 具有一对多的联系，记为 1:n。

例如，一个教研室有多个教师，而一个教师只在一个教研室工作，则教研室和教师之间就是 1:n 的联系。

（3）多对多（m:n）联系：对于两个实体集 A 和 B，若 A 中每一个实体值在 B 中有多个实体值与之对应，反之亦然，则称实体集 A 和 B 具有多对多的联系，记为 m:n。

例如，一门课程同时有若干个学生选修，而一个学生可以同时选修多门课程，则学生和课程之间就是 m:n 的联系。

3）多元联系

现实世界中还存在着多个实体集之间的联系，也就是说一个联系涉及多个实体，例如供应商为项目供应零件。多元联系表达的含义比较复杂，而且实现起来比二元联系困难得多，所以尽量避免使用多元联系（多元联系均可转化为多个二元联系）。

6.2.3　数据模型

数据模型（Data Model），又称逻辑模型。概念模型独立于具体的计算机系统，而数据模型是事物以及事物之间联系的数据描述，是概念模型的数据化，是按计算机的观点对数据进行建模，提供了表示和组织数据的方法，实现了信息世界向计算机世界的过渡。各种数据库系统中的 DBMS 都是基于某种数据模型，或者说是支持某种数据模型的。一般来说，数据模型是严格定义的一组概念的集合，这些概念精确地描述了系统的静态特性、动态特性和完整性约束条件。因此，数据模型通常由数据结构、数据操作和完整性约束 3 个部分组成，也称为数据模型的三要素。

1. 数据结构

数据结构描述数据库的组成对象以及对象之间的联系，是所描述的对象类型的集合，是对系统静态特性的描述。数据结构是刻画一个数据模型性质的最重要的方面，因此在数据库系统中，人们通常按照数据结构的类型来命名数据模型。例如，层次结构、网状结构和关系结构的数据模型分别命名为层次模型、网状模型和关系模型。

层次模型是最早出现的数据模型,它采用树状结构来简单直观地标识概念模型中的实体、实体属性以及实体之间一对多的联系。其缺点是:不能表示一个结点有多个双亲的情况,不能直接表示多对多的联系,各种操作限制多,必须经过父结点才能查询子结点,等等。

网状模型采用网状结构,能直接描述一个结点有多个父结点以及结点之间为多对多联系的情形。网状模型有效克服了层次模型中不方便表达多对多联系的缺点,更适合描述现实世界,但它结构复杂,实现网状数据库管理系统比较困难。

另外,层次模型和网状模型的共同缺点是通过存取路径实现记录之间的联系,应用程序在访问数据时必须选择适当的存取路径,必须了解系统结构的细节,加重了编写应用程序的负担。同时,这两种模型也不支持集合处理,即没有提供一次处理多个记录的功能。基于层次和网状数据模型的数据库系统在20世纪70年代至20世纪80年代初非常流行,现在已经基本不再使用。

关系模型于1970年提出,可描述一对一、一对多、多对多的联系,并向用户隐藏存取路径,大大提高了数据的独立性。此外,关系模型建立在严格的数学概念和数学理论基础之上,支持集合运算。关系模型由于其高效性和易用性,得到了现行的所有商业DBMS的支持。6.3节将详细介绍关系模型。

2. 数据操作

数据操作是指对数据库中各种对象(型)和实例(值)允许执行的操作及操作规则的集合,是对系统动态特性的描述。

数据库主要有查询和更新(插入、删除和修改)两类操作。数据模型必须定义这些操作的确切含义、操作符号、操作规则(如优先级)以及实现操作的语言。

3. 数据的完整性约束

数据的完整性约束条件是一组完整性规则,是给定的数据模型中数据及其联系所具有的制约和依存关系,用以防止不合语义的、不正确的数据进入数据库,以保证数据的正确、有效、相容。

数据模型应该反映和规定本数据模型必须遵守的基本的、通用的完整性约束条件。例如,在关系模型中,任何数据库都要满足实体完整性和参照完整性等条件。数据模型还应该定义完整性约束条件的机制,以反映具体应用所涉及的数据必须遵守的特定的语义约束条件。例如,在关系模型中可进行自定义完整性约束的定义。

6.2.4 物理模型

物理模型(Physical Model),是面向计算机物理表示的模型,描述数据在系统内部的表示方式和存取方法,描述数据是如何在计算机中存储的,如何表达记录结构、记录顺序和访问路径等信息,它不但与具体的DBMS有关,而且还与操作系统和硬件有关。每一种数据模型在实现时都有其对应的物理模型。DBMS为了保证其独立性与可移植性,大部分物理模型的实现工作都由系统自动完成,而设计者只设计索引、聚集等特殊结构。

6.3 关系模型

关系模型是目前使用最为广泛的一种数据模型。关系数据库系统采用关系模型作为数据的组织方式。关系模型是由美国 IBM 公司的 E.F.Codd 于 20 世纪 70 年代初提出的,由于他在关系模型方面的杰出贡献,于 1981 年获得了 ACM 图灵奖。

自 20 世纪 80 年代以来,计算机生产厂商推出的 DBMS 几乎都支持关系模型,非关系模型的产品也大都加入了关系接口。关系模型作为一种数据模型,其组成要素包括数据结构、数据操作和完整性约束 3 个方面,用以描述系统的静态特性、动态特性和完整性约束条件。

6.3.1 关系模型的数据结构

关系模型的数据结构建立在集合论中"关系"这个数学概念的基础之上,有着严格的数学基础。下面介绍关系模型涉及的基本概念。

1. 关系

从用户观点来看,关系模型的数据结构非常简单,每一个关系(Relation)可用一张二维表来表示。这张表既可以用来描述实体,也可以用来描述实体间的联系。如表 6-1 中的学生关系用来描述学生实体信息,表 6-2 中的课程关系用来描述课程实体信息,而表 6-3 中学生的选课关系则描述了学生实体和课程实体之间的联系。

表 6-1 学生关系

学 号	姓 名	年 龄	性 别
6542019001	王丙	20	男
6542019002	张三	22	男
6542019005	李甲	21	女

表 6-2 课程关系

课 程 号	课 程 名	课 时 数	先修课程号
C601	数据库	50	NULL
C602	数据结构	70	C601
C603	程序设计	80	C602

表 6-3　选课关系

学　　号	课　程　号	成　　绩
6542019001	C601	62
6542019001	C602	73
6542019002	C603	70
6542019005	C601	80

2. 属性

表中的每一列即为一个属性(Attribute)。每个属性都有一个属性名,一个关系中不能有两个同名属性。例如,表 6-1 中学生关系的属性分别是学号、姓名、年龄、性别。

3. 域

属性的取值范围即为域(Domain)。不同的属性可以有相同的域。例如,表 6-1 中"学号"和"姓名"这两个属性的域都可以是由若干字符组成的字符串的集合。

4. 关系模式

关系的描述称为关系模式(Relation Schema)。关系模式必须指出关系的结构,即它由哪些属性构成。

关系模式通常简化地表示为 $R(A_1,A_2,A_3,\cdots,A_n)$。其中,$R$ 为关系的名称,A_1,A_2,A_3,$\cdots$,A_n 为关系的各个属性。

例如,对于表 6-1 的学生关系,可定义关系名为"学生",其关系模式表示为

学生(学号,姓名,年龄,性别)

5. 元组

表中的每一行数据(除了第一行表头)称为关系的一个元组(Tuple),它由属性的值组成。一个关系中不能有两个完全相同的元组。

6. 主键

能唯一标识每个元组的最小属性集称为关系的候选键。每个关系都至少存在一个候选键。若一个关系有多个候选键,可以选择其中的一个作为主键(Primary Key)。在数据库应用系统中,主键的选择会影响物理文件的组织。通常在关系模式中构成候选键的属性(集)下方绘制下画线,表明它是主键的组成部分,例如:

学生(学号,姓名,年龄,性别)

7. 外键

若关系 R 的一个属性(集)F 与关系 S 的主键对应,则称 F 为关系 R 的外键(Foreign

Key)。表 6-1、表 6-2、表 6-3 的关系模式分别表示如下。

  学生(<u>学号</u>,姓名,年龄,性别)
  课程(<u>课程号</u>,课程名,课时数,先修课程号)
  选课(<u>学号</u>,<u>课程号</u>,成绩)

  在课程关系里,"先修课程号"对应于本身课程关系的主键"课程号",因此其为外键。在选课关系里,"学号"对应于学生关系的主键"学号","课程号"对应于课程关系的主键"课程号",因此选课关系中"学号"和"课程号"既是主键,也是外键。

8. 关系数据库

  在关系模型中,数据库是由一个或多个关系组成的。在某一应用领域中,描述所有实体集及实体之间联系所形成的关系的集合就构成了一个关系数据库(Relational Database)。

6.3.2 关系模型的数据操作

  关系模型中的操作可以分为 3 类:传统的集合运算、专门的关系运算和关系数据操作。实际上,传统的集合运算和专门的关系运算是传统数学意义上的关系运算,而关系数据操作是在关系模型的应用中扩展的一类运算或操作。

  关系模型的操作对象是集合,而不是行,也就是操作的对象以及操作的结果都是完整的二维表(是包含行集的表,而不只是单行。当然,只包含一行数据的表是合法的,空表或不包含任何数据行的表也是合法的)。非关系数据库系统中典型的操作则是一次一行或一次一个记录。因此,集合处理能力是关系系统区别于其他系统的一个重要特征。

  传统的集合运算包括并($\cup$)、交($\cap$)、差($-$)和广义笛卡儿积。专门的关系运算包括选择(σ)、投影(π)、连接($\bowtie$)和除($\div$)。关系数据操作主要包括数据查询和更新(插入、修改和删除数据)。

  早期关系操作能力通常用关系代数和关系演算来表示,目前使用的是一种结构化的查询语言(Structured Query Language,SQL),它是关系数据库的标准语言和主流语言,现在几乎所有的关系数据库管理系统(RDBMS)产品都支持标准的 SQL,对关系数据库的访问最终都要通过 SQL 来实现。下面简单介绍如何使用 SQL 进行数据查询和数据操作,目的是让读者进一步了解关系模型的数据操作能力,并对 SQL 有初步的了解,若想掌握详尽的 SQL 使用方法,请参阅相关的技术文档。

1. 查询

  数据查询是数据库的核心操作。SQL 提供了 SELECT 语句进行数据库的查询,该语句具有灵活的使用方式和丰富的功能。最基本、最简单的一般格式为

```
SELECT [ALL|DISTINCT]<目标列表达式>[,<目标列表达式>]…    /*需要哪些列*/
FROM <表名或视图名>[,<表名或视图名>]…                    /*从哪里获取*/
```

[WHERE<元组选择条件表达式>]   /*哪些符合条件*/

说明:上述语句的具体含义是,根据 WHERE 子句的条件表达式,从 FROM 子句指定的基本表或视图中找出满足条件的元组,再按 SELECT 子句中的目标列表达式,选出元组中的属性值或计算相关表达式形成查询结果表。其中,[ ]中的内容为任选项,< >中的内容为实际的语义。

例如,针对表 6-1,要选出所有的男学生,用 SQL 可表达为

SELECT * FROM 学生 WHERE 性别='男';

其中,* 为字段组的省略写法,说明取全部字段。

运行后,得到结果关系如表 6-4 所示。

表 6-4 选择结果

学 号	姓 名	年 龄	性 别
6542019001	王丙	20	男
6542019002	张三	22	男

这其实执行了选择操作,即从指定的关系中按照给定的条件进行筛选,将满足给定条件的元组放入结果关系中。

又如,针对表 6-1,选取所有学生的学号和姓名,用 SQL 可表达为

SELECT 学号,姓名 FROM 学生;

运行后,得到结果关系如表 6-5 所示。

表 6-5 投影结果

学 号	姓 名
6542019001	王丙
6542019002	张三
6542019005	李甲

这是执行了投影操作,即从指定关系的属性集合中选取属性或属性组,从而组成新的关系。

再如,想得到每个学生的个人信息以及选课信息,那么就需要将表 6-1、表 6-2 和表 6-3 进行连接查询,用 SQL 可表达为

SELECT 学生.学号,姓名,年龄,性别,课程.课程号,课程名,成绩 FROM 学生,课程,选课 WHERE 学生.学号=选课.学号 AND 课程.课程号=选课.课程号;

这条 SQL 语句,按指定条件连接了学生、课程、选课 3 个关系,生成了一个新的关系,如表 6-6 所示。注意,当进行多表连接查询时,若多表存在相同的属性名,应以"表名.属性名"的形式来表示。

表 6-6 连接结果

学号	姓名	年龄	性别	课程号	课程名	成绩
6542019001	王丙	20	男	C601	数据库	62
6542019001	王丙	20	男	C602	数据结构	73
6542019002	张三	22	男	C603	程序设计	70
6542019005	李甲	21	女	C601	数据库	80

2. 插入

插入操作是在指定的关系中插入一个新的元组。一般格式为

```
INSERT INTO <表名>[(<属性名 1>[,<属性名 2>…])]    /* 向哪个表的哪些属性插入数值 */
VALUES (<常量 1>[,<常量 2>]…);                  /* 具体插入的数值 */
```

说明:该语句向指定的表中插入一个新元组,其中属性名列表指定的该元组的属性值分别为 VALUES 后的对应常量值。

例如,针对表 6-1,插入一个新的学生信息,该学生名叫"王五",学号为"6542019006",男生,20 岁。用 SQL 可表达为

```
INSERT INTO 学生(学号,姓名,年龄,性别) VALUES ('6542019006','王五',20,'男');
```

运行后,学生关系数据内容如表 6-7 所示。

表 6-7 插入结果

学　号	姓　名	年　龄	性　别
6542019001	王丙	20	男
6542019002	张三	22	男
6542019005	李甲	21	女
6542019006	王五	20	男

3. 修改

修改操作是指修改指定关系中满足条件的元组。一般格式为

```
UPDATE <表名> SET <属性名>=<表达式>[,<属性名>=<表达式>]…    /* 修改哪些数据 */
[WHERE <元组选择条件>];                                    /* 条件是什么 */
```

说明:该语句用于修改指定表中满足选择条件的元组,并将 SET 子句中所列属性的值修改为相应的表达式的值。若没有 WHERE,则表示修改所有元组的相关属性。

例如,针对表 6-1,修改学生"王五"的年龄为 21,用 SQL 可表达为

```
UPDATE 学生 SET 年龄=21 WHERE 姓名='王五';
```

执行后,关系表内容如表 6-8 所示。

表 6-8 修改结果

学　号	姓　名	年　龄	性　别
6542019001	王丙	20	男
6542019002	张三	22	男
6542019005	李甲	21	女
6542019006	王五	21	男

若执行"UPDATE 学生 SET 年龄＝21;",则会将学生关系中所有学生的年龄都修改为 21。

4. 删除

删除操作是指从关系中删除满足选择条件的那些元组。一般格式为

```
DELETE FROM <表名>                    /*删除哪张表*/
[WHERE <元组选择条件>];                /*条件是什么*/
```

说明:该语句用于从表中删除满足选择条件的那些元组,若没有 WHERE,则表示删除表中所有元组。

如针对表 6-1,删除学号为 6542019006 的学生,用 SQL 可表达为

```
DELETE FROM 学生 WHERE 学号='6542019006';
```

执行后,学生关系内容如表 6-9 所示。

表 6-9 删除结果

学　号	姓　名	年　龄	性　别
6542019001	王丙	20	男
6542019002	张三	22	男
6542019005	李甲	21	女

6.3.3 关系模型的完整性约束

关系模型的完整性约束是关系模型对于存储在数据库中的数据具有的约束能力,也就是关系的值随着时间变化应该满足的一些约束条件。这些约束条件实际上是现实世界对关系数据的语义要求。关系数据库中的任何关系在任何时刻都需要满足这些语义。

关系模型中有 3 类完整性约束:实体完整性、参照完整性和用户定义的完整性。

1. 实体完整性

实体完整性的目的是保证关系中的每个元组都是可识别和唯一的。

实体完整性约束规则：组成主键的属性不能取空值(取空值的含义是，该属性值"不知道""不清楚""不存在"等，既不是数值0，也不是空字符串，而是一个未知的量)，否则无法区分和识别元组。

例如，关系模式选课(<u>学号</u>，<u>课程号</u>，成绩)中，作为主键的"学号"和"课程号"都不能为空。

关系数据库管理系统可以用主键表示实体完整性，定义了主键之后，关系系统可以自动支持关系的实体完整性。也就是说，当插入的主键为空值时，系统会报错提醒。

2. 参照完整性

现实世界中的实体之间存在某种联系，而在关系模型中实体是用关系描述的，实体之间的联系也是用关系描述的，这样就自然存在关系和关系之间的参照或引用。

参照完整性约束条件：若属性(或属性集)F是关系R的外键，它与关系S的主键K对应，则对于R中元组在F上的取值只能有两种可能：或者取空值，或者等于S中某个键值K，具体能否为空值应视具体情况而定。

先看这样一个例子：

课程(<u>课程号</u>，课程名，课时数，先修课程号)

对于课程这个实体，按照现实语义，一门课程，可以不需要任何先修课程；如果需要，那么这个先修课程号的取值必须是确实存在的课程号，即对应课程关系中的主键"课程号"。因此，"先修课程号"作为课程关系中的外键，它的取值可以有两种可能：或是为空，或是等于该关系中的某个元组的主键。

再看一个例子：

学生(<u>学号</u>、姓名、年龄、性别)

课程(<u>课程号</u>，课程名，课时数，先修课程号)

选课(<u>学号</u>，<u>课程号</u>，成绩)

选课关系中，"学号"是外键，对应于学生关系的主键"学号"；"课程号"也是外键，对应于课程关系的主键"课程号"。根据参照完整性约束条件，其可以为空值，或等于被参照关系中的某个主键值。但由于"学号"和"课程号"本身又是选课关系的主键属性，按照实体完整性约束规则，不能取空值。因此，对于选课关系中的"学号"和"课程号"，其值只可取相应被参照关系中已经存在的某个元组的主键值，而不能取空值。

在关系系统中，通过说明外键来实现参照完整性，也就是定义了外键之后关系系统可以自动支持关系的参照完整性。

3. 用户定义的完整性

不同的关系数据库根据其应用环境的不同，往往还需要一些特殊的约束条件，反映某一具体应用所涉及的数据必须满足语义要求。例如，性别只能取男或女、学生的考试成绩约束在0~100分、学生的年龄不能大于40岁等。类似这些方面的约束不是关系模型本身所要求的，而是为了满足应用方面的语义要求、针对具体关系提出的约束条件。这些完整性需求，一般在定义关系模式时由用户自己定义。

任何 RDBMS 都应该支持实体完整性和参照完整性,这是关系模型所要求的。除此之外,对用户定义的、针对某一具体关系数据库提出的约束条件,RDBMS 应提供定义和检验这类完整性的机制,以便用统一的、系统的方法处理它们,而不要由应用程序承担这一任务。

6.4 基于关系模型的数据库设计

前面学习了数据库的相关理论,那么如何来设计一个满足应用系统需求的数据库呢?

数据库设计是基于需求分析中对数据的需求,解决数据的抽象、数据的表达和数据的存储结构等问题,其目标是设计出一个满足应用要求的简洁、高效、规范合理的数据库。最终得到能在 DBMS 中存储的数据库的逻辑结构和物理结构。

早期在进行数据库设计时,数据库设计人员仅根据自己的经验和水平,运用一定的技巧进行数据库的设计,缺乏科学理论和工程方法的支持,很难保证设计的质量,导致数据库投入使用之后才发现存在问题,后期的修改增加了系统维护的代价。后来,开始运用软件工程的思想来设计数据库,对数据库进行规范设计。常用的规范设计方法大多起源于1978 年的新奥尔良法。在规范设计过程中,还可采用计算机来辅助设计。目前,有一些比较成熟的设计工具软件,如 Oracle Designer、Sybase Power Designer 等,来帮助完成数据库设计。

规范设计方法将数据库设计分为:需求分析、概念设计、逻辑设计和物理设计 4 个阶段。规范设计方法在设计的不同阶段又采用一些具体技术和方法。例如,在数据库概念设计阶段广泛采用基于 E-R 模型的数据库设计方法,即用 E-R 模型来设计数据库的概念模型。

以基于 E-R 模型的规范设计方法为基础,目前通常将数据库设计分为需求分析、概念结构设计、逻辑结构设计、物理结构设计、数据库实施、数据库运行和维护 6 个阶段,如图 6-5 所示。

需求分析是整个数据库设计的基础,数据库设计人员要分析用户以及应用系统的数据需求,明确在数据库中需要存储和管理哪些数据,明确用户对数据的安全性和完整性方面的需求,以及用户的存取权限的设置,等等。

通过需求分析得到的这些数据描述信息是无结构的,需要对其进行综合、归纳和抽象,转换为有结构的、易于理解的精确表达,即进行数据库概念结构设计。

概念结构设计是整个数据库设计的关键。需要借助概念模型来表达数据抽象的结果,得到一个独立于具体的 DBMS 的概念模型。概念模型的表示方式除了常用的 E-R 模型、还有统一建模语言(Unified Modeling Language,UML)、可扩展标记语言(Extensible Markup Language,XML)和集成化计算机辅助制造的定义方法(ICAM DEFinition method,IDEF)等。

概念模型独立于数据库的逻辑结构,也独立于具体的 DBMS,需要将概念模型转换为某种 DBMS 支持的数据模型,即进行数据库逻辑结构设计。

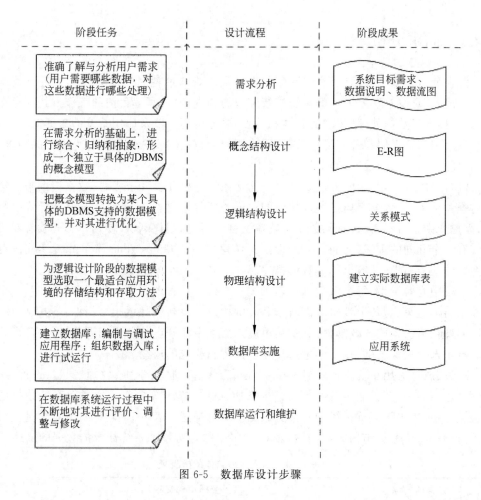

图 6-5 数据库设计步骤

数据库的逻辑结构设计与采用的数据模型有关,因目前的数据库应用系统大多采用支持关系模型的 DBMS,数据库的逻辑结构设计主要是将概念模型转换为关系数据库模式,转换需要一定的转换规则,并根据应用需求,运用关系规范化理论对关系数据库模式进行优化。

对逻辑结构设计的结果,还要针对选定的 DBMS,利用数据定义语言描述数据库的模式结构,确定适合应用环境的存储结构和存取方法,即进行数据库的物理结构设计。

然后就可进入数据库实施阶段,在具体的 DBMS 上,实现物理结构设计的结果,建立数据库,进行数据库编程,组织数据入库,并进行测试操作等。

对正式投入使用的数据库,在系统运行过程中需要不断地对其进行评估与完善。

数据库设计是上述 6 个阶段的不断反复迭代、逐步求精的过程。数据库设计的同时伴随着数据库系统应用软件的设计,在设计过程中需要把两者加以结合,相互完善。

本节将围绕如何开发一个"学校信息管理系统"讨论数据库的设计过程,重点讨论其中的概念结构设计和逻辑结构设计方法。

6.4.1 需求分析

需求分析是整个数据库设计的基础,也是最困难和最耗时间的一步。在进行数据库设计之前,一定要对所要设计的系统进行细致的调查分析,了解目前的工作方式及存在的问题,把握现行数据处理、传输的方式和特点,要分析用户以及应用系统的数据需求,明确在数据库中需要存储和管理哪些数据,明确用户对数据的安全性和完整性方面的需求,明确用户的存取权限的设置,等等。

进行需求分析,常用的方法是采用结构化系统分析和设计技术,用数据流图来表达分析过程和结果,用数据字典描述数据流图中的数据流和数据存储等。需求分析阶段结束后,需提交系统目标需求说明、数据说明等文档,并得到用户确认,使用户和开发者对目标系统有一个共同的理解,从而为后继设计工作建立一个基线。下面简单分析学校信息管理系统的功能需求,并给出相关数据描述。

学校中有若干系,每个系配有一名系主任。每个系管理若干个班级和教研室,每个班由若干名学生组成,每个教研室由若干名教师构成。每名教师承担多门课程的教学任务,相同的课程可由不同的教师任课,学生可以选修本专业开设的若干门课程,同一门课程学生可自主选择授课教师,每个学生选修每门课程有相应的成绩。

通过分析,应用系统应该能对系、系主任、班级、教研室、学生、教师、课程、选课、授课等信息进行管理,并且能对这些数据进行增加、删除、修改等操作。通过对系统数据的全面调查分析,得出该案例系统中各部分数据的信息描述。表 6-10 显示的是对学生进行分析后得到的学生数据结构的数据项,表 6-11 显示的是对整个系统涉及的数据的描述。

表 6-10 学生数据结构的数据项

序号	数据项名称	数据项含义说明
1	学号	含义:唯一标识每一个学生 类型:字符 长度:10 取值含义:前 3 位为专业编号,中间 4 位为入学年度,后 3 位按顺序编号 与其他数据项的逻辑关系:决定学生的其他属性
2	姓名	含义:学生的姓名 类型:字符 长度:不超过 20
3	性别	含义:学生的性别 类型:字符 取值范围:男、女,默认为男
4	籍贯	含义:学生的籍贯 类型:字符 长度:20
5	入学时间	含义:学生的入学时间 类型:字符 长度:20

表 6-11 相关数据描述

序号	结构名称	结构内容
1	系	含义：定义了系的有关信息 组成：系编号、系名称等
2	系主任	含义：定义了系主任的有关信息 组成：工号、姓名、性别、任职时间等
3	班级	含义：定义了班级的有关信息 组成：班级编号、班级名称等
4	教研室	含义：定义了教研室的有关信息 组成：教研室编号、成立时间、教研室名称等
5	学生	含义：定义了学生的有关信息 组成：学号、姓名、性别、籍贯、入学时间等
6	教师	含义：定义了教师的有关信息 组成：教师工号、姓名、职称等
7	课程	含义：定义了课程的有关信息 组成：课程编号、课程名称、学分等

6.4.2 概念结构设计

通过需求分析可以得到一些数据的描述信息，但它们都是无结构的，必须在此基础上将其转换为有结构的、易于理解的精确表达，这部分工作的关键就是概念设计，有了概念模型，才能将现实世界中的信息转换为机器世界中的数据模型，并用 DBMS 最终实现这些需求。

6.2.2 节介绍了概念模型涉及的一些概念，如实体、属性、实体间的联系等，那么如何用直观的方式来表示这些概念呢？在数据库领域中最著名、最常用的表示方法是 E-R 模型(Entity-Relationship Model)，E-R 模型的基本元素是实体、属性以及实体之间的联系，E-R 模型使用 E-R 图来描述，提供了表示实体属性和联系的方法。

（1）实体：用矩形表示，矩形框内写明实体名。

（2）属性：用椭圆形表示，并用无向边将其与相应的实体连接起来。

（3）实体关键字：在关键字属性与实体相连接的无向边上以斜线表示，或者是在关键字下方绘制下画线。

学校信息管理系统中，学生实体具有"学号""姓名""性别""籍贯""入学时间"等属性，在 E-R 图中表示成如图 6-6 所示的形式，其中"学号"为该实体的关键字。

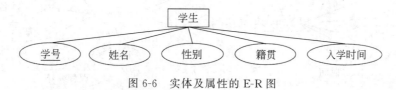

图 6-6 实体及属性的 E-R 图

（4）联系：用菱形表示，菱形框内写明联系名，并用无向边将参与联系的实体连接起来，同时在无向边旁标上联系的类型(1∶1，1∶n 还是 $m∶n$)。需要注意的是，不仅实体具有属性,联系也可以有属性(只有在发生特定联系时产生的数据才能成为联系的属性)。如果联系具有属性,则这些属性也要用无向边与该联系连接起来。

学校信息管理系统中,系和系主任之间是 1∶1 的任职联系,系和教研室之间是 1∶n 的管理联系,课程和学生之间是 m∶n 的选课联系,这 3 种联系的表示方法见图 6-7。

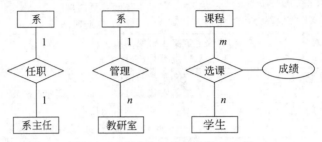

图 6-7　两个实体之间联系的 E-R 图

在这些基本要素的基础上,即可针对某一具体的应用系统构造系统中实体及其联系的完整的 E-R 图。构造一个完整的 E-R 图一般遵循如下步骤。

(1) 从需求分析的结果文档中,抽取实体与实体的属性并绘制实体的 E-R 图,如图 6-6 所示。

(2) 确定实体间的联系,以及发生联系后产生的属性特征,绘制联系的 E-R 图,如图 6-7 所示。

(3) 组合实体与联系的 E-R 图,构造应用系统的完整 E-R 图。

最终,为学校信息管理系统设计的整体 E-R 模型如图 6-8 所示。

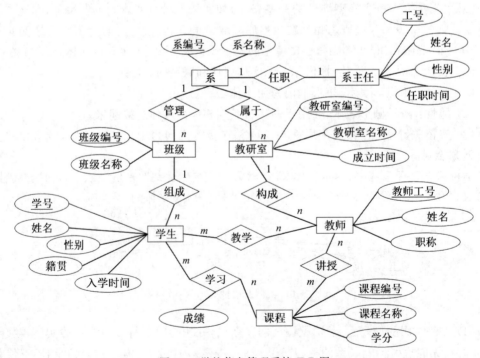

图 6-8　学校信息管理系统 E-R 图

6.4.3 逻辑结构设计

在概念设计阶段抽取的这些实体、属性、实体间的联系等概念,是独立于数据库的逻辑结构,也独立于具体的 DBMS。为了建立用户所需的数据库,必须将概念模型转换为某种 DBMS 支持的数据模型,即把概念设计阶段设计好的基本 E-R 模型转换为与选用的 DBMS 产品所支持的数据模型相符合的逻辑结构。目前的数据库应用系统大多采用支持关系模型的 DBMS,所以这里重点介绍 E-R 模型向关系模型转换的原则和方法。

关系模型的逻辑结构是一组关系模式,而 E-R 图则是由实体、属性以及实体之间的联系 3 个要素组成的,将 E-R 图转换为关系模型实际上就是要将实体、属性以及联系转换为相应的关系模式。将 E-R 图转换成关系模式主要解决如下两个问题:①如何将实体和实体间的联系转换为关系模式;②如何确定这些关系模式的属性和候选键。为解决上述的两个问题,E-R 模型向关系模型的转换应遵循以下转换规则。

1. 实体的转换规则

一个实体转换为一个关系模式,实体的属性就是关系的属性,实体的码就是关系的候选键。

例如,将图 6-6 中的学生实体转换为一个学生关系模式:

学生(<u>学号</u>,姓名,性别,籍贯,入学时间)

其中,下画线表示该关系模式的候选键。

2. 实体间联系的转换规则

两个实体间联系的类型有一对一(1∶1)、一对多(1∶n)、多对多(m∶n),每种类型都有相应的转换规则。

1) 1∶1 联系的转换方式

对于 1∶1 的联系,既可以单独对应一个关系模式,也可以不单独对应一个关系模式。

(1) 联系转换为一个独立的关系模式,关系模式的属性由参与联系的各实体的码以及该联系本身的属性构成,且每个实体的码均可为该关系模式的候选键,如图 6-9 所示的转换方法 1。

(2) 如果联系不单独对应一个关系模式,可将联系合并到与该联系相关的任意一端实体所对应的关系模式中。需要在被合并的关系模式中增加联系本身的属性以及与联系相关的另一端实体的码。新增属性后,原关系模式的候选键不变,如图 6-9 所示的转换方法 2。

2) 1∶n 联系的转换方法

对于 1∶n 的联系,既可以单独对应一个关系模式,也可以不单独对应一个关系模式。

(1) 将联系转换为一个独立的关系模式,关系模式的属性由参与联系的各实体的码以及该联系本身的属性构成,关系模式的候选键为 n 端实体的码,如图 6-10 所示的转换方法 1。

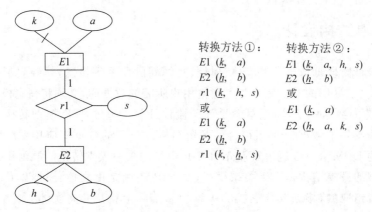

图 6-9　1∶1 联系的 E-R 模型转换为关系模式

（2）如果联系不单独对应一个关系模式，可将联系合并到 n 端实体所对应的关系模式中。需要在 n 端实体对应的关系模式中增加联系本身的属性以及与联系相关的另一端实体的码。新增属性后，原关系模式的候选键不变，如图 6-10 所示的转换方法 2。

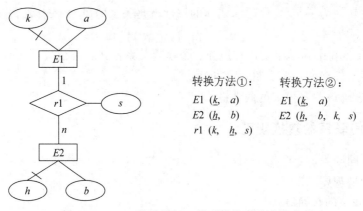

图 6-10　1∶n 联系的 E-R 模型转换为关系模式

3）m∶n 联系的转换方法

对于 m∶n 的联系，只能转换为一个独立的关系模式。关系模式的属性由参与联系的各实体的码以及联系本身的属性构成，关系模式的候选键由各实体的码共同构成，如图 6-11 所示。

根据以上的转换规则，将图 6-8 所示的学校信息管理系统的 E-R 模型转换成关系模式，其结果组合有多种形式，下面写出典型的两种。

形式一（所有联系都转换为一个独立的关系模式）：

系（系编号，系名称）

系主任（工号，姓名，性别，任职时间）

任职（系编号，工号）

班级（班级编号，班级名称）

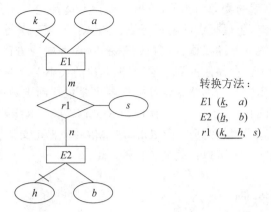

图 6-11 $m:n$ 联系的 E-R 模型转换为关系模式

管理(系编号,班级编号)
教研室(教研室编号,成立时间,教研室名称)
属于(系编号,教研室编号)
学生(学号,姓名,性别,籍贯,入学时间)
组成(班级编号,学号)
教师(教师工号,姓名,职称)
构成(教研室编号,教师工号)
课程(课程编号,课程名称,学分)
教学(学号,教师工号)
学习(学号,课程编号,成绩)
讲授(教师工号,课程编号)
形式二(1:1 的联系合并到任一端,1:n 的联系都合并到 n 端):
系(系编号,系名称)
系主任(工号,姓名,性别,任职时间,系编号)
班级(班级编号,班级名称,系编号)
教研室(教研室编号,成立时间,教研室名称,系编号)
学生(学号,姓名,性别,籍贯,入学时间,班级编号)
教师(教师工号,姓名,职称,教研室编号)
课程(课程编号,课程名称,学分)
教学(学号,教师工号)
学习(学号,课程编号,成绩)
讲授(教师工号,课程编号)

6.4.4 物理结构设计

为一个给定的数据模型选取一个最适合应用要求的物理结构的过程,就是数据库的物理设计。在设计数据库的物理结构前,数据库设计人员首先要充分了解所用的 DBMS 产品的功能、性能和特点,包括提供的物理环境、存储结构、存取方法和可利用的工具;同时要了解应用需求,对数据库的操作方式和处理频率、时间响应方面的要求;了解数据库存储设备的特性,例如磁盘存储区的划分原则、磁盘块的大小以及磁盘 I/O 特性等。

在关系数据库中,用户参与的物理设计的内容主要包括确定数据库的存储结构和存取方法。由于物理设计的主要工作,目前使用的 RDBMS 基本上能够自动完成,所以在选择合适的 RDBMS 产品后,根据需要,用 RDBMS 提供的数据定义语言将逻辑设计的结果严格描述出来,成为 RDBMS 可以接受的源代码即可。

6.4.5 数据库的实施

根据逻辑结构设计和物理结构设计的结果,在计算机系统上建立起实际数据库结构、装入数据、测试和试运行的过程称为数据库的实施阶段。实施阶段主要有以下工作。

(1) 建立实际数据库结构:对描述逻辑结构设计和物理结构设计结果的程序,经过 DBMS 编译成目标模式和执行后建立实际的数据库结构。

(2) 装入试验数据对应用程序进行调试。试验数据可以是实际数据,也可由手工生成。测试数据应尽可能覆盖现实世界的各种情况。

(3) 装入实际数据,进入试运行状态。测试系统的性能指标是否符合设计目标,如不符合,则返回前面几步修改数据库的物理结构甚至逻辑结构。

6.4.6 数据库的运行和维护

数据库系统正式运行,标志着数据库设计与应用开发工作的结束和维护阶段的开始。运行维护阶段的主要任务是:维护数据库的安全性与完整性,监测并改善数据库运行性能,根据用户要求对数据库现有功能进行扩充,及时改正运行中发现的系统错误。

数据库系统只要在运行,就要不断地进行评价、调整、修改。如果应用变化太大,表明原数据库应用系统生存期已经结束,应该重新设计新的数据库应用系统。

6.5 习　　题

1. 数据管理技术经历了哪 3 个阶段,各阶段的特点是什么?
2. 数据库系统通常由哪几个部分组成?
3. 数据模型是严格定义的一组概念的集合,其主要由哪几个部分组成?
4. 简述数据库设计的主要步骤。
5. 试举出 3 个实例,要求两个实体集之间分别具有 $1:1$、$1:n$ 和 $m:n$ 的关系。
6. 设计题

(1) 一个课程管理系统有如下特点:一个系可开设多门课程,但一门课只在一个系部开设;一个学生可选修多门课程,每门课可供若干学生选修;一名教师只教一门课程,但一门课程可有几名教师讲授;每个系聘用多名教师,但一名教师只能被一个系所聘用;要求这个课程管理系统能查到任何一个学生某门课程的成绩。

请根据以上描述,绘制相应的 E-R 图;将 E-R 图转换成关系模式,并指明主键。

(2) 一个图书管理系统经需求分析得到如下信息。

图书信息:书号、书名、作者、数量、出版社、单价、架号。

出版社信息:出版社名称、地址、电话、邮编、信箱。

读者信息:借书证号、姓名、单位。

一个出版社可以出版多种图书,但每本书只能在一个出版社出版,出版应有出版日期和责任编辑。

每个读者可以借阅多本图书,每本图书可以有多人借阅。借阅信息包括借书日期、还书日期、是否续借。

请根据以上描述,绘制相应的 E-R 图;将 E-R 图转换成关系模式,并指明主键。

第 7 章 计算机网络

计算机网络是计算机技术和通信技术相结合的产物,涉及计算机与通信两个领域,它利用通信设备和线路将地理位置不同、功能独立的多个计算机系统互连起来。计算机网络的诞生使得计算机的体系结构发生了巨大的变化,计算机网络在当今社会经济中起着非常重要的作用。从某种意义上讲,计算机网络的发展水平不仅反映出一个国家的计算机科学和通信的技术水平,而且还是衡量其国力及现代化程度的重要标志。

7.1 计算机网络基础

7.1.1 计算机网络的发展历程

计算机网络的产生和发展在现代科学技术史上具有划时代的意义。20 世纪 90 年代初,以太网的发明人鲍勃·麦特卡尔夫(Bob Metcalfe)曾给出了一个著名的论断:网络的价值同网络用户数量的平方成正比。Hootsuit 和 WeAre Social 两家机构的《2017 年全球数字报告》调查表明,2017 年全球互联网用户已经达到 38 亿人。如今因特网(即 Internet)已经覆盖全球,进入各行各业和千家万户,其应用已经渗透到人类社会活动的方方面面,彻底改变了人们的工作和生活方式,改写了人类的历史。

1. 计算机网络产生的背景

通信是在计算机出现之前就早已出现的技术。1838 年摩尔斯发明了有线电报,开创了通信技术时代。1876 年贝尔发明了电话,1896 年马可尼发明了无线电报,1927 年 AT&T 启动了跨越大西洋的电话业务,1966 年研究人员首次使用光纤传输电话信号。清朝的洋务运动,使用一个阿拉伯数字表示一个汉字用于电报,可以算是我国通信事业的开端了。

计算机技术和通信技术的结合是最近几十年的事,20 世纪 50 年代人们开始尝试将通信技术与计算机技术结合起来,当时的通信线路是通过调制解调器进行模拟信号和数字信号的转换电话系统。美国地面防空系统 SAGE(Semi-Automatic Ground Environment)将远距离的雷达和其他检测装置的信号通过通信线路送入一台 IBM 计算机系统,用户可以在远离中心机房的 1000 多台终端上使用计算机的资源。1964 年问世的美国航空公司联机订票系统 SABER,也是由一台中心计算机连接全美范围 2000 多个终端组成的应用系统。

这些早期的应用系统也曾被称为计算机网络,但不难看出,连接到中心计算机的终端并没有自主处理能力,因此它们并不符合后来给出的计算机网络的定义。确切地说,早期的计算机网络是以单台计算机为中心的远程联机系统。但是,在谈到计算机网络的发展时,人们还是不会忘记它们的历史贡献。

2. 计算机网络的产生

计算机网络是 20 世纪 60 年代美苏冷战时期军事竞赛的产物,开创先河的是美国国防部资助研发的著名的 ARPANET(Advanced Research Projects Agency Network)。ARPANET 由多台具有自主处理能力的计算机通过通信线路连接起来相互通信,按照计算机网络的定义,它是世界上第一个计算机网络。

当时的美国国防部高级研究计划署(ARPA),目前称为 DARPA(Defense Advanced Research Projects Agency),资助一些大学和公司进行计算机网络的研究,设计了一个 4 结点的实验性网络 ARPANET,并于 1969 年投入运行,ARPANET 的结点分别为美国加州大学洛杉矶分校、斯坦福研究院、加州大学圣巴巴拉分校和犹他大学。到 1971 年,ARPANET 在美国 15 个地点共设有 23 台主机。图 7-1 是 ARPANET 示意图。图中 H 代表主机(Host),运行各种应用程序。IMP(Interface Message Processor)代表接口报文处理机,IMP 之间通过通信线路相互连接起来,IMP 上还有多个端口用于连接用户主机。主机间的通信通过 IMP 互连起来的网络来实现。图 7-2 是早期的 IMP,第一台 IMP 于 1969 年 5 月安装在加州大学洛杉矶分校。

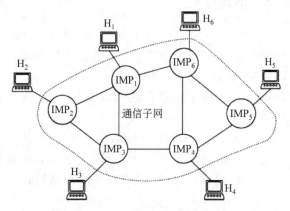

图 7-1　ARPANET 示意图

主机间的数据传输是通过若干个中间的 IMP 转发进行的。例如,图 7-1 中 H_2 的用户欲发送数据给 H_6,传输路径可能是 $H_2 \rightarrow IMP_2 \rightarrow IMP_1 \rightarrow IMP_6 \rightarrow H_6$。实际上,传输路径不是唯一。例如,当 IMP_1 故障时,传输路径可以改变为 $H_2 \rightarrow IMP_2 \rightarrow IMP_3 \rightarrow IMP_4 \rightarrow IMP_6 \rightarrow H_6$。提供冗余的传输路径提高了传输的可靠性。

IMP 间的传输方式称为存储转发。例如,IMP_2 将 H_2 传送的信息接收并存储起来,在 IMP_2 到 IMP_1 之间的通信线路空闲时将其转发至 IMP_1,存储转发方式可以大大提高

图 7-2　接口报文处理机(IMP)

通信线路的利用率。因为在存储转发方式中,通信线路不像电话网那样被某一对结点的通信所独占,可以为多路通信所共用。例如,当从 H_2 送往 H_6 的信息在 IMP_2 和 IMP_1 间的通信线路上传输时,IMP_1 和 IMP_5 间的通信线路就可被由 $H_3 \rightarrow IMP_3 \rightarrow IMP_1 \rightarrow IMP_5 \rightarrow H_6$ 的另一路通信所使用。

存储转发的基本单位称为分组或包,它是由一个长的报文、一个大的数据块等划分而成的较小长度的单位。以存储转发的方式传输分组的传输机制称为分组交换或包交换,它是现代计算机网络的重要技术基础。使用分组交换方式通信的计算机网络称为分组交换网。

IMP 只是在 ARPANET 中使用的名称,在分组交换网中统称为分组交换结点。

3. 计算机网络的快速发展

20 世纪 70 年代到 20 世纪 80 年代,计算机网络技术快速发展。分组交换网不断发展壮大,到 20 世纪 80 年代初期 ARPANET 上已连入了美国多地的 200 台 IMP 和上千台计算机,此时的 ARPANET 主要用于军事领域。

计算机网络技术的研发也取得了新进展,主要有以下 3 个标志性的成果。

1) 局域网的产生和发展

局域网(Local Area Network,LAN)的产生和发展始于 20 世纪 70 年代。1972 年美国加州大学研制了 Newhall loop 网,1971 年英国剑桥大学计算机实验室建立了剑桥环,1975 年 Xerox 公司 Palo Alto 研究中心研制了第一个总线结构的实验性的以太网,到 20 世纪 80 年代,多种类型的 LAN 纷纷出现并投入市场。

2) 因特网(Internet)的产生和发展

为了实现不同网络之间的互连,DARPA 大力资助互联网技术的研究,于 20 世纪 70 年代末推出了 TCP/IP 规范,包括核心的传输控制协议(Transmission Control Protocol,TCP)和网际协议(Internet Protocol,IP),以及相关的配套协议,也称 TCP/IP 协议簇。这样,互联网核心协议问世。

1983 年美国加州大学伯克利分校又推出了内含 TCP/IP 的网络操作系统 BSDUNIX,并将 ARPANET 上的所有计算机转向 TCP/IP 协议簇,ARPANET 从原来的广域网向互联网转型,拉开了互联网发展的大幕,人们就把 1983 年作为因特网诞生的元年。

美国国家科学基金会(National Science Foundation,NSF)继 DARPA 之后对计算机网络的发展做出了卓越的贡献。1986 年 NSF 建立了国家科学基金网(NSFNFIF),连接全美范围 100 所左右的大学和研究机构。后来 NSFNET 和 ARPANET 相连,成为因特网的主要部分。1989 年因特网上主机达 10 万台,主干网速率提升到 544Mb/s。1990 年,ARPANET 宣布关闭,但它永远地载入了人类科技发展的史册。

3) 计算机网络体系结构的形成

1974 年,美国 IBM 公司提出了世界上第一个计算机网络体系结构,取名为系统网络体系结构(System Network Architecture,SNA)。在此之后许多大型计算机公司也纷纷建立起自己的网络体系结构,例如,Digital 公司的网络体系结构(Digital Network Architecture,DNA)、Honeywell 公司的分布式体系结构(Distributed System Architecture,DSA)等,但 SNA、DNA 和 DSA 等都是封闭的且互不兼容。

国际标准化组织(International Organization for Standards,ISO)于 1983 年制定了国际标准 ISO 7498,提出了 7 层开放系统互连参考模型(Open System Interconnection/Reference Model,OSI/RM),并以此为框架制定了各层的协议,构成了 ISO 七层体系结构,简称 OSI。只要遵循 OSI 规范,一个计算机系统就可以和另外一个也遵守 OSI 规范的其他系统互连通信。

4. 因特网时代

20 世纪 90 年代以后,计算机网络进入了辉煌的因特网(国际互联网)时代。因特网基础建设更新换代,规模越来越大,速度越来越快,覆盖了全球绝大部分国家,铺就了连接全球的信息高速公路,促进了社会信息化的飞速进展。因特网大大改变了人们的工作、生活和思维方式,对人类社会的发展产生了巨大而深远的影响。

20 世纪和 21 世纪新旧世纪交替前后,因特网上信息量呈爆炸式增长,特别是多媒体业务大量涌现,对网络带宽的要求越来越高。1996 年美国政府出台下一代互联网(Next-Generation Internet,NGI)研究计划,美国国家科学基金会支持大学和科研单位进行 NGI 关键技术的研究。1998 年美国 200 多所院校联合成立 UCAID(University Corporation for Advanced Internet Development),从事下一代互联网 Internet2 的研究。UCAID 建设了高速试验网 Abilene,于 1999 年开始提供服务,为美国的教育和科研部门提供世界最先进的信息基础设施,保持美国在高速计算机网络及其应用领域的技术优势。

中国下一代互联网示范工程(China next generation Internet,CNGI)是我国发展下一代互联网的战略工程,由国家发展改革委、科技部、国务院信息办、中国科学院、中国工程院、国家自然基金委、信息产业部、教育部 8 部委联合领导。2003 年 8 月,中国教育与科研计算机网 CERNET 提出的 CERNET2 计划纳入 CNGI。CERNET2 是目前世界上规模最大的纯 IPv6 国家级主干网,连接北京、上海、广州等 20 个城市的 CERNET2 核心结点,将实现全国 200 余所高校的 IPv6 接入。图 7-3 是 CERNET2 主干网示意图。设在清华大学的国内/国际互联中心的 CNGI-6IX 以 1/2.5/10Gb/s 速率连接了中国移动、中国电信、中国联通、中国网通、中国科学院和中国铁通的 CNGI 示范网络核心网,并以 1/2.5Gb/s

速率连接美国 Internet2、欧洲 GEANT2 和亚太地区 APAN,在国际下一代互联网格局中占有重要地位。

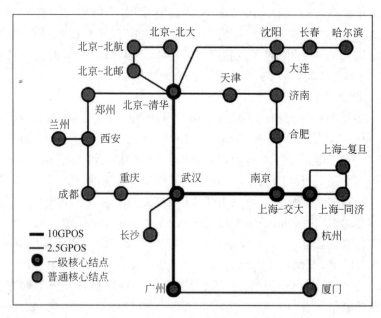

图 7-3　CERNET2 主干网示意图

因特网时代的一个重要特征是网络经济时代的到来。互联网逐步渗透到经济领域,和产业高度结合,催生了新的经济形态,为经济发展提供了新引擎。在我国 2015 年 3 月十二届人大三次会议的政府工作报告中就提出了"互联网+"行动计划,推动互联网、云计算、大数据、物联网等信息技术与现代产业结合。

5. 物联网的产生

物联网(Internet of Things,IoT)的产生使因特网的信息高速公路不仅连接了地球上的人类,又要延伸到整个物理世界。物联网被认为是继计算机、互联网之后,世界信息技术发展的第三次浪潮。

自 1997 年开始,国际电信联盟(ITU)每年出版一份关于世界因特网发展的年度报告,2005 年 11 月在突尼斯举行的信息社会世界峰会上,ITU 发布的年度报告题目是《ITU 互联网报告 2005:物联网》向国际社会介绍了"物联网"的概念和在一些国家的案例,并提出了"物联网时代"的构想,引起了各国的广泛关注。

多个国家政府部门对物联网相关技术与产业制定了一系列的发展计划。2008 年 4 月,美国国家情报委员会(NIC)将物联网列入"到 2025 年对美国利益具有重大影响的 6 项颠覆性民用技术"之一。2009 年 6 月,欧盟执委会发布了《欧洲物联网行动计划》。2011 年 7 月,我国科技部发布的《国家"十二五"科学和技术发展规划》,将物联网纳入国家重点发展的战略性新兴产业,圈定 9 个重点应用领域:智能工业、智能农业、智能物流、智能交通、智能电网、智能环保、智能安防、智能医疗、智能家居。

7.1.2 计算机网络的定义

什么是计算机网络？计算机网络并没有一个绝对权威的定义。荷兰阿姆斯特丹Vrije大学计算机科学系教授、荷兰皇家艺术与科学院院士Andrew S.Tanenbaum言简意赅的提法得到了广泛的认同：计算机网络是指自治的计算机互连起来的集合。计算机之间相互连接并能相互交换信息则称为互连，自治是指计算机是能够独立进行处理的设备，而不是无自行处理能力的附属设备（如早期的终端等）。

上述定义概括地给出了计算机网络的概念，要具体地说明它的内涵，可以从计算机网络的组成和应用两个方面来描述。

1. 计算机网络的组成

计算机网络包括硬件和软件两部分。

1) 计算机网络硬件

计算机网络硬件主要有以下4类。

（1）计算机按着ARPANET沿用下来的术语也称为主机，可以是个人计算机（PC）、便携式计算机、大型计算机、客户机（或称工作站）、服务器等，在网络中它们统称为端系统（End Systems，ES）。

（2）通信设备，也称为中间系统（Intermediate Systems，IS），如交换机和路由器等，为主机转发数据。端系统和中间系统在网络中称为结点。

（3）接口设备，如网络接口卡（Network Interface Card，NIC）、调制解调器等，作为计算机与网络的接口。

（4）传输媒体或称传输介质，如双绞线、同轴电缆、光纤、无线电和卫星链路等。

2) 计算机网络软件

计算机网络软件包括通信协议和应用软件。

通信协议有 CSMA/CD、TCP/IP、UDP、PPP、ATM、NIC 驱动等。应用软件有HTTP、SMTP、FTP、TELNET 等。

2. 计算机网络的应用

计算机网络的应用主要包括以下4类。

（1）共享资源访问。例如，万维网访问、网络文件访问以及云计算、大数据等访问。

（2）远程用户通信。例如，电子邮件、视频通话、IP电话、网络视频会议等。

（3）网上事务处理。例如，电子商务、电子政务、电子金融、远程教育、远程医疗等。

（4）网络化控制和管理。例如，城市交通监控系统、计算机集成制造系统等。

通过以上从组成和应用两个方面对计算机网络进行的描述，读者对计算机网络有了更具体、更深入的认识。

7.1.3 计算机网络的分类

计算机网络有多种分类方法,计算机网络可以从不同的角度和特征进行划分。

(1) 从网络的传输媒体来划分,计算机网络可以分为有线网、无线网、光纤网和卫星网等。

(2) 从网络的拓扑结构来划分,计算机网络可以分为总线网、环形网、星形网、树状网、网状网和混合网。

(3) 从网络使用单位的性质来划分,计算机网络可以分为企业网、校园网、园区网和政府网等。

(4) 根据网络连接的对象的不同又出现了物联网,它有别于传统的互联网。

还可以有多种其他的分类方法,但最常用、最有意义的还是按网络覆盖的地域范围(或者说跨越的距离)来划分,因为网络覆盖的地域范围大小影响到网络诸多方面的特性,例如传输速度、拓扑结构、使用的网络技术和网络设备等。

按照网络覆盖的地域范围从大到小,计算机网络可以分为5类:广域网(Wide Area Network,WAN)、城域网(Metropolitan Area Network,MAN)、局域网(Local Area Network,LAN)、个人区域网(Personal Area Network,PAN)和人体区域网(Body Area Network,BAN)。

另外,上述若干个网络互联在一起就构成互联网,互联网是网络的集合,为了将不同的网络互联在一起,互联网使用了专门的技术。目前,全世界绝大多数网络都互联在一起,形成了一个最大的覆盖全球的互联网,称为因特网(Internet)或国际互联网。

下面按照网络产生的时间顺序,简要介绍 WAN、LAN、MAN、PAN 和 BAN。

1. 广域网

广域网(WAN)是最早产生的计算机网络,世界上产生的第一个计算机网络 ARPANET 就是一个 WAN。WAN 覆盖的地域在数十千米至数千千米,可以覆盖一个地区、一个国家、一个洲甚至更大范围,因此 WAN 又称远程网。

早期的 WAN 由主机和通信子网组成。通信子网由通信线路连接交换结点组成,一般是电信部门提供的公共通信网。用户的主机连接在交换结点上,用户通过连接于主机的终端访问 WAN 上的资源。WAN 大多是点对点网络,由点对点链路组成。每条通信线路连接一对结点。直接相连的结点间可以直接传输数据,而不直接相连的结点间的数据传输需要通过中间结点的转发。转发使用的技术称为数据交换,WAN 大多使用其中的分组交换。

2. 局域网

广域网之后产生了局域网(LAN)。顾名思义,LAN 是局部区域内的较小规模的计算机网,一般地理范围在 10km 以内。LAN 应用最为广泛,世界上大部分的计算机都接在 LAN 上,进而接入因特网。

LAN产生于20世纪70年代,20世纪80年代后迅速发展。以太网(Ethernet)、令牌环网(Token ring Network)、令牌总线网(Token Bus Network)等多种类型的LAN纷纷出现并投入市场。20世纪90年代以后,以太网成为LAN的主流网络形式,全世界安装的LAN绝大部分都是以太网。20世纪90年代推出了交换式以太网,扩大了以太网的网络规模,成为以太网的主流应用形式。

进入21世纪,无线局域网(Wireless LAN)逐步发展,目前已经得到了广泛应用。在机关、工厂、学校、机场、车站、商场、银行乃至家庭,很多地方都可以接入Wi-Fi(Wireless Fidelity)来访问因特网。

3. 城域网

城域网(MAN)规模介于广域网和局域网之间,在一座城市的范围内,一般在10~100km的区域。

IEEE802委员会定义了以太网等LAN标准之后,曾为MAN专门定义了一个标准IEEE802.6,称为分布式队列双总线(Distributed Queue Dual Bus,DQDB),但DQDB并没有得到成功的应用,而MAN成为了一个正式的概念。

MAN是公共网络性质,连接一个城市范围内各单位的LAN和各个小区千家万户的计算机,并进而接入因特网,以提供数据、语音、图像、视频等综合业务的传输服务。MAN的网络结构一般分为3个层次,自上而下分别是核心层、汇聚层和接入层。核心层作为MAN的主干网,主要提供高带宽的业务承载和传输,并实现与地区、国家主干网的连接。接入层实现单位和个人用户的接入,接入设备可以进行多业务的复用和传输。汇聚层衔接核心层和接入层,主要是汇聚接入层的数据流量,转发到核心层。

近些年,无线城域网(Wireless MAN,WMAN)技术的发展成为人们关注的一个热点,其中最有影响的是被称为IEEE Wireless MAN空中接口的IEEE802.16系列标准以及该标准的实际实施技术WiMax。

4. 个人区域网

个人区域网(PAN)是将个人操作空间(Personal Operating Space,POS)的计算机、便携式计算机、平板计算机、智能手机、智能家电等连接起来的网络,范围在10m左右。PAN一般使用无线方式连接,即为无线个人区域网络(Wireless PAN,WPAN)。WPAN现有4个标准:IEEE802.15.1~802.15.4。目前,应用比较广泛的WPAN是蓝牙系统和ZigBee。

5. 人体区域网

顾名思义,人体区域网(BAN)布置在一个人体的区域范围内。BAN多使用无线方式连接,即为无线人体区域网(Wireless BAN,WBAN)。WBAN用于连接植入式或可穿戴式传感器,采集传感器的信号,并可接入因特网,属于物联网的范畴。WBAN的标准是IEEE802.15.6人体区域网规范。

7.1.4 计算机网络的性能指标

1. 数据传输速率

计算机网络的数据传输速率是指每秒传输的数字数据的二进制比特数,单位为比特/秒,即 b/s(bit/second)或 bps(bit per second)。bit 来自于 binary digit,即二进制数字,一个 bit 即一个二进制数字 1 或 0。数据传输速率可简称数据率,又称比特率。这里的"数据"包括传输的净荷和相关的传输控制信息。

2. 带宽和宽带

计算机网络中,和数据传输速率具有同样含义的另一个术语称为带宽。带宽的概念来自通信领域。受物理性质的限制,传输媒体上能够正常通过的模拟的正弦波信号有一个频率范围,这个频率范围就是这种传输媒体的频带,频带的宽度即最大和最小频率之差称为带宽,也称为频宽。带宽是量词,单位为赫兹(Hz)。传输媒体的带宽越大,它的传输能力就越强。

带宽这个术语又借用到计算机网络领域,用来表示网络传输数字数据的能力,即单位时间里所能传输的最大数据流量,也是量词,但单位是 b/s,与数据传输速率的单位一样,网络的带宽和网络的数据传输速率是同义语。

和带宽相关的一个词是宽带,它是名词,意思是宽的频带,即大的带宽,在计算机网络技术中,表示高的数据传输速率。例如,人们常说的宽带 IP 网就是指以 IP 为核心协议的支持宽带业务的高速计算机网络。宽带业务是指包含文本、语音、图像、视频等多媒体信息的各种传输业务,例如 Web 浏览、远程教学、视频点播等,相对于传统的 56kb/s 以下的窄带拨号业务,这些业务需要网络提供更大的带宽支持。

值得注意的是,宽带的含义是随着技术的进步而变化的。目前,主干网带宽达到 OC-48(2.5Gb/s)量级,接入网带宽达到 T1/E1(1.544Mb/s/2.048Mb/s)量级,就认为分别属于宽带主干网和宽带接入网范围。

3. 吞吐量

另一个和数据传输速率具有同样含义的术语是吞吐量。吞吐量可以用单位时间发送的比特数、帧数或分组数来表示。

4. 时延

计算机网络中,时延是指一个数据块(帧、分组、报文段等)从链路或网络的一端传送到另一端所需要的时间。时延由以下 3 个部分组成。

1) 发送时间

发送时间是指结点发送数据时把整个数据块从结点送入传输媒体所需要的时间,计算公式为

发送时间＝数据块长度/数据块传输速率

2）传播时延

传播时延是指承载传输信号的电磁波在一定长度的信道上传播所需要的时间，计算公式为

传播时延＝信道长度/电磁波在信道上的传输速率

在自由空间中，电磁波以光速 300 000km/s 传播。在铜线或光纤中，电磁波的速度大约降低到光速的 2/3，相当于 200m/μs。可见某一信道的传播时延取决于它的长度。

3）转发时延

转发时延是指数据块在中间结点（中继器、交换机、路由器等转发设备）转发数据时引起的时延。不同的中间结点有不同的转发时延。例如，路由器转发分组时可能产生如下的时延。

（1）排队时延：分组在输入和输出缓冲区排队花费的时间，与网络负载状况有关。

（2）处理时延：分组进行转发处理所花费的时间。例如，首部处理、差错检验、转发时间等。

这样，数据块经历的总时延为上述 3 个部分的时延之和，即

总时延＝发送时间＋传播时延＋转发时延

时延是计算机网络的一项重要指标，各种时延也影响到网络参数的设计。和时延相关的一个概念是往返时间，在 TCP 中，RTT 表示从报文段发送出去时刻到确认返回时刻之间的时间，即在 TCP 连接上报文段往返所经历的时间。

5. 误码率

误码率（Bit Error Rate，BER）表示计算机网络和数据通信系统的可靠性。它是统计指标，指传输的比特出错的概率，当传输的总比特数很大时，误比特率 P_b 可以近似为

P_b＝传错的比特数/传输的比特总数

一般 $P_b \leqslant 10^{-6}$ 属于正常通信范围，LAN 和光纤传输误码率就更低。

7.1.5 计算机网络的数据交换方式

ARPANET 使用分组交换方式传输数据。分组交换技术是计算机网络的重要技术基础，它是数据交换技术中的一种。所谓的数据交换技术，是通过若干中间转接结点，在通信双方之间建立物理或逻辑的连接，构成一条传输路径，进行通信双方之间的数据传输。计算机网络的数据交换技术主要用于通信双方不是直接连接的，而是跨越若干子网（包括点对点链路）进行通信的情况，如互联网和 WAN。

数据交换有 3 种基本方式：电路交换、报文交换和分组交换。

1. 电路交换

电路交换是通过交换设备在通信的双方建立一条临时专用物理传输线路，进行一次通信要经电路建立、数据传输和电路释放 3 个过程。公共交换电话网 PSTN 是典型的电

路交换的例子。电路交换通过交换设备建立物理的传输线路,工作在网络体系结构的物理层。

电路交换的优点是数据传输实时性好、数据顺序保持不变。

2. 报文交换

报文交换是以报文为单位的存储转发的交换方式。报文是网络中一次传输的数据块,例如,表示一个程序、一个文件或一串数据的数据块。存储转发方式的每个交换结点先缓存报文,然后再根据目的地址转发。报文交换在已经存在的网络中选择一条到达目的结点的路径。

与电路交换相比,报文的传输线路不是专用的,可以被多个传输利用,线路利用率高。

3. 分组交换

分组交换(或称包交换)是以分组为单位的存储转发的传输方式,将长的报文分割成若干短的分组进行多次传输,带来的好处主要有

- 由于分组长度小,转发中缓存在交换结点的内存而非外存,大大提高了转发速度。
- 发送站发出第一个分组后即可继续发送后续分组,这些分组在各个转发结点同时被存储转发,并行处理,降低了总体的传输时间。
- 对于传输差错,只需重传出错的分组,而不必重传整个报文,提高了效率。

分组交换又分为两种方式:数据报方式和虚电路方式。

(1) 在数据报方式中,每个分组都独立寻径,它们可能经过不同的路径和不同的传输时间,因此不能保证分组按顺序到达目的站。

(2) 在虚电路方式中,一次通信中所有分组都使用同一条路径传输,为此首先要建立一个传输连接,而后所有分组使用这一固定的路径进行传输,传输完成后释放这一连接,这与电路交换相似。但又有不同之处,虚电路连接并不是实际地建立了一条物理线路,而是在现有的网络中指定了一条逻辑的传输路径,因此称为虚电路;而且这一连接也不是专用的,连接上的结点和线路还可以为转发其他传输的分组服务。

虚电路有交换虚电路(Switched Virtual Circuit,SVC)和永久虚电路(Permanent Virtual Circuit,PVC)两种。SVC在数据传输前呼叫建立,传输后自动释放。PVC需要用户向网络管理部门事先申请建立,建立之后就可连续使用,若无人工干预则不会自动释放。

虚电路方式的分组交换提供面向连接的传输服务,而数据报方式的分组交换提供的是无连接的传输服务。

世界上第一个计算机网络ARPANET就是使用分组交换技术,它的交换结点称为接口报文处理机(IMP)。欧洲早年的WAN是X.25网,使用面向连接的虚电路方式的分组交换技术。

7.2 计算机网络传输介质及设备

7.2.1 传输介质

网络传输介质是网络中发送方与接收方之间的物理通路,指在网络中传输信息的载体,它对网络的数据通信影响很大。常用的传输介质为有线传输介质和无线传输介质两大类;不同的传输介质,其特性也各不相同。传输介质不同的特性对网络中数据通信质量和通信速度有较大影响。

1. 有线传输介质

有线传输介质是指在两个通信设备间实现的物理连接部分,能将信号从一方传输到另一方。有线传输介质主要有双绞线、同轴电缆和光纤。双绞线和同轴电缆传输电信号,光纤传输光信号。

1) 双绞线

双绞线分为非屏蔽双绞线(UTP)和屏蔽双绞线(STP)。双绞线一般用于星形网的布线连接,两端安装有 RJ45 头(俗称水晶头)、连接网卡与集线器,最大网线长度为 100m,如果要加大网络的范围,在两段双绞线之间可安装中继器,最多可安装 4 个中继器。例如,安装 4 个中继器可连 5 个网段,最大传输距离可达 500m。

2) 同轴电缆

按直径的不同,同轴电缆可分为粗缆和细缆两种。粗缆传输距离长,性能好,但成本高,网络安装维护困难,一般用于大型局域网的干线。细缆安装较容易,造价较低,但日常维护不方便,一旦一个用户出故障,便会影响其他用户的正常工作。

根据传输频带的不同,同轴电缆可分为基带同轴电缆和宽带同轴电缆两种类型。基带同轴电缆传输数字信号,信号占整个信道,同一时间只能传送一种信号。宽带同轴电缆可传输不同频率的信号。

3) 光纤

光纤是由一组光导纤维组成的,用来传播光束,是细小而柔韧的传输介质。应用光学原理,由光发送机产生光束,将电信号变为光信号,再把光信号导入光纤,在另一端由光接收机接收光纤上传来的光信号,并把它变为电信号,经解码后再处理。与其他传输介质比较,光纤的电磁绝缘性能好,信号衰减小,频带宽,传输速度快,传输距离大。光纤主要用于要求传输距离较长、布线条件特殊的主干网连接。

2. 无线传输介质

无线传输介质是指周围自由空间中的电磁波,利用无线电波在自由空间的传播可以实现多种无线通信。在自由空间传输的电磁波根据频谱可将其分为无线电波、微波、红外线等,信息被加载在电磁波上进行传输。

1）无线电波

频率在 3kHz～1GHz 之间的电磁波通常称为无线电波,通常用于无线电通信。无线电技术的原理在于导体中电流强弱的改变会产生无线电波。利用这一现象,通过调制可将信息加载于无线电波上。当电波通过自由空间传播到达收信端,电波引起的电磁场变化又会在导体中产生电流。通过解调将信息从电流变化中提取出来,达到信息传递的目的。

2）微波

微波是指频率为 1GHz～300GHz 的电磁波,是无线电波中一个有限频带的简称。当天线传输微波时,它们可以集中得很窄,也就是说发送和接收微波的天线需要对齐。

3）红外线

红外线是指频率在 300GHz～400THz 之间的电磁波,可用于短程通信。红外线的频率较高,无法穿透墙壁,可防止不同系统之间的干扰。

7.2.2 网络设备

网络设备及部件是连接到网络中的物理实体。网络设备的种类繁多,且与日俱增。基本的网络设备有集线器、交换机、网桥、路由器、网关、网络接口卡(NIC)、无线接入点(WAP)、调制解调器和光纤收发器等。这里重点介绍交换机和路由器。

1. 交换机

交换机是按照通信两端传输信息的需要,用人工或设备自动完成的方法,将需要传输的信息传送到符合要求的相应路由上的技术统称。在计算机网络中,交换机是一种基于 MAC(Media Access Control)地址识别,能完成封装转发数据包功能的网络设备。交换机对于因第一次发送到目的地址不成功的数据包,会再次对所有结点同时群发该数据包,同时交换机会记录下源 MAC 地址到自己的地址表中,交换机就通过这样的方法记录下所有连接在其上的主机 MAC 地址。

要明白交换机的工作原理,最重要的是要理解"共享"和"交换"这两个概念。在计算机网络系统中,交换概念的提出是对共享工作模式的改进。

在共享式网络中,当同一个局域网的主机 A 向主机 B 传输数据时,数据包在网络上是以广播方式进行传输的,对网络上的所有结点同时发送同一信息,然后由每一台终端通过验证数据包头部的地址信息来确定是否接收该数据包。因为接收数据的终端结点一般来说只有一个,而现在对所有结点发送该数据包,那么绝大部分数据流量是无效的,这样就造成整个网络数据传输效率低下甚至网络堵塞。另外,由于所发送的数据包每个结点都能侦听到,容易出现一些不安全的因素。

交换机采用一种特殊的"转发"机制。无论是网卡还是交换机端口都拥有独一无二的 MAC 地址,它可用作识别计算机身份的号码,交换机正是利用 MAC 地址的唯一性,在每个端口都记忆若干个 MAC 地址,从而建立一张端口号与 MAC 地址相对应的地址表,即转发表,用来在连接端口的不同设备之间传输数据。

交换机拥有一条很高带宽的总线和内部交换矩阵,交换机的所有端口都挂接在这条总线上。当交换机控制电路从某一结点收到一个数据包后,将立即在其内存的地址表中(端口号——MAC 地址)进行查找,以确认具有该目的 MAC 地址的网卡连接在哪一个端口上,然后将该数据包转发至该端口,而不必像集线器那样将该包发送到所有端口,从而使其他端口之间仍然可以相互通信。如果在地址表中没有找到该 MAC 地址,交换机则将该数据包广播到所有端口,拥有该 MAC 地址的网卡在接收到该广播数据包后,将立即做出应答,然后交换机将该结点的"MAC 地址"添加到"端口号——MAC 地址"地址表中。

使用这种方式传输数据,一方面效率高,不会浪费网络资源,由于只对目的地址发送数据,一般不易产生网络堵塞;另一方面数据传输安全,因为它不是对所有的结点都同时发送数据,在发送数据时其他结点很难侦听到所发送的信息。

下面,以四端口交换机为例(如图 7-4 所示),简单描述计算机之间的通信过程。

当位于端口 1 的用户 A 向位于端口 4 的用户 D 发出数据通信请求广播时,所有接收到该广播的端口都会自动将 A 的 MAC 地址和相应的端口号保存在地址表缓存中,但只有被请求的端口 4 对接收到的请求做出应答,并建立起与端口 1 的连接。如果与此同时位于端口 2 的用户 B 向位于端口 3 的用户 C 发出数据通信请求广播,同样,所有接收到该广播的端口都会自动将 B 的 MAC 地址和相应的端口号

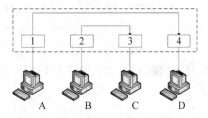

图 7-4　交换机的通信过程

也保存在地址表缓存中,但只有被请求的端口 3 对接收到的请求做出应答,并建立起与端口 2 的连接。需要说明的是,端口 1 与端口 4 的连接使用一条链路,端口 2 与端口 3 使用另一条链路,两者互不干扰,可以同时进行数据的传输。

交换机内部都配备了高速交换模块,可以同时建立多个端口间的并行连接,因而每一路连接都可以拥有全部局域网带宽,这是交换机与集线器之间的根本差别。图 7-5 为交换机的基本原理示意图。

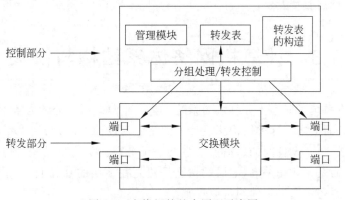

图 7-5　交换机的基本原理示意图

2. 路由器

路由器(Router)是一种多端口的网络设备,它能够连接多个不同网络或网段,并能将不同网络或网段之间的数据信息进行传输,从而构成一个更大的网络。路由器与交换机不同,它不是应用于同一网段的设备,而是应用于不同网段或不同网络之间的设备,属于网际设备。路由器之所以能在不同网络之间起到"翻译"的作用,是因为它不是一个纯硬件设备,而是运行着互联网操作系统,具有相当丰富的路由协议。这些路由协议用于实现不同网段或网络之间的相互通信。路由器支持多种类型的 LAN 和 WAN 接口。

路由器是用于连接多个逻辑上分开的网络的互连设备。其中,路由的含义是指通过相互连接的网络把信息从源地点移动到目标地点的活动。路由和交换之间的主要区别就是路由发生在第三层,即网络层,而交换发生在数据链路层。这一区别决定了路由和交换在移动信息的过程中需要使用不同的控制信息,所以两者实现各自功能的方式是不同的。当然,三层交换机也具有路由功能。

一般来说,在路由过程中,信息至少会经过一个或多个中间结点。路由器的主要工作就是为经过路由器的每个数据帧寻找一条最佳传输路径,并将该数据有效地传送到目的站点。由此可见,选择最佳路径的策略即路由算法是路由器的关键所在。为了完成这项工作,在路由器中保存着各种传输路径的相关数据——路由表(Routing Table),供路由选择时使用。路由表中保存着子网的标志信息、网上路由器的个数和下一个路由器的名字等内容。路由表的信息可以由系统管理员预先设置,也可以由系统动态修改;可以由路由器自动调整,也可以由主机控制。

路由器通过识别不同网络的网络 ID 号来识别不同的网络,所以为了确保路由选择成功,每个网络都必须有一个唯一的网络编号。路由器要识别另一个网络,首先就要识别对方网络的路由器 IP 地址的网络 ID 号,看是否与目的结点地址中的网络 ID 号相一致,如果相同则立即向这个网络的路由器发送数据,接收网络的路由器在接收到源网络发来的报告后,根据报文中所包含的目的结点的 IP 地址中的主机 ID 号,来识别需要将数据发送给哪一个结点,然后直接发送。

7.3 计算机网络体系结构与协议

计算机网络系统是一个十分复杂的系统。将一个复杂系统分解为若干个容易处理的子系统,然后"分而治之",这种结构化设计方法是工程设计中常见的手段。分层就是系统分解的最好方法之一,设备间的通信需要借助一个分层次的通信结构;其次,层次之间不是相互孤立的,而是密切相关的,上层的功能是建立在下层的基础上,下层为上层提供某些服务,而且每层还应有一定的约定或规则。

7.3.1 协议和层次结构

在计算机网络中要做到有条不紊地交换数据,就必须遵守一些事先约定好的规则。这些规则明确规定了所交换的数据的格式以及有关的同步问题。这里所说的同步不是狭义的(即同频或同频同相),而是广义的,即在一定的条件下应当发生什么事件(如应当发送一个应答信息),因而同步含有时序的意思。这些为进行网络中的数据交换而建立的规则标准或约定称为网络协议。网络协议也简称为协议。更进一步地讲,网络协议主要由以下 3 个要素组成。

(1) 语义:对协议元素的含义进行解释,不同类型的协议元素所规定的语义不同。例如,需要发出各种控制信息、完成各种动作以及得到不同响应等。

(2) 语法:将若干个协议元素和数据组合在一起用于表达一个完整的内容所应遵循的格式,也就是对信息的数据结构进行规定。例如,用户数据与控制信息的结构与格式等。

(3) 同步:对事件实现顺序的详细说明。例如,在双方进行通信时,发送点发出一个数据报文,如果目标点收到正确的信息,则回答源点接收正确;若接收到错误的信息,则要求源点重发。

由此可见,网络协议是计算机网络不可缺少的组成部分。实际上,只要想让连接在网络上的另一台计算机做些事情(如从网络上的某台主机下载文件),就都需要有协议。但是当我们在自己的计算机上进行文件存盘操作时,就不需要任何网络协议,除非这个用来存储文件的磁盘是网络上的某个文件服务器的磁盘。

协议通常有两种不同的形式:一种是使用便于人们阅读和理解的文字描述,另一种是使用让计算机能够理解的程序代码描述。这两种不同形式的协议都必须能够对网络上的信息交换过程做出精确的解释。

ARPANET 的研制经验表明,对于非常复杂的计算机网络协议,其结构应该是层次式的。计算机网络的各层及其协议的集合就是网络的体系结构。换种说法,计算机网络的体系结构就是这个计算机网络及其构件所应完成的功能的精确定义。需要强调的是:这些功能究竟是用何种硬件或软件完成的,则是一个遵循这种体系结构的实现的问题。体系结构的英文单词 architecture 的原意是建筑学或建筑的设计和风格,它和一个具体的建筑物的概念不同。例如,我们可以走进一个明代的建筑物中,但却不能走进一个明代的建筑风格之中。同理,我们也不能把一个具体的计算机网络说成是一个抽象的网络体系结构。总之,体系结构是抽象的;而实现则是具体的,是真正在运行的计算机硬件和软件。

7.3.2 OSI 体系结构

随着网络应用的普及,不同网络体系结构的用户希望能够相互交换信息。网络间的互联互通需要网络体系结构的标准化,为此国际标准化组织(ISO)研究制定了开放系统互联参考模型(OSI/RM),对计算机网络的各层应完成的功能及协议进行了描述。

OSI 包括了体系结构、服务定义和协议规范 3 级抽象。OSI 的体系结构定义了一个 7 层模型,用以进行层间的通信,并作为一个框架来协调各层标准的制定。OSI 的服务定义了各层所提供的服务,以及层与层之间的抽象接口和交互用的服务原语。OSI 各层的协议规范,精确地定义了应当发送何种控制信息及何种过程来解释该控制信息。

OSI 将网络通信过程划分为 7 个相互独立的功能组(层次),如表 7-1 所示。从上至下,上面 3 层(应用层、表示层、会话层)与应用问题有关,而下面 4 层(传输层、网络层、数据链路层、物理层)则主要处理网络控制和数据传输/接收问题。层与层之间存在接口,每一层都只通过接口与相邻的层交互,下层为上层提供服务。

表 7-1 OSI/RM 的 7 个层次

序号	中文名称	英文名称	英文名称缩写
1	应用层	Application Layer	A
2	表示层	Presentation Layer	P
3	会话层	Session Layer	S
4	传输层	Transport Layer	T
5	网络层	Network Layer	N
6	数据链路层	Datalink Layer	DL
7	物理层	Physical Layer	PH

OSI 仅给出一个框架结构,并没有将其网络模型的每一层限定在统一的一种协议中,也没有给出协议的具体实现技术,故又称"参考模型"。但 OSI 奠定了网络体系结构的基础,成为今天设计和制定网络协议标准最重要的参考模型和依据。

OSI 体系结构采用分层结构有以下好处。

(1) 各层相互独立。高层通过层间接口利用低层所提供的功能,并不需要知道低层如何实现这些功能,低层也仅仅是利用由高层传下来的参数,层间相互独立。

(2) 易于网络系统的实现与维护。层间相互独立,各层分工清晰,层内功能单一,使网络系统的实现简单化,也便于系统维护。

(3) 易于系统的更新升级。层间相互独立使得硬件和软件在出现新技术时容易对某一层进行更新,而对其他层没有影响,只要这一更新遵循与相邻层间的接口约定即可。

(4) 灵活性好。不同的系统可以根据各自的具体条件,采用不同的方法和技术实现每个层次的功能,只要该系统符合 OSI 标准的规定即可。

发送过程中数据是从高层向低层逐层传递,接收过程中则是从低层向高层逆向传递。如图 7-6 所示。发送时,每经过一层,对上层的数据附上本层的协议控制信息,一般放在数据前面(数据链路层的一部分协议控制信息也放在尾部),称为首部或头部。协议控制信息(如报文的类型、顺序、状态等)供接收方对等层次分析及处理时使用。例如,数据链路层在首部加上访问控制、地址等信息,帧校验序列则加在数据的尾部,组成称为帧的数据块。由物理层放到传输媒体上传输,接收方去掉该层附加的首部后,再向上层传递。

每层实体为传输数据附加协议控制信息,称为封装。接收过程从底层开始,随着层次的上升,每一层都要解封,剥离最外边的协议控制信息,根据控制信息进行处理,然后把剩余的数据部分传给上一层。

图 7-6 中发送方和接收方两台计算机直接由物理介质相连,处于同一个网络中。这是最简单的情况。发送方和接收方也可以经过一个或多个中间转发设备(如路由器等)相连,中间跨越多个网络进行数据传输。

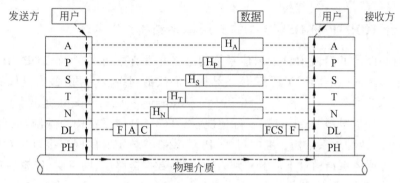

图 7-6　分层结构模型中的数据传输

7.3.3　TCP/IP 体系结构

TCP/IP 的体系结构分为 4 个层次,自下而上分别是网络接口层、网际层、传输层和应用层。图 7-7 给出了 TCP/IP 的层次结构、各层的主要协议以及与 OSI/RM 的对应关系。

对应的 OSI/RM	TCP/IP	TCP/IP 各层主要协议
应用层、表示层、会话层	应用层	TELNET、FTP、SMTP、HTTP、DNS、TFTP、NFS、SNMP
传输层	传输层	TCP、UDP
网络层	网际层	IGMP、ICMP、IP、ARP、RARP
物理层、数据链路层	网络接口层	可使用各种网络

图 7-7　TCP/IP 体系结构

网络接口层严格说并不是一个独立的层次,只是一个接口。TCP/IP 并没有对它定义什么具体的协议。网络接口层负责将网际层的 IP 数据报通过各种网络发送出去,或者从网络接收数据帧,抽出 IP 数据报上传网际层。网络接口层可以使用各种网络,如 LAN、MAN、WAN,甚至可使用点对点链路。网络接口层使得上层的 TCP/IP 和底层的各种网络无关。网络接口层对应 ISO/OSI 的第 1 层和第 2 层,即物理层和数据链路层。

在 TCP/IP 看来,LAN、MAN、WAN 乃至点对点链路等都是 Internet 的构件。在 IP 数据报的传输过程中,它们都作为两个相邻分组交换结点之间的一条物理链路。这些底层网络均受到互联网协议的平等对待,这就是互联网的网络对等性,它为协议设计提供了方便。

TCP/IP 体系结构上面的网际层、传输层和应用层是 TCP/IP 的主要内容,本书 7.4 节将进行详细描述。

7.3.4 五层体系结构

1. 综合 TCP/IP 和 OSI/RM 的五层体系结构

ISO 精心设计了 OSI/RM 七层体系结构最终并没有成功推广,而 TCP/IP 体系结构却成为了事实上的标准,但 TCP/IP 体系结构对底层的网络接口层并没有具体的定义。

荷兰皇家艺术与科学院院士、计算机专家 Andrew S.Tanenbaum 提出了计算机网络的五层体系结构。根据 Internet 的实际情况,以 TCP/IP 体系结构为基础,综合了 TCP/IP 和 OSI/RM 两种体系结构。考虑到 TCP/IP 没有具体定义的网络接口层对应 OSI 的第 1、2 层。五层体系结构自下而上分别为物理层、数据链路层、网络层、传输层和应用层,如图 7-8 所示。图中也给出了它和 OSI/RM 及 TCP/IP 两种体系结构的对应关系。

OSI/RM	五层体系结构	TCP/IP
应用层、表示层、会话层	应用层	应用层
传输层	传输层	传输层
网络层	网络层	网际层
数据链路层	数据链路层	网络接口层
物理层	物理层	

图 7-8 五层体系结构

这种五层体系结构并不是什么标准,但它符合 Internet 的实际情况,可以从这种五层体系结构去理解和分析 Internet,不少著名的计算机网络教材也是基于这种五层结构来讲解计算机网络的。

2. 五层体系结构功能简述

1) 物理层

物理层处于五层体系结构的最底层,下面连接传输媒体,上面是数据链路层。物理层屏蔽了下面各种与媒体相关且不断发展变化的各种通信技术,使数据链路层的设计变得相对简单,只需要考虑如何使用物理层提供的服务。

物理层向数据链路层提供比特流的传输服务。比特流中包含了净荷也包含传输控制信息,如地址、差错校验码等。但是,物理层只负责传输比特流,而不理会、也不知道它的含义,寻址、差错控制等交由数据链路层处理,因此是不可靠的比特流传输服务。

在网络通信中,最终是由物理层连接媒体进行物理信号的传输,因此要涉及网络接口机械的、电气的、功能的和规程的规范。物理层提供的传输方式分为两类：频带传输方式和基带传输方式，为了提高传输效率和通信线路的利用率，它们采用了很多技术，如调制解调、编码、解码和多路复用等技术。

2）数据链路层

数据链路层在单个链路上的结点间进行单跳传输，传输的协议数据单元（PDU）称为帧，可以在物理层比特流传输服务的基础上，向网络层提供帧传输服务，并提供帧的差错检验。

数据链路层要实现正常的帧传输，有3个基本问题需要解决，即帧同步、透明传输和差错检验。帧同步是为了使接收方能准确地判断一个帧的开始和结束，也就是帧定界。透明传输是指上层交给的数据不管是什么样的比特组合，都能够正常传输，当数据的比特组合恰巧与某一控制编码一样时必须采取措施，使接收方不致误解。差错校验使得接收方可以知道是否发生了传输差错，以便可以采取适当的纠错措施。

数据链路层面对的另一个问题是传输的可靠性。为实现可靠的帧传输，可以采取一定的数据链路控制机制，包括差错控制和流量控制。曾广泛使用的数据链路控制机制称为自动请求重传（Automatic Repeat reQuest，ARQ）。

对于共享的广播链路，数据链路层必须进行媒体接入控制（Medium Access Control，MAC），使得链路上的各个结点能够合理地争用共享信道。

3）网络层

网络层负责主机间的通信，在互联网上传送称为分组的PDU，源主机发送的分组要穿越若干子网组成的互联网传送至目的主机，向传输层提供分组传送服务。

网络层是实现网络互联的基础，网络层的首要问题是如何进行跨越互联网的分组传送。网络层的解决方法是：分组由中间转发结点（路由器）进行转发，逐跳地（每一跳通过一个子网）从源主机传送到目的主机，传送的路径由路由表指示。网络层也可以实现多播，即源主机把分组同时传送给一组目的主机。

网络层另外一个重要问题是动态路由选择，当网络拓扑和负载等因素变化时，分组到达目的主机的路由还应动态地更新，以便在某种意义上（如距离、时延、费用等）保持最优。

网络层对应TCP/IP的网际层。TCP/IP网际层核心协议是网际协议IP，它提供的是一种无连接的、不可靠但尽力而为的分组传送服务，实现跨越Internet的分组传送。与IP配套的网际协议还有：地址解析协议ARP、逆向地址解析协议RARP、因特网控制报文协议ICMP、多播协议IGMP、路由信息协议RIP等。

IP正在升级中，以解决IPv4地址资源匮乏的问题，升级版本是IPv6。

4）传输层

网络层负责将分组从源主机传送到目的主机，在此基础上，传输层基于协议端口机制，为应用进程提供数据传输服务。

传输层为应用进程间的通信提供了一条端到端的虚拟信道，它连接源主机和目的主机的两个传输层实体，不涉及传输线路中的路由器等中间系统，为用户的应用进程提供了端到端的逻辑通信服务。

TCP/IP传输层有两个核心协议：传输控制协议（Transmission Control Protocol，

TCP)和用户数据报协议(User Datagram Protocol,UDP)。TCP 提供面向连接的、可靠的传输服务,为此 TCP 需要额外增加许多开销,提供流量控制、拥塞控制和差错控制等传输控制机制,以保证传输的可靠性,提高了服务质量。UDP 则提供无连接、不可靠的传输服务,但传输效率高。

为适应多媒体信息传输的特点,在 UDP 之上设计了实时传输协议(RTP)和实时传输控制协议(RTCP),使其应用越来越广泛。

5) 应用层

应用层直接面向用户,为用户访问、使用及管理各种网络资源提供通用一致的、方便的网络应用服务。

Internet 应用层各种应用的运行机制有两类:客户-服务器(Client/Server,C/S)模式和对等(Peer to Peer,P2P)模式。

计算机网络提供的应用服务可以分为通用和专用两类。通用应用服务一般是由网络操作系统提供的,它又包括两种:一种是公共应用的平台,如万维网(WWW)、电子邮件(E-mail)、文件传输(FTP)等;另一种则侧重网络管理应用,如域名系统(DNS)、动态主机配置(DHCP)和简单网络管理(SNMP)等。专用应用服务,如电子商务、远程教育、办公自动化以及近年出现的 P2P 文件共享应用等,则是由软件公司或用户自己开发的。

C/S 模式下用户自己开发网络应用程序,使用套接字 Socket 机制,它是 TCP/IP 网络应用程序的编程接口。另外,万维网页面设计也是用户建立网站必须具备的编程技能。

7.4 TCP/IP 协议簇

OSI 的目标是统一网络的体系结构,但是随着 TCP/IP 协议的因特网的迅速普及,TCP/IP 协议在竞争中胜出,成为了事实上的工业标准。TCP/IP 协议是因特网中使用的协议,现在几乎成了 Windows、UNIX、Linux 等操作系统中唯一的网络协议。也就是说,没有一个操作系统按照 OSI 协议的规定编写自己的网络系统软件,却都编写了 TCP/IP 协议要求编写的所有程序。

因特网是目前世界上覆盖范围最大的、开放的、由众多网络互连而成的计算机互联网(LAN、MAN、WAN)。因特网的体系结构属于 TCP/IP 协议簇。TCP/IP 涉及一组类似于 OSI 协议的协议。TCP/IP 是 OSI 的简化和灵活使用,它将 OSI 中的会话层至应用层集成为 TCP/IP 的应用层,不同的信息处理功能提供不同的应用,这样充分利用已有的物理通信网,仅提供接入各种物理网的接口。因特网的主要功能集中在网络层至传输层,在网络接口和应用层之间插入新的协议软件。

TCP/IP 协议簇是一个由十几个协议组成的协议簇,TCP 协议和 IP 协议是 TCP/IP 协议簇中两个最重要的协议。

以下是主要的 TCP/IP 协议。

(1) 应用层:FTP、TFTP、Http、SMTP、POP3、SNMP、DNS、Telnet。

(2) 传输层：TCP、UDP。
(3) 网络层：IP、ARP、RARP、DHCP、ICMP、RIP、IGRP、OSPF。

说明：POP3、DHCP、IGRP、OSPF 虽然不是 TCP/IP 协议簇的成员，但是都是非常知名的网络协议。我们仍然把它们放到 TCP/IP 协议的层次中，可以更清晰地了解网络协议的全貌。

7.4.1 应用层协议

下面是主要的应用层协议。

(1) FTP：文件传输协议。用于主机之间的文件交换。FTP 使用 TCP 协议进行数据传输，是一个可靠的、面向连接的文件传输协议。FTP 支持二进制文件和 ASCII 文件。

(2) TFTP：简单文件传输协议。它比 FTP 简易，是一个非面向连接的协议，使用 UDP 进行传输，因此传送速度更快。该协议多用在局域网中，交换机和路由器这样的网络设备用它把自己的配置文件传输到主机上。

(3) SMTP：简单邮件传输协议。用于传送电子邮件信息。

(4) POP3：这也是一个邮件传输协议，本不属于 TCP/IP 协议。POP3 比 SMTP 更为科学，Microsoft 等公司在编写操作系统的网络部分时，也在应用层编写了相应的程序。

(5) Telnet：远程终端仿真协议。可以使一台主机远程登录到其他主机，成为那台远程主机的显示器和键盘终端。由于交换机和路由器等网络设备都没有自己的显示器和键盘，为了对它们进行配置，就需要使用 Telnet。

(6) DNS：域名解析协议。根据域名，解析出对应的 IP 地址。

(7) SNMP：简单网络管理协议。网管工作站搜集、了解网络中交换机、路由器等设备的工作状态所使用的协议。

(8) NFS：网络文件系统协议。允许网络上其他主机共享某机器目录的协议。

TCP/IP 协议的应用层协议有可能使用 TCP 协议进行通信，也可能使用更简易的传输层协议 UDP 完成数据通信。

7.4.2 传输层协议

因特网的传输层有两个主要协议：用户数据报协议（UDP）和传输控制协议（TCP），两个协议互为补充。

1. 用户数据报协议

UDP 属于一种无连接数据传输协议（Connectionless Data Transport Protocol）。这是一个简化了的传输层协议，提供面向事务的简单不可靠信息的传送服务。它主要用于不要求分组顺序到达的传输中，分组传输顺序的检查与排序由应用层完成。UDP 通过牺牲可靠性换得通信效率的提高，对于那些数据可靠性要求不高的数据传输，可以使用 UDP 来完成。

UDP 有如下特点。

(1) 能够迅速发送数据和缩短发送数据的时延。使用 UDP 时,应用进程把数据传递给 UDP,在传输层 UDP 对数据既不合并,也不拆分,封装成报文段后传递给网络,一次发送一个完整的报文,因此提高了数据发送速率,缩短了发送时间。

(2) 无连接的服务。UDP 在数据传输之前不需要任何准备就发送数据,不会产生建立连接的时延,更不需要维护连接状态和跟踪通信参数。

(3) 首部开销小。UDP 的首部只有 8 个字节,首部很短。

(4) UDP 适合一对一、多对一、一对多和多对多的通信。

(5) UDP 对报文除了提供一种可选的校验和之外,几乎没有提供其他的保证数据传输可靠性的措施。如果 UDP 检测出收到的分组出错,就直接丢弃该分组,既不确认,也不通知发送端要求重传。

2. 传输控制协议

TCP 是为了在不可靠的互联网上提供可靠的端到端字节流而专门设计的一个传输协议。当应用层向 TCP 层发送用于网间传输的数据流时,TCP 则把数据流分割成适当长度的报文段数据包,之后 TCP 把数据包传给 IP 层,由 IP 层通过网络将数据包传送给接收端实体的 TCP 层。TCP 为了保证报文传输的可靠性,就给每个数据包编一个序号,同时序号也保证了传送到接收端实体的数据包按序接收。接收端实体对已成功收到的数据包发回一个相应的确认信息;如果发送端实体在合理的往返时延内未收到确认信息,对应的数据(假设丢失了)将会被重传。

TCP 的特点如下。

(1) TCP 是面向连接的。TCP 具体分为 3 个阶段:连接建立过程、数据传输过程和连接释放过程。在两个应用进程进行通信之前,它们必须相互发送预备报文段,交换建立数据传输所需的参数,初始化与 TCP 连接相关的状态变量,这个过程称为"握手",TCP 使用了 3 次握手的方法来建立连接。

(2) TCP 提供可靠的数据传输服务。通过 TCP 连接可以实现数据无差错、不丢失的传输。

(3) TCP 提供全双工通信的服务。TCP 允许通信双方的应用进程在发送数据的同时接收数据。

(4) TCP 提供的是点对点的服务。在单个发送方和单个接收方之间一对一地建立连接。

(5) TCP 提供面向字节流的服务,即 TCP 把应用程序传递来的数据看成一连串的无结构的字节流。当用户通过键盘输入数据时,TCP 将应用程序提交的数据看成一连串、无结构的字节流。为了支持字节流传输,发送端和接收端都需要使用缓存。发送端从缓存中把几个写操作组合成一个报文段,然后交给 IP,由 IP 封装成 IP 分组后传输到接收端。接收端将接收到的 IP 分组拆包之后,将数据字段交给接收端 TCP。接收端 TCP 将接收的字节存储在接收缓存中,应用程序使用读操作将接收数据从接收缓存中读出。

(6) 支持同时建立多个并发的 TCP 连接。TCP 支持同时建立多个连接,这种情况在服务器端使用得最多。根据应用程序的需要，TCP 支持一个服务器与多个客户端同时建立多个 TCP 连接，也支持一个客户端与多个服务器同时建立多个 TCP 连接。

UDP 与 TCP 二者比较而言，TCP 是面向连接的传输控制协议，而 UDP 提供了无连接的数据报服务。TCP 具有高可靠性，确保传输数据的正确性，不出现丢失或乱序；而 UDP 在传输数据前不建立连接，不对数据报进行检查与修改，无须等待对方的应答，所以会出现分组丢失、重复、乱序，应用程序需要负责传输可靠性方面的所有工作。UDP 具有较好的实时性，工作效率较 TCP 协议高。UDP 段结构比 TCP 的段结构简单，因此网络开销也小。TCP 协议可以保证接收端毫无差错地接收到发送端发出的字节流，为应用程序提供可靠的通信服务。对可靠性要求高的通信系统往往使用 TCP 传输数据，例如 HTTP 运用 TCP 进行数据的传输。

7.4.3　网络层协议

IP 协议是网络之间互连的协议，为了计算机网络相互连接进行通信而设计的协议，规定了计算机在因特网上进行通信时应当遵守的规则。它负责因特网上网络之间的通信，并规定了将数据从一个网络传输到另一个网络应遵循的规则，是 TCP/IP 协议的核心。

因特网看起来好像是真实存在的，但实际上它是一种并不存在的虚拟网络，只不过是利用 IP 协议把全世界所有愿意接入因特网的计算机局域网连接起来，使得它们彼此之间都能够通信。正如人类进行有效交流需要使用同一种语言一样，计算机之间的通信也要使用同一种语言，而 IP 协议正是这种语言。

IP 协议是一个无连接的、不可靠的、点对点的协议，只能尽力传送数据，不能保证数据的到达。具体地讲，IP 协议主要有以下特性。

(1) IP 协议提供无连接数据报服务，各个数据报独立传输，可能沿着不同的路径到达目的地，也可能不会按序到达目的地。

(2) IP 协议不含错误检测或错误恢复的编码，属于不可靠的协议。所谓不可靠，是从数据传输的可靠性不能保证的角度而言的，传输的延误以及其他网络通信故障都有可能导致所传送数据的丢失。对这种情况，IP 协议本身不处理。它的不可靠并不能说明整个 TCP/IP 协议不可靠。如果要求数据传输具有可靠性，则要在 IP 的上层使用 TCP 协议加以保证。位于上一层的 TCP 协议则提供了错误检测和恢复机制。

(3) 作为一种点对点协议，虽然 IP 数据报携带源 IP 地址和目的 IP 地址，但进行数据传输时的对等实体（对等实体是指在开放系统互连环境中相互通信的不同结点的同一层中相互对应的实体）一定是相邻设备（同一网络）中的对等实体。

(4) IP 协议的效率非常高，实现起来也较简单。这是因为 IP 协议采用了尽力传输的思想，随着底层网络质量的日益提高，IP 协议的尽力传输的优势体现得更加明显。

在 TCP/IP 体系中，IP 地址是一个最基本的概念。IP 地址就是给互联网上的每一台主机（或路由器）的每一个接口分配一个在全世界范围内是唯一的 32 位的标识符。IP 地址的结构使人们可以在互联网上方便地进行寻址。IP 地址现在由互联网名字和数字分配机构(Internet Corporation for Assigned Names and Numbers,ICANN)进行分配。

IP 地址的编址方法共经过了 3 个历史阶段。

(1) 分类的 IP 地址。这是最基本的编址方法,在 1981 年就通过了相应的标准协议。

(2) 子网的划分。这是对最基本的编址方法的改进,其标准 RFC950 在 1985 年通过。

(3) 构造超网。这是比较新的无分类编址方法。1993 年提出后很快就得到了推广应用。

1. 分类的 IP 地址

IP 地址是一个 32 位的二进制数,通常被分割为 4 个"8 位二进制数"(也就是 4 个字节)。IP 地址通常用"点分十进制"表示成(a.b.c.d)的形式,其中,a、b、c、d 都是 0～255 之间的十进制整数。例如,点分十进 IP 地址(100.4.5.6),实际上是 32 位二进制数(01100100.00000100.00000101.00000110)。

所谓"分类的 IP 地址",就是将 IP 地址划分为若干个固定类,每一类地址都由两个固定长度的字段组成,其中第一个字段是网络号,它标识主机(或路由器)所连接到的网络。网络号在整个互联网范围内必须是唯一的。第二个字段是主机号,它标识该主机(或路由器)。主机号在它前面的网络号所指明的网络范围内必须是唯一的。由此可见,一个 IP 地址在整个互联网范围内是唯一的。这种两级的 IP 地址可以记为

IP 地址::={<网络号>,<主机号>}

其中,"::="表示"定义为"。

Internet 委员会定义了 5 种 IP 地址类型以适合不同容量的网络,即 A 类～E 类,如图 7-9 所示。其中,A、B、C 3 类由 Internet 委员会在全球范围内统一分配,是人们经常涉及的 IP 地址;D、E 类为特殊地址。

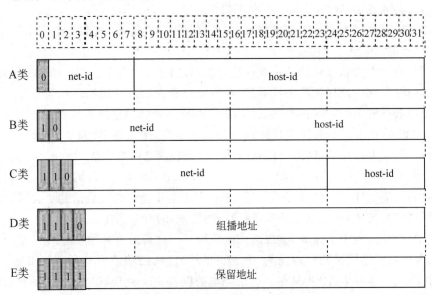

注: net-id为网络号码; host-id为主机号码

图 7-9　IP 地址分类

A 类 IP 地址是指,在 IP 地址的 4 段号码中,第一段号码为网络号码,剩下的 3 段号码为本地计算机的号码。如果用二进制表示 IP 地址,A 类 IP 地址就由 1 字节的网络地址和 3 字节的主机地址组成,网络地址的最高位必须是 0。A 类 IP 地址中网络的标识长度为 8 位,主机标识的长度为 24 位,A 类网络地址数量较少,可以用于主机数达 1600 多万台的大型网络。A 类 IP 地址范围是 1.0.0.0~126.255.255.255,最后一个是广播地址。A 类地址通常分配给大型的网络,每个网络支持的最大主机数为 $(2^{24}-2)$ 台 = 16 777 214 台。

B 类 IP 地址是指,在 IP 地址的 4 段号码中,前 2 段号码为网络号码。如果用二进制表示 IP 地址,B 类 IP 地址就由 2 字节的网络地址和 2 字节的主机地址组成,网络地址的最高位必须是 10。B 类 IP 地址中网络的标识长度为 16 位,主机标识的长度为 16 位,B 类网络地址适用于中等规模的网络,每个网络所能容纳的计算机数为 6 万多台。B 类 IP 地址范围是 128.0.0.0~191.255.255.255,最后一个是广播地址。B 类地址通常分配给大机构和大型企业,每个网络支持的最大主机数为 $(2^{16}-2)$ 台 = 65 534 台。

C 类 IP 地址是指,在 IP 地址的 4 段号码中,前 3 段号码为网络号码,剩下的一段号码为本地计算机的号码。如果用二进制表示 IP 地址,C 类 IP 地址就由 3 字节的网络地址和 1 字节的主机地址组成,网络地址的最高位必须是 110。C 类 IP 地址中网络的标识长度为 24 位,主机标识的长度为 8 位,C 类网络地址数量较多,适用于小规模的局域网络,每个网络最多只能包含 254 台计算机。C 类 IP 地址范围是 192.0.0.0~223.255.255.255。C 类地址用于小型网络,每个网络支持的最大主机数为 (2^8-2) 台 = 254 台。

D 类 IP 地址在历史上被称为多播地址,即组播地址。每个组播地址都落在 224.0.0.0~239.255.255.255 的空间范围内。该地址空间中的一部分被保留,被某些特殊的组功能、一些人们熟知的组播应用以及某些管理范畴的组播程序所使用。其余的地址部分可在需要进行组播传送时动态分配。

E 类地址是 Internet Engineering Task Force(IETF)组织保留的 IP 地址,用于该组织自己的研究。

2. 子网划分与子网掩码

今天看来,在 ARPANET 的早期,IP 地址的设计确实不够合理。

(1) IP 地址空间的利用率有时很低。每一个 A 类地址网络可连接的主机数超过 1000 万台,而每一个 B 类地址网络可连接的主机数量也超过 6 万台。然而有些网络对连接在网络上的计算机数目有限制,根本达不到这样大的数量。例如,10-BASE-T 以太网规定其最大结点数只有 1024 个。这样的以太网若使用一个 B 类地址就浪费 6 万多个 IP 地址,地址空间的利用率还不到 2%,而其他组织的主机根本无法使用这些被浪费的地址。IP 地址的浪费,还会使 IP 地址空间的资源过早地被用完。

(2) 给每一个物理网络分配一个网络号会使路由表变得太大,因而使网络性能变坏。每一个路由器都应当能够从路由表查出应怎样到达其他网络的下一跳路由器。因此,互联网中的网络数越多,路由器的路由表的项目数也就越多。这样,即使拥有足够多的 IP 地址资源给每一个物理网络分配一个网络号,也会导致路由器中的路由表中的项目数过多。这不仅增加了路由器的成本(需要更多的存储空间),而且使查找路由耗费更多的时间,同时也使路由器之间定期交换的路由信息急剧增加,因而使路由器和整个因特网的性能都将下降。

(3) 分类地址中,两级的 IP 地址不够灵活。有时情况紧急,一个组织需要在新的地点开通一个新的网络。但是,在申请到一个新的 IP 地址之前,新增加的网络是不可能连接到 Internet 上工作的。人们希望有一种方法,能够随时灵活地增加本组织的网络,而不必事先到 Internet 管理机构去申请新的网络号。原来的两级的 IP 地址无法做到这一点。

为解决上述问题,从 1985 年起在 IP 地址中又增加了一个"子网号字段",使得两级 IP 地址变成为三级 IP 地址,它能够较好地解决上述问题,并且使用起来也很灵活,这种做法称为划分子网,又称子网寻址或子网路由选择。

下面介绍划分子网的基本思路。

(1) 一个拥有许多物理网络的组织,可将所属的物理网络划分为若干个子网。划分子网纯属一个组织内部的事情。本组织以外的网络看不见这个网络是由多少个子网组成的,因为这个组织对外仍然表现为一个大网络。

(2) 划分子网的方法是:从网络的主机号借用若干个比特作为子网号,而主机号也就相应地减少了若干个比特。于是两级 IP 地址在本组织内部就变为三级 IP 地址:网络号、子网号和主机号。也可以用以下记法来表示:

IP 地址::={<网络号>,<子网号>,<主机号>}

凡是从其他网络发送给本组织某个主机的 IP 数据报,仍然是根据 IP 数据报的目的网络号来找到连接在本组织网络上的路由器。但此路由器在收到 IP 数据报后,再按目的网络号和子网号找到目的子网,将 IP 数据报交付给目的主机。

当没有划分子网时,IP 地址是两级结构,地址的网络号字段也就是 IP 地址的"因特网部分",而主机号字段是 IP 地址的"本地部分",如图 7-10(a)所示。划分子网后就变成了三级 IP 地址的结构。注意,划分子网只是将 IP 地址的本地部分进行再划分,而不改变 IP 地址的因特网部分,如图 7-10(b)所示。显然图 7-10(b)表示的各部分关系很清楚,但怎样才能让计算机也很容易地知道这样的划分呢?使用子网掩码可以解决这个问题。

子网掩码和 IP 地址一样长,都是 32 位,并且是由一串 1 和 0 组成的,如图 7-10(c)所示。子网掩码中的 1 表示在 IP 地址中网络号和子网号的对应比特,而子网掩码中的 0 表示在 IP 地址中主机号的对应比特。虽然没有规定子网掩码中的一串 1 必须是连续的,但建议选用连续的 1 以免出现可能发生的差错。

图 7-10(d)表示在划分子网的情况下,网络地址(即子网地址)就是将主机号置为全 0 的 IP 地址。这也是将子网掩码和 IP 地址逐比特相"与"(AND)的结果。这里要注意:网络地址(即子网地址)是{net-id+subnet-id+(host-id 所对应的 0)},而不仅仅是一个网号 subnet-id。为了进行对比,图 7-10(e)给出了不划分子网的网络地址。

最后需要强调的是,对于连接在一个子网上的所有主机和路由器,其子网掩码都是相同的。子网掩码是整个子网的一个重要属性。当然,一个路由器连接在两个子网上就拥有两个网络地址和两个子网掩码。

为了使不划分子网时也能使用子网掩码,需要使用特殊的子网掩码,即默认的子网掩

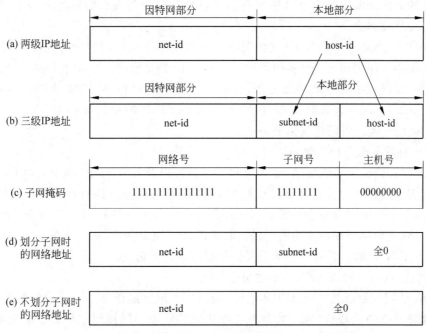

图 7-10 IP 地址的各字段和子网掩码

码。默认的子网掩码中 1 比特的位置和 IP 地址中的网络号字段正好相对应。因此,默认的子网掩码和某个划分子网的 IP 地址逐比特相"与"(AND),就得出该 IP 地址的网络地址,而不必考虑这是哪一类地址。显然有

A 类地址的默认子网掩码是 255.0.0.0 或 0xFF000000。
B 类地址的默认子网掩码是 255.255.0.0 或 0xFFFF0000。
C 类地址的默认子网掩码是 255.255.255.0 或 0xFFFFFF00。

以一个 B 类地址为例,说明可以有多少种子网划分的方法。在采用固定长度子网时,所划分的所有子网的子网掩码都是相同的。虽然根据已成为因特网标准协议的[RFC950]文档,子网号不能为全 1 或全 0,但随着无分类 IP 的广泛使用,现在全 1 和全 0 的子网号也可以使用了,但一定要弄清楚路由器所用的路由选择软件是否支持全 0 或全 1 的子网号这种较新的用法。

3. 无分类编址

划分子网在一定程度上缓解了因特网在发展中所遇到的困难。然而在 1992 年因特网仍然面临以下必须尽早解决的问题。

(1) B 类地址在 1994 年会全都分配完毕。
(2) 因特网主干网上的路由表中的项目数急剧增长(从几千个增长到几万个)。
(3) 整个 IPv4 地址空间最终将全部耗尽。

当时预计前两个问题将在 1994 年变得非常严重。因此,IETF 很快就研究出采用无

分类编址的方法来解决前两个问题,而第三个问题属于更加长远的问题由 IETF 的 IPv6 工作组负责研究解决。

其实早在 1987 年,RFC1009 就指明了在一个划分子网的网络中可同时使用几个不同的子网掩码。使用变长子网掩码可进一步提高 IP 地址资源的利用率。在 VLSM 的基础上又进一步研究出无分类编址方法,它的正式名字是无分类域间路由选择(Classless Inter-Domain Routing,CIDR)。在 1993 年形成了 CIDR 的正式文档 RFC1517～1520。现在 CIDR 已成为因特网建议标准协议。

CIDR 有以下两个最主要的特点。

(1) CIDR 消除了传统的 A 类、B 类和 C 类地址以及划分子网的概念,因而可以更有效地分配 IPv4 地址空间,并且可以在新的 IPv6 使用之前允许因特网的规模继续增长。CIDR 把 32 位的 IP 地址划分为前后两个部分。前面部分是"网络前缀"(简称"前缀")用来指明网络,后面部分则用来指明主机。因此,CIDR 使 IP 地址从三级编址(使用子网掩码)又回到了两级编址,但这已是无分类的两级编址。其记法是:

IP 地址::={<网络前缀>,<主机号>}。

CIDR 使用"斜线记法"或"CIDR 记法",它在 IP 地址后面加上一个斜线"/",然后写上网络前缀所占的比特数(这个数值对应于三级编址中子网掩码中比特 1 的个数)。例如,128.14.46.34/20,在这个 32 位的 IP 地址中,前 20 位表示网络前缀,而后面的 12 位为主机号。有时需要将点分十进制的 IP 地址写成二进制的数才能看清楚网络前缀和主机号。例如,上述地址的前 20 位是 10000000000011100010(这就是网络前缀),而后面的 12 位是 111000100010(这就是主机号,即 host-id)。

(2) CIDR 将网络前缀用相同的连续的 IP 地址组成"CIDR 地址块"。一个 CIDR 地址块是由地址块的起始地址(即地址块中地址数值最小的一个)和地址块中的地址数来定义的。这样,地址块也可用斜线记法来表示。例如,128.14.32.0/20 表示的地址块共有 2^{12} 个地址(因为斜线后面的 20 是网络前缀的比特数,所以主机号的比特数是 12,因而地址数就是 2^{12}),而该地址块的起始地址是 128.14.32.0。在不需要指出地址块的起始地址时,也可将这样的地址块简称为"/20 地址块"。上面的地址块的最小地址和最大地址为

最小地址　　128.14.32.0　　　　10000000000011100010000000000000
最大地址　　128.14.47.255　　　10000000000011100010111111111111

当然,这两个全 0 和全 1 的主机号地址一般并不使用,通常只使用在这两个地址之间的地址。当见到斜线记法表示的地址时,一定要根据上下文弄清它是指一个单个的 IP 地址还是指一个地址块。

由于一个 CIDR 地址块可以表示很多地址,所以在路由表中就利用 CIDR 地址块来查找目的网络。这种地址的聚合常称为路由聚合,它使得路由表中的一个项目可以表示很多个(如上千个)原来传统分类地址的路由。路由聚合也称为构超网。如果没有采用 CIDR,则在 1994 年和 1995 年,因特网的一个路由表就会超过 7 万个项目,而使用 CIDR 后,在 1996 年一个路由表的项目数只有 3 万多个。路由聚合有利于减少路由器之间的路由选择信息的交换,从而提高了整个因特网的性能。

CIDR 虽然不使用子网了,但仍然使用"掩码"这一名词(但不叫子网掩码)。对于

"/20 地址块",它的掩码是 11111111111111110000000000000000。CIDR 记法有几种等效的形式,例如 10.0.0.0/10 可简写为 10/10,也就是将点分十进制中低位连续的 0 省略。10.0.0.0/10 指出 IP 地址 10.0.0.0 的掩码是 255.192.0.0。比较清楚的表示方法是直接使用二进制,例如 10.0.0.0/10 可写为 0000101000xxxxxxxxxxxxxxxxxxxxxx。

这里的 22 个 x 可以是任意值的主机号(但全 0 和全 1 的主机号一般不使用)。因此,10/10 可表示包含 2^{22} 个 IP 地址的地址块,这类地址块具有相的网络前缀 0000101000。另一种简化表示方法是在网络前缀的后面加一个星号"*",例如 0000101000 *。

7.5 Internet 应用

7.5.1 域名系统

域名系统(Domain Name System,DNS)是一种按域层次结构组织计算机和网络的命名系统。DNS 命名用于 TCP/IP 构建的 Internet 网络。这是因为在因特网上,对于众多的由数字表示的一长串 IP 地址,人们记忆起来是很困难的,为此引入了域名的概念。通过为每台主机建立 IP 地址与域名之间映射关系,用户在网上可以避开难于记忆的 IP 地址,而使用域名来唯一标识网上的计算机。在因特网早期,整个网络上的计算机数目只有几百台,那时使用一个对照文件,列出所有主机名称和其对应的 IP 地址,用户只要输入主机的名称,计算机就可以很快地将其转换成 IP 地址。

虽然从理论上讲,可以只使用一个域名服务器,使它装入因特网上所有的主机名,并负责所有对地址的查询。然而这种做法并不可取。因为随着因特网规模的扩大,这样的域名服务器肯定会因超负荷而无法正常工作,而且一旦域名服务器出现故障,整个因特网就会瘫痪。因此,自 1983 年起,因特网开始采用一种树状、层次化的主机命名系统,即域名系统 DNS。

因特网的 DNS 是一个联机分布式数据库系统,采用客户/服务器方式。域名系统的基本任务是将字符表示的域名(如 lib.pku.edu.cn),转换成 IP 协议能够理解的 IP 地址格式(如 62.105.131.160),这种转换也称为域名解析。域名解析的工作通常由域名服务器来完成。域名系统确保大多数域名在本地进行域名解析,仅少数需要向上一级域名服务器请求解析,使得系统高效运行。同时,域名系统具有可靠性,即使某台计算机发生故障,解析系统仍然能够工作。

1. 因特网的域名结构

域名的意义就是以一组英文字符串来代替难以记忆的数字,入网的每台主机都具有唯一的一个域名。域名的地址格式为

计算机主机名.机构名.网络名.顶级域名

说明:同 IP 地址格式类似,域名的各部分之间也用英文句点"."隔开。例如,北京大学的主机域名地址是 www.pku.edu.cn,等同于 62.105.131.160。其中,www 表示这台主

机的名称,pku 表示北京大学,edu 表示教育网,cn 表示中国。

域名系统负责对域名到 IP 地址的转换,为了提高转换效率,因特网上的域名系统采用了一种由上到下的层次关系,根域(Root Domain)是一个英文句点".",它是域名结构中的最高级别,只负责保存顶级域的"DNS 服务器——IP 地址"的对应关系数据,也就是只负责.com 和.net 等顶级域名服务器的域名解析。

因特网的域名结构中的各层次是这样规定的,每一层的 DNS 服务器只负责管理其下一层"DNS 服务器——IP 地址"的对应关系数据,从而达到均衡负荷、方便快速查询的目的。而且 Internet 上任何一台 DNS 服务器都知道根域的 DNS 服务器地址,因为任何一台 DNS 服务器,当它不知道或解析不了域名时,就会请求根域的帮助,这是 DNS 服务器协同工作的起点。

现在顶级域名 TLD(Top Level Domain)有 3 类。

(1)国家顶级域:采用 ISO3166 的规定。例如,cn 表示中国,us 表示美国等。

(2)国际顶级域名:采用 ICANN 规定,国际性的组织可在下注册。

(3)通用顶级域名:根据 RFC1591 规定,最早的顶级域名有 6 个,即.com(商业)、.mil(军事部门)、.edu(教育机构)、.org(民间团体如组织)、.gov(政府机构)、.net(网络服务机构)。Internet 的域名结构如图 7-11 所示。

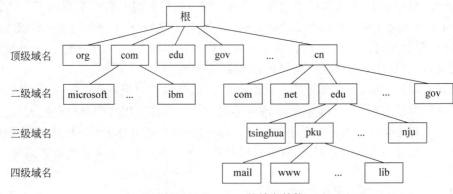

图 7-11　Internet 的域名结构

此外,由于因特网上用户的急剧增加,现在又新增了其他几个通用顶级域名,如.firm 表示公司企业,.arts 表示文化、娱乐活动的组织,.info 表示提供信息的组织等。

顶级域名由因特网网络中心负责管理。在国家顶级域名下的二级域名由各个国家自行确定。我国将二级域名按照行业类别或行政区域来划分。行业类别大致分为.ac(科研机构)、.com(商业企业)、.edu(教育机构)、.gov(政府部门)、.net(网络机构和中心)等。

中国教育与科研计算机互联网(CERNET)负责为.edu 二级域名下分配三级域名,即高等学校在校园网建设中申请各自的域名,由 CERNET 负责管理。而四级域名则由各高校自行分配。其他二级以及二级以下域名注册,由中国互联网网络信息中心(CNNIC)负责。

由此可见,因特网域名系统是逐层、逐级由大到小划分的,这样既提高了域名解析的效率,又保证了主机域名的唯一性。

2. 域名的解析过程

当使用浏览器阅读网页时,在地址栏输入一个网站的域名后(如 www.pku.edu.cn),会如何开始解析此域名所对应的 IP 地址呢?其 DNS 解析/查询过程如图 7-12 所示。

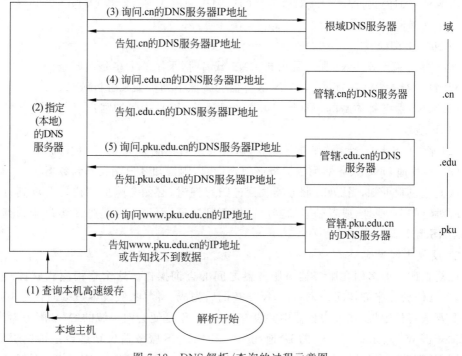

图 7-12 DNS 解析/查询的过程示意图

(1)解析程序会去检查本机的高速缓存记录,如果从高速缓存内即可得知该域名所对应的 IP 地址,就将此 IP 地址传给应用程序(本例为浏览器)。如果在高速缓存中找不到的话,则会进行下一步骤。

(2)若在本机高速缓存中找不到答案,则向本机指定的 DNS 服务器请求查询,DNS 服务器在收到请求后,会检查是否有相符的数据,没有则进行下一步骤。

(3)若还是无法找到对应的 IP 地址,那就必须借助其他 DNS 服务器了。这时候就会开始进行服务器对服务器之间的查询操作。它首先向根域服务器发出请求,查询管辖域的 DNS 服务器地址,根域服务器收到后将管辖.cn 域的 DNS 服务器 IP 地址发送给本地 DNS 服务器。

(4)本地 DNS 服务器得到结果后,再向管辖.cn 域的 DNS 服务器发出进一步的查询请求,要求得到管辖.edu.cn 的 DNS 服务器地址,管辖.cn 域的 DNS 服务器把结果返回本地 DNS 服务器。

(5)本地 DNS 服务器得到结果后,再向管辖.edu.cn 域的 DNS 服务器发出进一步的查询请求,要求得到管辖.pku.edu.cn 的 DNS 服务器地址,管辖.edu.cn 域的 DNS 服务器把结果返回本地 DNS 服务器。

（6）本地 DNS 服务器得到结果后,再向管辖.pku.edu.cn 域的 DNS 服务器发出查询 www 主机 IP 地址的请求,管辖.pku.edu.cn 域的 DNS 服务器把解析结果返回本地 DNS 服务器。

通过上述 6 个步骤,可以清楚地了解 DNS 的查询/解析过程。事实上,这 6 个步骤可以分为两种查询模式,即客户端对服务器的递归查询模式(第(2)步)及服务器和服务器之间的反复查询模式。

1) 递归查询模式

DNS 客户端要求 DNS 服务器解析 DNS 域名时,采用的大多是递归查询。当客户端向 DNS 服务器提出递归查询时,DNS 服务器会按照下列步骤来解析域名。

（1）DNS 服务器本身的信息足以解析该项查询,则直接告知客户端其查询的域名所对应的 IP 地址。

（2）若 DNS 服务器无法解析该项查询,会尝试向其他 DNS 服务器查询。

（3）若其他 DNS 服务器无法解析该项查询时,则告知客户端找不到数据。

从上述过程可知,当 DNS 服务器收到递归查询时,必然会响应客户端要求其查询的域名所对应的 IP 地址,或者是通知客户端找不到数据,而绝不会是告知客户端去查询一部分 DNS 服务器。

2) 反复查询模式

反复查询一般多用在服务器对服务器之间的查询操作。这个查询模式就像对话一样,整个操作会在服务器间一来一往,反复查询后完成。例如,假设客户端向指定的 DNS 服务器要求解析地址,如果服务器中并没有此记录,于是便会向根域的 DNS 服务器询问:请问你知道 www.sina.com.cn 的 IP 地址吗? 根域 DNS 服务器告知这台主机位于.cn 域下。同理,管辖.cn 域的服务器也只会告知管辖.com.cn 域的服务器 IP 地址,而指定的服务器便再通过此 IP 地址继续询问,一直问到管辖.sina.com.cn 的 DNS 服务器回复 www.sina.com.cn 的 IP 地址,或是告知"无此条数据"为止。

上述的过程看似复杂,其实可能只要短短的 1 秒钟就完成了。而通过这个结构,只要欲连接的主机已按规定注册登记,就可以很快地查出各地主机的 DNS 与 IP 地址了。

7.5.2 动态主机配置协议

为了把协议软件做成通用的和便于移植的,协议软件的编写者不会把所有的细节都固定在源代码中。相反,他们把协议软件参数化。这就使得在很多台计算机上有可能使用同一个经过编译的二进制代码。一台计算机和另一台计算机的许多区别,都可以通过一些不同的参数来体现。在协议软件运行之前,必须给每一个参数赋值。

在协议软件中给这些参数赋值的动作称为协议配置。一个协议软件在使用之前必须是已经正确配置的。具体的配置信息有哪些则取决于协议栈。例如,连接到因特网的计算机的协议软件需要配置的项目包括以下内容。

（1）IP 地址。

（2）子网掩码。

(3) 默认路由器的 IP 地址。

(4) 域名服务器的 IP 地址。

为了省去给计算机配置 IP 地址的麻烦,人们能否在计算机的生产过程中,事先给每一台计算机配置好一个唯一的 IP 地址(如同每一个以太网适配器拥有一个唯一的硬件地址)呢?这显然是不行的。这是因为 IP 地址不仅包括了主机号,而且还包括了网络号。一个 IP 地址指出了一台计算机连接在哪一个网络上。当计算机还在生产时,无法知道它在出厂后将被连接到哪一个网络上。因此,需要连接到因特网的计算机,必须对 IP 地址等项目进行协议配置。

用人工进行协议配置很不方便,而且容易出错。因此,应当采用自动协议配置的方法。因特网现在广泛使用的是动态主机配置协议(Dynamic Host Configuration Protocol,DHCP),它提供了一种机制,称为即插即用连网。这种机制允许一台计算机加入新的网络自动获取 IP 地址而不用手工参与。

DHCP 对运行客户软件和服务器软件的计算机都适用。当运行客户软件的计算机移至一个新的网络时,就可使用 DHCP 获取其配置信息而不需要手工干预。DHCP 给运行服务器软件且位置固定的计算机指派一个永久地址,而当这台计算机重新启动时其地址并不改变。

DHCP 使用客户/服务器方式。需要 IP 地址的主机在启动时就向 DHCP 服务器广播发送发现报文(将目的 IP 地址置为全 1,即 255.255.255.255),这时该主机就成为 DHCP 客户。发送广播报文是因为现在还不知道 DHCP 服务器在什么地方,因此要查找(发现)DHCP 服务器的 IP 地址。这台主机目前还没有自己的 IP 地址,因此它将 IP 数据报的源 IP 地址设为全 0。这样,在本地网络上的所有主机都能够收到这个广播报文,但只有 DHCP 服务器才对此广播报文进行回答。DHCP 服务器先在其数据库中查找该计算机的配置信息。若已找到,则返回找到的信息。若找不到,则从服务器的 IP 地址池中取一个地址分配给该计算机。DHCP 服务器的回答报文的过程称为提供报文,表示"提供"了 IP 地址等配置信息。

但是我们并不愿意在每一个网络上都设置一个 DHCP 服务器,因为这样会使 DHCP 服务器的数量太多。因此现在是使每一个网络至少有一个 DHCP 中继代理(通常是一台路由器,见图 7-13),它配置了 DHCP 服务器的 IP 地址信息。当 DHCP 中继代理收到主机 A 以广播形式发送的发现报文后,就以单播方式向 DHCP 服务器转发此报文,并等待其回答。收到 DHCP 服务器回答的提供报文后,DHCP 中继代理再把此提供报文发回给主机 A。需要注意的是,图 7-13 只是一个示意图。实际上,DHCP 报文只是 UDP 用户数据报的数据,它还要加上 UDP 首部、IP 数据报首部,以及以太网的 MAC 帧的首部和尾部后,才能在链路上传送。

DHCP 服务器分配给 DHCP 客户的 IP 地址是临时的,因此 DHCP 客户只能在一段有限的时间内使用这个分配到的 IP 地址。DHCP 协议称这段时间为租用期,但并没有具体规定租用期应取为多长或者至少为多长,这个数值应由 DHCP 服务器自己决定。例如,一个校园网的 DHCP 服务器可将租用期设定为 1 小时。DHCP 服务器在给 DHCP 发送的提供报文的选项中给出租用期的数值。按照 RFC2132 的规定,租用期用 4 字节的

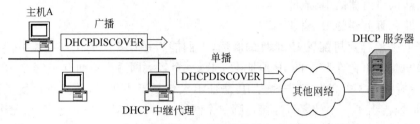

图 7-13　DHCP 中继代理以单播方式转发发现报文示意图

二进制数字表示,单位是秒。因此,可供选择的租用期范围从 1 秒到 136 年。DHCP 客户也可以在自己发送的报文中(如发现报文)提出对租用期的要求。

7.5.3　电子邮件

电子邮件是因特网的一个基本服务,电子邮件指用电子手段传送信件、单据、资料等信息的通信方法。通过网络的电子邮件系统,用户可以用非常低廉的价格,以非常快速的方式,与世界上任何一个角落的网络用户联系,这些电子邮件可以是文字、图像、声音等多种方式。同时用户可以得到大量免费的新闻、专题邮件,并轻松地实现信息搜索。电子邮件具有快速传达、不易丢失的特点。

电子邮件在因特网上发送和接收的原理可以很形象地用人们日常生活中邮寄包裹来形容:当要寄一个包裹时,人们首先要找到任何一个有这项业务的邮局,在填写完收件人姓名、地址等信息之后,包裹就寄出;而当包裹到了收件人所在地的邮局,对方取包裹时就必须去这个邮局才能取出。同样地,当人们发送电子邮件时,这封邮件是由邮件发送服务器(任何一个都可以)发出,并根据收信人的地址判断对方的邮件接收服务器,并将这封信发送到该服务器上,收信人要收取邮件也只能访问这个服务器才能完成。

电子邮件的工作过程遵循客户/服务器模式。每份电子邮件的发送都要涉及发送方与接收方,发送方构成客户端,而接收方构成服务器,服务器含有众多用户的电子信箱。发送方通过邮件客户程序,将编辑好的电子邮件向邮局服务器发送。邮局服务器识别接收者的地址,并向管理该地址的邮件服务器发送消息。邮件服务器将消息存放在接收者的电子信箱内,并告知接收者有新邮件到来。接收者通过邮件客户程序连接到服务器后,就会看到服务器的通知,进而打开自己的电子信箱来查收邮件。

常见的电子邮件协议有 SMTP(简单邮件传输协议)、POP(邮局协议)、IMAP(因特网邮件访问协议)。这几种协议都是由 TCP/IP 协议簇定义的。

(1) SMTP:是在邮局服务器之间传输邮件或者从客户端向服务器发送邮件所使用的网络协议,它主要负责底层的邮件系统如何将邮件从一台机器传送至另一台机器。

(2) POP:是把邮件从电子邮箱中传输到本地计算机的协议。目前的版本为 POP3。

(3) IMAP:是 POP3 的一种替代协议,目前的版本为 IMAP4,该协议提供了邮件检索和邮件处理的新功能,这样用户可以完全不必下载邮件正文就可以看到邮件的标题摘要,从邮件客户端软件就可以对服务器上的邮件和文件夹目录等进行操作。IMAP 协议增强了电子邮件的灵活性,同时也减少了垃圾邮件对本地系统的直接危害,同时也节省了用户查看电子邮件的时间。除此之外,IMAP 协议可以记忆用户在脱机状态下对邮件的操作(如移动邮件、删除邮件等)在下一次打开网络连接的时候会自动执行。

当前的两种邮件接收协议(POP、IMAP)和一种邮件发送协议(SMTP)都支持安全的服务器连接。在大多数流行的电子邮件客户端程序里面都集成了对安全连接的支持。

除此之外,很多加密技术也应用到电子邮件的发送、接收和阅读过程中。它们可以提供 128 位到 2048 位不等的加密强度。无论是单向加密还是对称密钥加密,都得到了广泛支持。

电子邮件地址的格式由 3 个部分组成:第一部分 USER 代表用户信箱的账号,对于同一个邮件接收服务器来说,这个账号必须是唯一的;第二部分@是分隔符;第三部分是用户信箱的邮件接收服务器域名,用以标识其所在的位置。

7.5.4 文件传输

文件传输是指将文件从一个计算机系统传送到另一个计算机系统的过程,这个过程需经由网络传输,由于网络中各个计算机的文件系统往往不相同,因此要建立全网公用的文件传输规则,这个规则就称为文件传输协议。与文件传输相关的协议有很多种,例如常见的 FTP(File Transfer Protocol),FTP 是 TCP/IP 网络上两台计算机传送文件的协议,属于应用层,它是 Internet 中最早提供的基本服务之一,目前仍被广泛使用。

FTP 和其他客户服务器应用程序的不同就是它在主机之间要用到两个 TCP 连接,一个是命令链路(21 端口),用来在 FTP 客户端与服务器之间传递命令;另一个是数据链路(22 端口),用来上传或下载数据。把命令和数据的传送分开使得 FTP 的效率更高。控制连接使用非常简单的通信规则。人们需要传送的只是一次一行命令或一行响应。另一方面数据传送需要更加复杂得多的规则,因为要传送的数据类型的种类较多。

FTP 有以下两种工作模式。

(1) PORT:属于主动模式,如图 7-14 所示。客户端向服务器的 FTP 端口发送连接请求,服务器接收连接请求后,建立一条命令链路。当需要传送数据时,客户端在命令链路上用 PORT 命令告诉服务器请求传送数据,于是服务器向客户端发送连接请求,建立一条数据链路来传送数据。

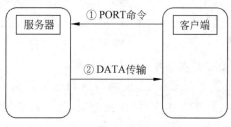

图 7-14　PORT 工作模式

（2）PASV：属于被动模式，如图7-15所示。客户端向服务器的FTP端口发送连接请求，服务器开一个临时端口并通知客户端将在这个端口上传送数据，客户端连接此端口，服务器将通过这个端口传送数据。

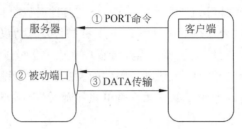

图7-15　PASV工作模式

FTP已经成为Internet上提供受限数据访问的流行方式。例如，假设你准备允许一部分人检索某文件，但是禁止其他人访问，于是你仅仅需要用FTP服务器设备将该文件存入一台计算机，然后通过口令限制对该文件的访问权限。然后知道口令的人们就可以通过FTP访问该文件，而其他不知道口令的人的访问就会被拒绝。在Internet中使用这种方式的计算机通常被称为FTP站点，因为它成为Internet上通过FTP使用文件的地方。

7.5.5　远程登录

因特网的一个早期应用是，允许计算机用户在很远的地方访问计算机。远程登录（Telnet）就是为了这个目的而建立的一个协议。当时，很少有人买得起计算机，只能通过Telnet的方式来访问因特网，也就是把低性能计算机连接到远程性能高的大型计算机上，低性能的计算机仿佛是这些远程大型计算机上的一个终端，人们仿佛坐在远程大型机的屏幕前一样输入命令，运行大型计算机中的程序。人们把这种将自己的计算机连接到远程计算机的操作方式称为登录，称这种登录的技术为远程登录（Telnet）。

远程登录是指用户使用Telnet命令，使自己的计算机暂时成为远程主机的一个仿真终端的过程。仿真终端等效于一个非智能的机器，它只负责把用户输入的每个字符传递给主机，再将主机输出的每个信息回显在屏幕上。Telnet是进行远程登录的标准协议和主要方式，它为用户提供了在本地计算机上完成远程主机工作的能力。

当用户想使用远程机器上的应用程序或实用程序时，就需要进行远程登录。用户把自己敲击键盘上的字符发送给终端驱动程序，同时本地操作系统接收这些字符，但并不解释它们。这些字符被送到Telnet客户。然后Telnet客户把这些字符转换成网络虚拟终端字符的通用字符集，再把它放入本地TCP/IP协议。

网络虚拟终端形式的命令或文本，通过因特网到达远程机器的TCP/IP协议。在这里字符被交给操作系统，然后递交给Telnet服务器，这个服务器再把这些字符转换成远程计算机可以理解的相应字符。但是，这些字符不能直接交给操作系统，远程的操作系统并没有被设计成能够接收来自Telnet服务器的字符；它被设计成只是接收来自终端驱动程序的字符。解决的方法是增加一个伪终端驱动程序的软件,它将这些字符伪装成好像从一个终端发来的,操作系统就把这些字符传递给适当的应用程序进行处理。

7.5.6 万维网

万维网又称 Web、WWW、W3,英文全称为 World Wide Web。万维网分为 Web 客户端和 Web 服务器程序。万维网可以让 Web 客户端(浏览器)访问浏览 Web 服务器上的页面。万维网是一个由许多互相连接的超文本组成的系统,通过因特网访问。

今天的万维网是分布式的客户/服务器,其中的客户用浏览器就能得到服务器提供的服务。分布在因特网上提供这种服务的服务器称为网站。每一个网站保存有一个或多个文档,称为网页,使用浏览器可以读取和阅读这个页面。大多数的网页自身包含有超连接指向其他相关网页,可能还有下载、源文献、定义和其他网络资源。像这样通过超连接,把有用的相关资源组织在一起的集合,就形成了一个所谓的信息的"网"。

万维网的核心部分是由 3 个标准协议构成的。

(1) 超文本传送协议(Hyper Text Transfer Protocol,HTTP):负责规定客户端和服务器之间的交流方式,规定了在客户端和服务器之间的请求和响应的交互过程必须遵守的规则。超文本传送协议是一种建立在 TCP 上的无状态连接。整个基本的工作流程是客户端发送一个 HTTP 请求,说明客户端想要访问的资源和请求的动作;服务端收到请求之后,开始处理请求,并根据请求做出相应的动作来访问服务器资源,最后通过发送 HTTP 响应把结果返回给客户端。其中,一个请求的开始到一个响应的结束称为事务,当一个事物结束后还会在服务端添加一条日志条目。

(2) 统一资源定位符(Uniform Resource Locator,URL):是对能从网上得到的资源的位置和访问方法的一种简洁表示。客户要访问万维网页面就需要地址,为了方便地访问世界范围内的文档,HTTP 使用定位符。在 Internet 上的所有资源都有一个独一无二的 URL 地址,并且无论是何种资源,都采用相同的基本语法。URL 定义了 4 项内容:协议、主机、端口和路径,一般形式为"<协议>://<主机名>:<端口号>/<路径>"。其中,协议是客户/服务器程序,用来读取文档,最常用的是 HTTP;主机是信息所存放的地点,通常是服务器的域名或 IP 地址;各种传输协议都有默认的端口号,如果输入时省略,则使用默认端口号;路径是文件存放的路径名。

(3) 超文本标记语言(Hyper Text Markup Language,HTML),作用是定义超文本文档的结构和格式。超级文本标记语言是标准通用标记语言下的一个应用,也是一种规范或一种标准,它通过标记符号来标记要显示的网页中的各个部分。网页文件本身是一种文本文件,通过在文本文件中添加标记符,可以告诉浏览器如何显示其中的内容(如文字如何处理、画面如何安排、图片如何显示等)。浏览器按顺序阅读网页文件,然后根据标记符解释和显示其标记的内容,对书写出错的标记将不指出其错误,并且不停止其解释执行过程,编制者只能通过显示效果来分析出错原因和出错部位。但需要注意的是,对于不同的浏览器,对同一标记符可能会有不完全相同的解释,因而可能会有不同的显示效果。

若要进入万维网的上一个网页,或者进入其他网络资源的时候,通常需要在浏览器上输入你想访问网页的统一资源定位符,或者通过超连接方式连接到那个网页或网络资源。这之后的工作首先是 URL 的服务器名称部分,被域名系统的分布于全球的因特网数据库解析,并根据解析结果决定进入哪一个 IP 地址。

接下来的步骤是为所要访问的网页,向在那个 IP 地址工作的服务器发送一个 HTTP 请求。通常情况下,HTML 文本、图片和构成该网页的一切其他文件很快会被逐一请求并被发送回用户。

网络浏览器接下来的工作是把 HTML 和其他接收到的文件所描述的内容,加上图像、连接和其他必须的资源显示给用户。这些就构成了用户所看到的"网页"。

7.6 习 题

1. 计算机网络的发展经历了几个阶段?各阶段的标志性事件是什么?
2. 什么是计算机网络?它由哪些部分组成?它的主要应用是什么?
3. 什么是计算机网络的拓扑结构?它有几种类型?
4. 什么是计算机网络通信协议?网络通信协议在网络中的作用是什么?说出几种常见的通信协议。
5. ISO 制定的 OSI/RM 有哪几层?各层的主要功能是什么?
6. Internet 中 IP 地址的类型有哪几种?如何识别一个 IP 地址的类型?
7. 子网掩码的作用是什么?
8. 域名系统的作用是什么?简述域名解析过程。
9. 动态主机配置协议 DHCP 的作用是什么?

第 8 章 多媒体技术

本章首先介绍多媒体技术的基本概念、研究的主要内容和涉及的核心技术,然后分别介绍多媒体技术中的文本、声音、图像和视频等媒体的数字化方法,接着介绍多媒体数据压缩技术,最后介绍多媒体新技术——虚拟现实技术。

8.1 多媒体技术概论

多媒体技术是使用计算机来综合处理文字、声音、图像和视频等信息的数字化信息处理技术,它使用户可以通过多种感官与计算机进行信息交互,是计算机技术的又一次革命。多媒体技术被广泛地应用于工业生产管理、学校教育、公共信息查询、商业广告、军事指挥与训练、家庭生活与娱乐等领域,给人们的工作、生活都带来了巨大的变化。

8.1.1 多媒体技术的基本概念

媒体(Medium)即媒介,是社会生活中信息传播、交流、转换的载体。在计算机领域,媒体通常包含两层含义:一是信息的表现形式,如语言、文字、图像、声音、视频等;二是储存、呈现、处理、传递信息的实体,如书本、光盘、硬盘、通信网络等。

国际电话电报咨询委员会(Consultative Committee on International Telephone and Telegraph,国际电信联盟的一个分会)将媒体分为如下 5 类。

(1) 感觉媒体(Perception Medium):指直接作用于人的感觉器官,使人产生直接感觉的媒体。例如,引起听觉反应的声音、引起视觉反应的图像等。

(2) 表示媒体(Representation Medium):指传输感觉媒体的中介媒体,即用于数据交换的编码。例如,图像编码(JPEG、MPEG 等)、文本编码(ASCII 码、GB2312 等)和声音编码等。

(3) 表现媒体(Presentation Medium):指进行信息输入和输出的媒体。例如,键盘、鼠标、扫描仪、话筒、摄像机等为输入媒体,显示器、打印机、喇叭等为输出媒体。

(4) 存储媒体(Storage Medium):指用于存储表示媒体的物理介质。例如,硬盘、光盘、ROM 及 RAM 等。

(5) 传输媒体(Transmission Medium):指传输表示媒体的物理介质。例如,双绞线、光纤、微波等。

计算机通过表现媒体的输入设备将感觉媒体输入并转换成表示媒体,然后存放在存储媒体中。计算机从存储媒体中获取表示媒体信息后进行加工、处理,最后用表现媒体的输出设备将表示媒体信息还原成感觉媒体并显示出来。此外,计算机也可以通过传输媒体将表示媒体传送到另一台计算机上。各类媒体与计算机系统的转换过程如图 8-1 所示。

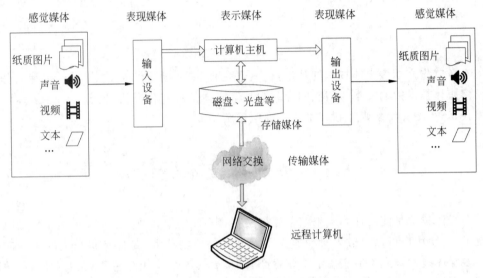

图 8-1　各类媒体与计算机系统的转换过程

多媒体是指把多种不同的但又相互关联的媒体(如文字、图像、声音、视频等)综合集成在一起而产生的一种存储、传播和表现信息的全新载体。多媒体的"多",不仅指的是媒体的多样性,而且更强调的是各媒体间的有机结合、人与媒体之间的交互作用。

通常人们谈论的多媒体往往与计算机联系起来,是指计算机综合处理多媒体信息的一整套相关技术,即多媒体技术。多媒体技术就是将文本、音频、图像和视频等多媒体信息,通过计算机进行采集、编码、存储、传输、处理、解码和再现等,使多媒体信息进行有机融合并建立逻辑连接,并集成为一个具有交互性的系统。

8.1.2　多媒体技术简介

多媒体技术是将先进的计算机技术、视听技术、通信技术、压缩技术等融为一体而形成的一种新技术,是一门跨多学科的综合技术。因此,多媒体技术的研究内容非常宽泛,本节只简要介绍两种主要的多媒体技术:数字化技术、数据压缩技术。

1. 数字化技术

多媒体技术的核心是利用计算机对文字、声音、图像、视频等信息进行综合处理。现实世界中,声音、图像等信息都是连续信号,即在时间、幅值上都是连续变化的。而对计算机来说,信息只能用 1 和 0 这两个符号构成的符号串表示。也就是说,计算机只能处理离散的数据,如果要使用计算机处理连续的信号,就必须将连续的信号数字化、离散化,所以数字化技术是多媒体技术的基础。

对于不同的媒体信息,数字化的要求和实现方法均有所不同。对于数字、西文字母、汉字等信息,可以通过数制转换、ASCII码、汉字编码等方法将其编码。而对于声音、图像、视频等连续的模拟信号就必须先将其转换成计算机能够处理的离散的数字信号。模拟信号的数字化过程如图8-2所示。

图8-2 模拟信号的数字化过程

（1）采样：是指将时间上或者空间上连续的信号转换成离散信号的过程。

（2）量化：采样点的值依然是模拟信号本身的值,所以其取值范围可能是无穷的,那么就需要对采样值的表示限定在一定范围内,这个过程就称为量化。模拟信号经过采样、量化后,它仅为有限个数值。

（3）编码：是指用一组二进制数来表示每一个量化值。

在实际数字化的过程中,量化是在编码过程中同时完成的,所以编码过程也称为模/数变换(Analog/Digital,A/D)。

2. 数据压缩技术

为了能在计算机上实现对多媒体信息的交互处理,就必须对各种媒体进行数字化。而数字化信息的数据量是十分庞大的。数字化后的声音、图像和视频,其庞大的数据量造成了存储和传输的困难,为了使多媒体技术达到实用水平,除了采用新的技术手段增加存储空间和通信带宽外,对数据进行有效压缩也是多媒体的另一个技术基础。

文字、图像、声音等多媒体数据,虽然其数据量是相当大的,但是这些数据量当中存在着大量的冗余。多媒体数据中的冗余主要有以下几种常见的情况。

（1）空间冗余：这是静态图像中存在的最主要的一种数据冗余。例如,在图像中同一景物表面上各采样点的颜色之间往往存在着空间连贯性,从而产生了空间冗余,如图8-3所示。可以利用这种空间连贯性,达到减少数据量的目的。

图8-3 包含空间冗余的图像

（2）时间冗余：这是序列图像（电视图像、运动图像）和语音数据中经常包含的冗余。图像序列中的相邻帧之间具有较大的相关性，这些相邻帧往往包含相同的背景和移动物体，这反映为时间冗余，如图 8-4 所示。在音频数据中，由于声音是一个连续的、渐变的过程，因而也同样存在时间冗余。

图 8-4　包含时间冗余的图像

（3）结构冗余：图像（草席、地板等图像）一般有非常规律的纹理结构，这类图像在结构上存在冗余。图 8-5 所示即为包含结构冗余的图像。

（4）知识冗余：理解图像与某些基础知识有相当大的相关性。例如，人脸的图像有固定的结构等。这类规律性的结构可由先验知识和背景知识得到，此类冗余称为知识冗余。

图 8-5　包含结构冗余的图像

（5）视觉冗余：事实证明，人类的视觉系统对于图像场的变化并不是都能感知的。例如，人类视觉系统在灰度等级上的分辨率仅为 2^6 级，而一般数字图像的量化采用的灰度等级为 2^8 级，很明显存在着视觉冗余。

综上所述，通过去除冗余数据可以使原始多媒体数据量极大地减少，从而解决多媒体数据量巨大的问题。通过数据压缩技术，以压缩形式进行存储和传输多媒体数据，既节省了存储空间，也提高了通信线路的传输效率，从而使得计算机实时处理音频、视频等信息成为可能。

8.1.3　多媒体技术的发展与应用

1. 多媒体技术的发展

多媒体技术是随着数字化技术、数据压缩技术、存储技术、通信和计算机技术的发展而发展起来的。在这一过程中，出现了几个具有代表性的阶段。

1984 年，美国 Apple 公司推出 Macintosh 计算机，首次采用了图形用户界面，开创了用计算机进行图像处理的先河，标志着计算机多媒体时代的到来。

1986 年，荷兰 PHILIPS 公司和日本 SONY 公司联合制定了交互式激光光盘系统标准（Compact Disc Interactive，CD-I），该标准允许把各种多媒体信息以数字化的形式存放在容量为 650MB 的只读光盘上，使得多媒体信息的存储规范化和标准化。

1987年，RCA公司制定了交互式数字视频技术标准（Digital Video Interactive，DVI），该技术标准在交互式视频技术方面进行了规范化和标准化，使得标准光盘能够存储静止图像、活动图像、声音和其他数据。

1990年11月，美国Microsoft公司和包括荷兰PHILIPS公司在内的一些计算机技术公司联合成立了多媒体个人计算机市场协会。1991年多媒体个人计算机市场协会推出了个人多媒体计算机标准——MPC1标准，1993年5月公布了MPC2标准，1995年6月又公布了MPC3标准。MPC3标准为了适应个人多媒体计算机的发展，又提高了软件、硬件的技术指标，更为重要的是，该标准制定了视频压缩技术MPEG的技术指标，使视频播放技术更加成熟和规范化。

目前，多媒体技术的发展趋势是逐渐把计算机技术、通信技术和大众传播技术融合在一起，建立更广泛意义上的多媒体平台，实现更深层次的技术支持和应用。从多媒体应用方面看，主要有以下5个发展趋势。

（1）从单个PC用户环境转向多用户环境和个性化用户环境。

（2）从集中式、局部环境转向分布式、远程环境。

（3）从专用平台和系统有关的解决方案转向开放性、可移植的解决方案。

（4）从被动的、简单的交互方式转向主动的、高级的交互方式。

（5）发展虚拟现实技术（Virtual Reality，VR）和增强现实技术（Augmented Reality，AR）。

2. 多媒体技术的应用

由于多媒体技术具有直观、信息量大、易于接受和传播迅速等显著的特点，多媒体的应用领域拓展十分迅速。同时，随着网络通信技术的发展，也加速了多媒体技术在教育、科技、文化、医疗、传媒、娱乐等领域的广泛应用，可以说多媒体技术几乎遍布各行各业以及人们生活的各个角落。

教育领域是应用多媒体技术最早的领域，多媒体技术对教育产生的影响比对其他领域的影响要深远得多。随着教学改革的不断深入，传统的教学手段已经跟不上教育前进的步伐，于是多媒体技术走进了课堂。首先，多媒体技术使教材发生了巨大变化，教材不仅有文字、静态图像，还可以有动态图像和语音等。其次，多媒体技术改变了传统的教学方式，通过多媒体技术不仅可以进行传统的课堂教学，还可以进行交互式的远程教学，使教育资源得到共享和有效利用。中国大学MOOC已经成为现今广泛使用的网上教学资源，如图8-6所示。

多媒体技术广泛地应用于电影、电视节目、书刊、游戏、动画和杂志的制作。设计者已经习惯使用计算机来制造特殊的效果、动画和高质量的出版物，使得作品更加具有观赏效果和艺术效果。

多媒体技术在工业生产实时监控系统中，尤其在生产现场设备故障诊断和生产过程参数检测等方面有着非常重要的实际应用价值。同时，将多媒体技术用于科学计算可视化，可使本来抽象、枯燥的数据用三维图像动态显示，使研究对象的内因与其外形变化同步显示。将多媒体技术用于模拟实验和仿真研究，会大大促进科研与设计工作的发展。

图 8-6　中国大学 MOOC 网上教学资源

多媒体技术在医疗方面的应用也起到了重要的作用。医学上广泛地将多媒体技术中的图像处理技术应用于图片增强、层析 X 射线造影术和外科手术模拟等方面。同时，以多媒体为主体的综合医疗信息系统可以实现远程医疗，使处于偏远地区的病人同中心城市的病人一样能够及时得到专家的诊断和治疗，图 8-7 简单描述了远程医疗的操作流程。

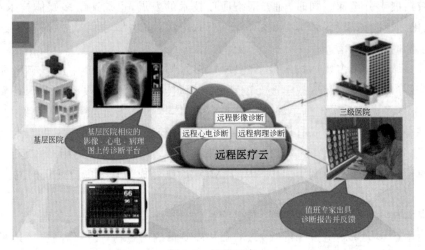

图 8-7　远程医疗

多媒体技术也广泛地应用于军事的指挥、控制、通信、计算机和情报等 C4I 系统的使用过程和功能显示中。另外，计算机模拟培训系统的出现和使用，也给飞机、军舰等的操作提供了一种更加直观、更加安全的训练手段，图 8-8 为模拟飞行训练的工作环境。多媒体技术在军事上的广泛应用,在一定程度上大大提高了军队的指挥、作战和训练水平。

图 8-8　模拟飞行训练的工作环境

8.2　文本数字化

　　文本是多媒体信息最基本的表示形式,也是计算机系统最早能够处理的信息形式之一。文本是由若干字符构成的。这里的一个字符是指独立存在的一个符号,例如中文汉字、大小写英文字母、日文的假名、数字和标点符号等。所以,文本数字化本质上就是字符的数字化。我们知道,在计算机中所有的数据在存储和运算时都要使用二进制数表示,而具体用哪些二进制数表示哪一个符号,当然每个人都可以约定自己的一套编码规则,但如果想要互相通信又不造成混乱,那么就必须使用相同的编码规则。例如,英文字符的ASCII 编码、中国国家标准汉字编码和 Unicode 编码等,这些编码标准统一规定了上述常用符号用哪些二进制数来表示,是大家共同使用的标准编码规则。

8.2.1　西文编码

　　美国标准信息交换代码(American Standard Code for Information Interchange,ASCII)是由美国国家标准学会(American National Standard Institute,ANSI)制定的标准的单字节字符编码方案。ASCII 已被国际标准化组织(International Organization for Standardization,ISO)定为国际标准,称为 ISO 646 标准,也适用于所有拉丁文字母。

　　ASCII 码一般由 8 位二进制组成,实际只使用低 7 位来表示,最高位设置成恒为 0。所以,ASCII 码实际表示的字符个数为 $2^7=128$ 个,剩余的一半编码空置留作他用。如表 8-1 所示,ASCII 码能够表示的字符中,0~31 及 127(共 33 个)是控制字符或通信专用字符,如控制符 LF(换行)、DEL(删除)等;32~126(共 95 个)是字符,其中 48~57 为 0~9这 10 个阿拉伯数字,65~90 为 26 个大写英文字母,97~122 为 26 个小写英文字母。

表 8-1 ASCII 字符表

L \ H	0000	0001	0010	0011	0100	0101	0110	0111
0000	NUL	DLE	SP	0	@	P	`	p
0001	SOH	DC1	!	1	A	Q	a	q
0010	STX	DC2	"	2	B	R	b	r
0011	ETX	DC3	#	3	C	S	c	s
0100	EOT	DC4	$	4	D	T	d	t
0101	ENQ	NAK	%	5	E	U	e	u
0110	ACK	SYN	&	6	F	V	f	v
0111	BEL	ETB	'	7	G	W	g	w
1000	BS	CAN	(	8	H	X	h	x
1001	HT	EM	)	9	I	Y	i	y
1010	LF	SUB	*	:	J	Z	j	z
1011	VT	ESC	+	;	K	[	k	{
1100	FF	FS	,	<	L	\	l	|
1101	CR	GS	-	=	M	]	m	}
1110	SO	RS	.	>	N	↑	n	~
1111	SI	US	↙	?	O	←	o	DEL

表 8-1 中,第一列表示编码中的低 4 位,第一行表示编码的高 4 位,一个字符所在行列的低 4 位编码和高 4 位编码组合起来即为该字符的编码。例如,数字符号 0 的编码为 00110000,对应十进制为 48。大写字母 A 的编码为 01000001,对应十进制为 65。小写字母 a 的编码为 01100001,对应十进制为 97。

8.2.2 中文编码

汉字信息的输入不能像英文字母那样通过键盘直接输入完成,而是要用英文键盘上不同字母的组合对每个汉字进行编码输入才能完成,因此对于中文信息处理来说,除了与西文的 ASCII 码相对应的汉字内码外,还有涉及汉字输入的输入编码。一般来说,汉字信息处理系统包括编码、输入、存储、编辑、输出和传输,其中编码是关键。

根据应用目的的不同,汉字编码分为输入码、交换码、机内码和字形码。

1. 输入码

输入码又称外码,是用来将汉字输入计算机中的一组键盘符号。常用的输入码有拼音码、五笔字型码(如图 8-9 所示)、郑码等,一种好的编码应有编码规则简单、易学好记、操作方便、重码率低、输入速度快等优点,每个人可根据自己的需要选择适宜的输入码。

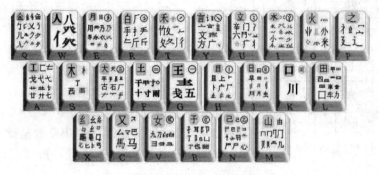

图 8-9　五笔字型键位表

2. 交换码

汉字交换码是指不同的具有汉字处理功能的计算机系统在交换汉字信息时所使用的代码标准。中国于 1981 年制定了中华人民共和国国家标准 GB2312-80《信息交换用汉字编码字符集——基本集》,提出了中华人民共和国国家标准信息交换用汉字编码,简称国标码。GB2312-80 标准包括了 6763 个汉字,按其使用频率分为一级汉字 3755 个和二级汉字 3008 个。一级汉字按拼音排序,二级汉字按部首排序。此外,该标准还包括标点符号、数种西文字母、图形、数码等符号 682 个。国标码采用十六进制的 21H~7EH 进行编码。

区位码是国标码的另一种表现形式,把国标 GB2312-80 中的汉字、图形符号组成一个 94×94 的方阵。方阵分为 94 个"区",每区包含 94 个"位"。其中,"区"的序号由 01~94,"位"的序号也是从 01~94。94 个区中位置总数为 94×94 即 8836 个,其中 7445 个汉字和每一个图形字符的各占一个位置后,剩下的 1391 个空位置保留备用。

区位码和国标码的换算关系是:区码和位码分别加上十进制数 32 即为国标码。例如,"国"字在表中的 25 行 90 列,其区位码为 2590,国标码是 397AH。

3. 机内码

汉字机内码,简称"内码",是指计算机内部存储、处理加工和传输汉字时所用的由 0 和 1 符号组成的代码。输入码被接收后就由汉字操作系统的"输入码转换模块"转换为机内码,与所采用的键盘输入法无关。机内码是汉字最基本的编码且是唯一的,不管是什么汉字系统和汉字输入方法,输入的汉字外码到机器内部都要转换成机内码,才能被存储和进行各种处理。

4. 字形码

字形码是汉字的输出码,输出汉字时都采用图形方式,无论汉字的笔画多少,每个汉

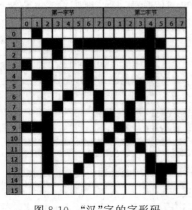

图 8-10 "汉"字的字形码

字都可以写在同样大小的方块中。通常用 16×16 点阵来显示汉字,图 8-10 所示为"汉"字的字形码。

因为汉字数量庞大、字形复杂且存在大量一音多字和一字多音等原因,致使汉字编码有诸多困难。例如,GB2312-80 中包含的汉字数目大大少于现行使用的汉字,在实际使用中,就会出现某些汉字不能输入,从而不能被计算机处理的问题。为了解决这些问题,以及配合 Unicode 编码的实施,1995 年全国信息化技术委员会将 GB2312 扩展为 GBK,可包含 20 902 个汉字,GBK2K 在 GBK 的基础上又做了进一步的扩充,增加了少数民族文字。

8.2.3 国际通用字符编码

Unicode 码又称统一码、万国码,是计算机科学领域里的一项业界标准。Unicode 码于 1990 年开始研发,1994 年正式公布,它是基于通用字符集(Universal Character Set,UCS)的标准开发的,它为每种语言中的每个字符设定了统一并且唯一的二进制编码,以满足跨语言、跨平台进行文本转换、处理的要求,解决了传统的字符编码方案的局限。

Unicode 码将 0~0x10FFFF 之中的数值赋给 UCS 中的每个字符。Unicode 码由 4 个字节组成,最高字节的最高位为 0。Unicode 编码体系具有较复杂的"立体"结构。首先根据最高字节将编码分成 128 个组(group),然后再根据次最高字节将每个组分成 256 个平面(plane),每个平面有 256 行(row),每行包括 256 个单元格(cell)。其中,group 0 的 plane 0 被称为 BMP(Basic Multilingual Plane)。

UCS 中的每个字符被分配占据平面中的一个单元格,该单元格代表的数值就是该字符的编码。Unicode5.0.0 已使用 17 个平面,共有 $17×2^8×2^8=1114112$ 个单元格,其中只有 238605 个单元格被分配,它们分布在 plane 0、plane 1、plane 2、plane 14、plane 15 和 plane 16 中。在 plane 15 和 plane 16 上只是定义了两个各占 65 534 个单元格的专用区,分别是编码 0xF0000~0xFFFFD 和 0x100000~0x10FFFD。专用区预留放置自定义字符。UCS 中包含 71 226 个汉字,plane 2 的 43 253 个字符都是汉字,余下的 27973 个在 plane 0 上。例如,"汉"字的 Unicode 码是 0x6C49,"字"的 Unicode 码是 0x5b57。从编码可以看出,"汉"和"字"都在 plane 0 上,因为其编码的高位两个字节都为 0。在 Unicode 编码中,汉字能够进一步扩充。目前,相关专家正计划将康熙辞典中包含的所有汉字汇入 Unicode 编码体系中。

计算机使用 Unicode 编码时,要将其转换成相关类型的数据。数据类型不同,转换方法也不同。计算机网络中有很多转换程序可供下载,在此不再赘述。

8.3 音频处理技术

声音是多媒体信息的一个重要组成部分,是人们进行交流和认识自然的主要媒体。

8.3.1 音频处理的基本知识

声音是由物体振动产生的声波,最初发出振动的物体称为声源,声音以波的形式通过弹性介质振动传播。声音随着时间连续变化,可以近似地看成一种周期性的函数。

声音可以用以下 3 个物理指标来描述。

(1) 振幅:是指从基线到波峰的距离。振幅决定了声音信号的强弱程度,振幅越大,声音越强。

(2) 周期:是指两个相邻波峰之间的时间长度,以秒(s)为单位。

(3) 频率:是指每秒钟信号变换的次数,是周期的倒数,以赫兹(Hz)为单位。周期或频率决定了音调,频率越高(周期越小),音调越高。

图 8-11 显示了 3 个物理指标在声音波形图上的含义。

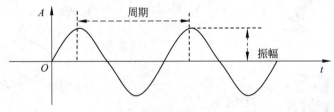

图 8-11 声音波形图

声音按照频率可分为 3 种:①频率在 20Hz~20kHz 之间的声音是可以被人耳识别的,称为音频;②频率低于 20Hz 的声音称为次声;③频率高于 20kHz 的声音称为超音频(或超声)。振幅和频率不变的声音称为纯音,而包含了至少两个频率成分的声音则称为复音。在自然界中,语音、乐音等大多数都是复音,纯音一般都是由专用的电子设备产生的。在复音中,最低频率称为基频,其他频率称为谐音。基频是决定声音音调的基本因素,基频和谐音组合后即可形成不同音质和音色的声音。表 8-2 中给出了部分常见声源的频率范围。

表 8-2 部分常见声源的频率范围

声 源 类 型	频率/Hz
男生	100~9000
女生	150~10 000
电话声音	200~3400

声 源 类 型	频率/Hz
电台调幅广播(AM)	50～7000
电台调频广播(FM)	20～15 000
高级音响设备声音	20～20 000
宽带音响设备声音	10～40 000

8.3.2 音频数字化与编码

声音信号是一种随时间连续变化的模拟信号,不能由计算机直接处理。因此,必须对连续的模拟信号进行一定的变化和处理,转换成二进制数据后,才能在计算机中进行进一步的加工处理。转换后的音频信号称为数字音频信号。模拟音频与数字音频的相互转换如图 8-12 所示。

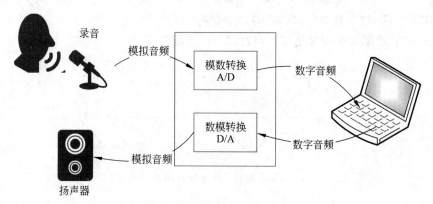

图 8-12 模拟音频与数字音频的转换过程

将模拟声音信号转换成数字信号的过程称为声音的数字化,是通过对模拟声音信号进行采样、量化和编码来实现的,整个数字化过程如图 8-13 所示。

(1) 采样:就是每隔一个时间间隔在模拟信号的波形上取一个幅度值,这样就得到了一个时间段内的有限个幅值,把时间上的连续信号变成了时间上的离散信号。这里的时间间隔就称为采样周期 t,其倒数为采样频率 $f=1/t$。

(2) 量化:就是把采样得到的声音信号幅度值转换为数字值。采样只解决了在时间坐标上把声音信号离散化,但是每一个幅度值的大小理论上仍为连续值,因此需要把声音信号在幅度值上离散化,即用有限个幅值来表示实际采样的幅值,这个过程就是量化。量化位数是指用来表示采样数据的二进制位数。例如,8 位量化级表示可以用 256(0～255)个不同的量化值来表示采样点的幅值。量化时,每个采样点的幅值被近似到最接近的整数。

(3) 编码:就是将量化后的幅值用二进制表示。这是声音数字化的最后步骤。

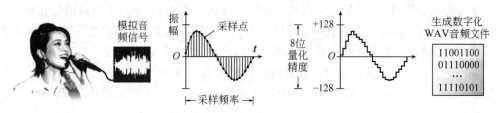

图 8-13 模拟音频信号的数字化过程

8.3.3 数字音频的技术指标

衡量数字音频的主要技术指标有采样频率、量化位数和声道数。

（1）采样频率：就是单位时间内采样的次数，单位为赫兹（Hz）。一般来讲，采样频率越高，即采样的时间间隔越短，计算机得到的声音样本数据就越多，则经过数字化的声音波形就越接近原始波形，对原始声音的表示就越精确，失真就越小，当然所需的存储容量也就越大。采样常采用的频率为 8kHz、11.025kHz、22.05kHz、44.1kHz。

在声音数字化的过程中，当采样频率大于模拟信号中最高频率的 2 倍时，就能够由采样信号还原成原来的声音，这就是著名的奈奎斯特采样定理。如果采样频率过低，则无法还原原来的声音，其原理如图 8-14 所示。

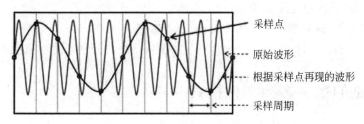

图 8-14 采样频率过低则无法还原声音

（2）量化位数：决定了模拟信号数字化后的动态范围。一般的量化位数为 8 位、12 位、16 位。量化位数越高，声音还原的层次就越丰富，音质就会越好，但是数据量也就越大。量化位数为 4 位的量化结果如图 8-15 所示。

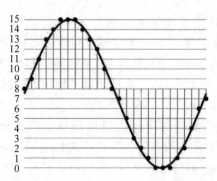

图 8-15 模拟信号转换为 4 位数字信号的采样和量化结果

量化会引起失真,并且量化失真是一种不可逆的失真,这就是通常所说的量化噪声。

(3) 声道数:是指所使用的声音通道的个数,它表明声音记录只产生一个波形(单声道),或两个波形(立体声或双声道),或者两个以上波形(环绕立体声)。

表 8-3 中给出了不同质量的声音对应的性能指标。其中,人们常用的 CD 音质,其采样频率为 44.1kHz,量化位数为 16 位,是双声道立体声。

表 8-3 不同质量的声音对应的性能指标

质量	采样频率/kHz	量化位数/b	声道	数据率/kbps	频率范围/Hz
电话	8	8	单声道	64.0	200~3400
AM	11.025	8	单声道	88.2	50~7000
FM	22.050	16	立体声	706	20~15 000
CD	44.1	16	立体声	1411.2	20~20 000
DAT	48	16	立体声	1536.0	20~20 000

通过上述对影响数字音频质量的技术指标的分析,可以得出声音数字化后数据量的计算公式,即

数据量(字节)=(采样频率(赫兹)×量化位数×声道数×持续时间(秒))÷8

例如,计算 3 分 30 秒的 CD 音质立体声歌曲所需的存储空间。已知 CD 音质的采样频率为 44.1kHz,采样量化位数为 16 位,双声道。

根据公式可知,该长度的 CD 所需存储空间为

((44.1×1000 ×16×2×210)÷8)B=37044000B≈35.33MB

8.3.4 常见的数字音频文件格式

声音信号数字化后,需要以各种形式在存储器上存储,常见的数字音频文件格式有下面几种。

(1) CD 文件:文件扩展名为.cda。CD 格式是音质比较高的音频格式,在大多数播放软件的"打开文件类型"中,都可以看到 *.cda 格式。标准 CD 格式使用的是 44.1kHz 的采样频率、16 位量化位数、双声道。

(2) WAVE 文件:文件扩展名为.wav(波形文件)。WAVE 是 Microsoft 公司开发的一种声音文件格式,用于保存 Windows 平台的音频信息资源,被 Windows 平台及其应用程序所支持。WAVE 格式支持多种量化位数、采样频率和声道,是个人多媒体计算机上最为流行的声音文件格式,但是 WAVE 文件通常占用很大的磁盘空间。其特点是:声音层次丰富,还原性好,表现力强。

(3) MP3 文件:文件扩展名为.mp3。目前网络上的音乐格式以 MP3 最为常见。MP3 使用 MPEG 音频编码,此编码具有很高的压缩比。例如一分钟 CD 音质的音乐,未经压缩需要 10MB 存储空间,而经过 MP3 压缩编码后只有 1MB 左右。虽然它是一种有损压缩,但是它的最大优势是以极小的声音失真换来较高的压缩比。

（4）WMA 文件：文件扩展名为.wma，是 Microsoft 公司开发的新一代网上流式数字音/视频技术。WMA 文件可以保证在只有 MP3 文件一半大小的前提下，保持相同的音质。

（5）RealAudio 文件：文件扩展名为.ra/.rm/.ram。RealAudio 文件是 RealNetWorks 公司开发的一种新型流式音频文件格式，主要用于在低速率的广域网上实时传输音频信息。

（6）MIDI 文件：文件扩展名为.mid。MIDI 文件是国际 MIDI 协会开发的乐器数字接口文件，是一种计算机数字音乐接口生成的数字描述音频文件。该格式文件本身并不记载声音的波形数据，只包含生成某种声音的指令。MIDI 文件主要用于计算机声音的重放和处理，其特点是数据量小。

（7）APE 文件：文件扩展名为.ape。APE 是目前流行的数字音乐文件格式之一，采用先进的无损压缩技术，在不降低音质的前提下，大小只有传统无损格式 WAVE 文件的一半。

8.3.5 数字音频编辑及常用软件

1. 数字音频编辑

声音数字化后，一般情况下都需要进一步对数字化音频进行编辑，这需要借助于专门的音频编辑软件。数字音频编辑一般包括音频内容的剪切、合成以及音质和效果的编辑等方面。下面简单介绍数字音频编辑的基本内容。

（1）多音轨：是指为了制作声音效果、音乐等而将不同的声音信号放在不同的音轨上，分别编辑，同时播放，最后将这些音轨合成并且输出为单一的音频文件。

（2）切边：从录音的最前面删去无声的内容或空白部分，并且删去文件末尾空白部分，这种操作称为切边。即使剪切几秒钟也会对文件大小造成很大的影响。

（3）拼接和组合：利用和切边相同的工具，可以删除外部噪声；也可以通过剪切和粘贴操作，将许多短的声音片段组合成较长的录音。

（4）音量调节：如果要把多个不同的录音片段组合成一个单一的音轨，就会出现各录音片段音量大小不一致的现象，要利用声音编辑器将所有参与组合的文件的音量归一到特定的水平。

（5）重采样或降低采样率：如果所用的采样参数不符合多媒体应用程序中的要求，这时声音文件就必须被重新采样或者降低采样频率。

（6）数字信号处理：一些音频卡配套的处理程序可利用数字信号处理的算法来产生回响、延时、和声以及其他声音特效。

2. 常用的音频处理软件

上述对音频的编辑都需要借助专门的音频工具软件。下面主要介绍几种常用的音频处理软件，这些软件主要完成对数字音频的录音采集、剪辑、效果处理等功能。

1）Cool Edit Pro

Cool Edit Pro 是由 Syntrillium Software Corporation 公司开发的一款功能强大、效

果出色的多轨录音和音频处理软件。它可以在普通声卡上同时处理多达 64 轨的音频信号，并能进行音频实时预览和多轨音频的混缩合成。Cool Edit Pro 的操作界面如图 8-16 所示。

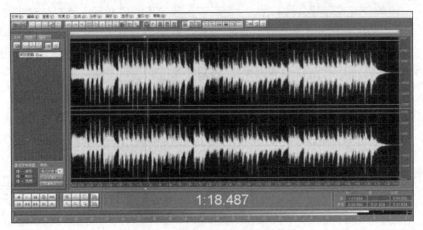

图 8-16　Cool Edit Pro 的操作界面

2）Sound Forge

Sound Forge 是 Sonic Foundry 公司开发的一款功能极其强大的专业化数字音频处理软件，能够非常方便、直观地实现对音频文以及视频文件中的声音部分进行各种处理，满足从最普通的用户到最专业的录音师的各种要求，所以一直是多媒体开发人员首选的音频处理软件之一。Sound Forge 的操作界面如图 8-17 所示。

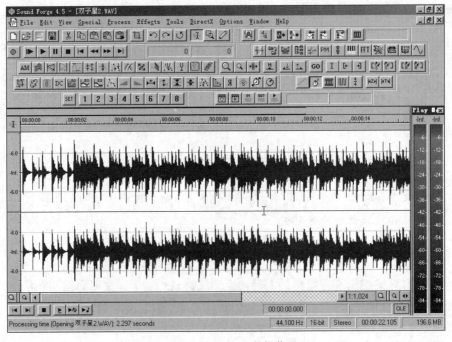

图 8-17　Sound Forge 的操作界面

8.4 图像、视频处理技术

静态图像、视频、图形和动画等都是视觉数据类型,而视觉是人类感知外部世界的重要途径,所以视觉信息处理技术是多媒体应用的一个核心技术。

8.4.1 图像和视频处理的基本知识

颜色是人的视觉系统对可见光的感知结果。在物理层面上,可见光是一个狭窄频段内(波长为380～780nm)的电磁辐射。可见光波段中的每一频率对应一种单独的光谱颜色,在低频率端是红色(波长为760nm),在高频率端是紫色(波长为380nm)。从低频到高频的光谱颜色变化分别是红、橙、黄、绿、青、蓝和紫,如表8-4所示。

表 8-4 可见光波长范围表

光　　色	波长 λ/nm	代 表 波 长
红(Red)	780～630	700
橙(Orange)	630～600	620
黄(Yellow)	600～570	580
绿(Green)	570～500	550
青(Cyan)	500～470	500
蓝(Blue)	470～420	470
紫(Violet)	420～380	420

1. 颜色三要素

颜色含有极其丰富的内容,但归纳起来,它有三要素:亮度、色调和饱和度。人们看到的任何一种彩色都是这3个要素的综合效果。

(1) 亮度:是光作用于人眼所引起的视觉的明暗度的感觉,是人眼对光强的感受。

(2) 色调:是由于某种波长的颜色光使观察者产生的颜色感觉,每个波长代表不同的色调。它反映颜色的种类,决定颜色的基本特性,例如红色、蓝色等都是指色调。

(3) 饱和度:是颜色强度或纯度,表示色调中灰色成分所占的比例。对于同一色调的彩色光,饱和度越深则颜色越鲜明或者越纯。例如,红色和粉红色,虽然这两种颜色有相同的主波长,但粉色是混合了更多的白色在里面,因此显得不太饱和。饱和度还与亮度有关,因为若在饱和的彩色光中添加白光的成分,这增加了光能,因而变得更亮了,但它的饱和度却降低了。

通常把色调、饱和度统称为色度。亮度表示某彩色光的明亮程度,而色度表示颜色的类别与深浅程度。

2. 颜色模型

颜色模型是对颜色量化方法的描述。在不同的领域经常会使用不同的颜色模式。例如，计算机显示采用 RGB 颜色模式，打印机一般使用 CMY 颜色模式，电视信号传输时采用 YUV 颜色模式。下面简单介绍计算机中常用的颜色模式。

1) RGB 颜色模型

基于"三原色"理论，人类的眼睛通过光对视网膜的锥状细胞中的 3 种视色素的刺激来感受颜色，这 3 种色素分别对红、绿、蓝色的光最敏感。这种视觉理论是使用三原色：红(Red)、绿(Green)和蓝(Blue)在视频监视器(电视机、显示器)上显示彩色的基础，称为 RGB 颜色模型。

可以使用由 R、G、B 坐标轴定义的单位立方体来描述这个模型，如图 8-18 所示。坐标原点代表黑色，坐标点(1,1,1)表示白色。

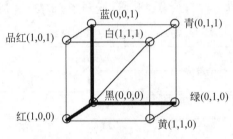

图 8-18 RGB 颜色立方体

RGB 颜色模型是加色模型，任何一种颜色都可以通过用红、绿、蓝 3 种基色按照不同的比例混合得到，即

$$C = rR + gG + bB$$

其中，混合比例 r、g、b 在 0~1 的范围内赋值。例如，品红是通过将红色和蓝色相加生成即(1,0,1)。

2) CMY 颜色模型

CMY 颜色模型使用青色(Cyan)、品红(Magenta)和黄色(Yellow)作为三原色，一般是打印机、绘图仪之类的硬拷贝设备使用的颜色模型。不同于 RGB 颜色模型的加色处理，打印机、绘图仪之类的设备往往通过往纸上涂颜料来生成彩色图片，人们通过反射光看到颜色，这是一种减色处理，如图 8-19 所示。

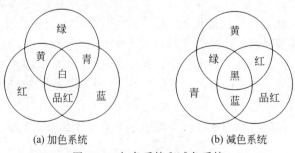

(a) 加色系统　　　　　　　　(b) 减色系统

图 8-19 加色系统和减色系统

青色可由绿色和蓝色相加得到,因此,当白色光从青色墨水中反射出来时,红色被墨水吸收了。同样,品红墨水减掉白色光中的绿色成分,而黄色墨水减掉光中的蓝色成分。

在实际使用中,因为青色、品红和黄色墨水的混合通常生成深灰色而不是黑色,所以将黑色墨水单独包含在其中,CMY 颜色模型也称为 CMYK 颜色模型,其中 K 是黑色参数。

3) HSL 颜色模型

另一个基于直观颜色参数的模型是 HSL 系统。HSL 颜色模型用 H、S、L 3 个参数描述颜色特性。其中,H 定义颜色的波长,称为色调;S 表示颜色的深浅程度,称为饱和度;L 表示强度或亮度。图 8-20 为计算机中通过 HSL 颜色模式设置颜色的对话框。

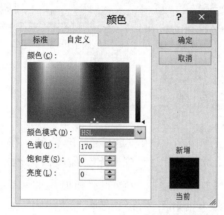

图 8-20　计算机中通过 HSL 颜色模式设置颜色的对话框

4) Lab 颜色模型

Lab 颜色模式是一种与设备无关的颜色模型,也是一种基于生理特征的颜色模型。Lab 颜色模型是所有模式中色彩范围最广的一种模式,在进行 RGB 与 CMYK 模式的转换时,系统内部会先转换成 Lab 模式,再转换成 CMYK 颜色模式。Lab 颜色模型由 L、a、b 3 个要素组成,其中 L 是亮度,a 和 b 是两个颜色通道。a 包括的颜色是从深绿色(低亮度值)到灰色(中亮度值),再到亮粉色(高亮度值);b 是从蓝色(低亮度值)到灰色(中亮度值),再到黄色(高亮度值),其中 a 和 b 的取值范围都是 $-127\sim128$。图 8-21 为计算机中通过 Lab 颜色模式设置颜色的对话框。

5) YUV 颜色模型

YUV 是被欧洲电视系统所采用的一种颜色编码方法,其中 Y 代表亮度(其实 Y 就是图像的灰度值),U 和 V 表示色度,作用是描述影像色彩及饱和度,用于指定像素的颜色。采用 YUV 颜色模型的重要性,是它的亮度信号 Y 和色度信号 U、V 是分离的。如果只有 Y 信号分量而没有 U、V 信号分量,那么这样表示的图像就是黑白灰度图像。彩色电视采用 YUV 颜色模型,正是为了用亮度信号 Y 解决彩色电视机与黑白电视机的相容问题,使黑白电视机也能接收彩色电视信号。

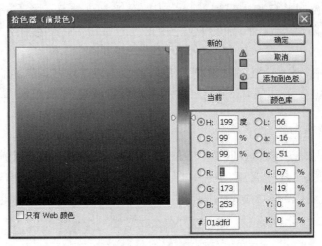

图 8-21　计算机中通过 Lab 颜色模式设置颜色的对话框

8.4.2　图像数字化与编码

图像是由二维平面上无穷多个点构成的,图像颜色的变化也可能会有无穷多个值。这种在二维空间中位置、颜色都是连续变化的图像称为连续图像。用计算机来处理图像,首先就要把这种连续图像转换为计算机能够表示和处理的数字图像,这个过程就是图像的数字化。图像数字化主要包括对图像进行采样、量化和编码。

(1) 采样:对图像在水平和垂直方向上等间距地分割成矩形网状结构所形成的微小方格称为像素点。通过采样,就将二维空间上连续的灰度或者色彩信息转化为一系列有限的离散数值的过程。被分割的图像,如果水平方向有 M 个间隔,垂直方向有 N 个间隔,图像就被采样为由 $M \times N$ 个像素点构成的集合,$M \times N$ 即为图像分辨率。如图 8-22 所示,一幅 64×48 分辨率的图像,表示这幅图像是由 64×48=3072 个像素点组成的。

图 8-22　图像采样图

(2) 量化：采样后的每个像素的颜色值仍然是连续的，因此需要对颜色进行离散化处理，这个过程称为量化。量化的具体做法是将图像采样后的灰度或者颜色样本值划分为有限多个区域，把落入某区域内的所有样本用同一值表示，这样就可以用有限的离散数值来表示无限的连续模拟量，从而实现离散化。例如，如果以 4 位来存储一个像素点的颜色值，则表示图像只能有 $2^4=16$ 种颜色。

(3) 编码：将量化后的每个像素的颜色值用不同的二进制编码表示。于是就得到了 $M \times N$ 的数值矩阵，把这些编码数据一行一行地存放到文件中，就构成了数字图像文件的数据部分。图 8-23 显示了一个黑白两色构成的简单图像对应的颜色矩阵。

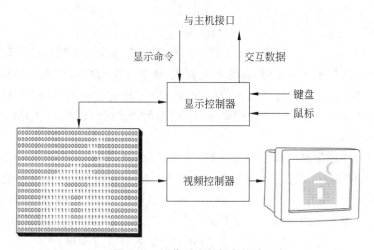

图 8-23　图像对应的颜色矩阵

8.4.3　数字图像的技术指标

数字图像主要有以下技术指标。

(1) 图像分辨率：采样过程决定了图像分辨率。例如，图像的分辨率为 512×512，表示组成该图像的像素每行有 512 个，共有 512 行，它的像素总数为 512×512＝262144 个。对于同样大小的一幅原图，如果数字化时图像分辨率高，则组成该图的像素点数目就越多，图像质量就越好，显示效果如图 8-24 所示。

图 8-24　分辨率与图像质量

人们经常接触到的另外两个分辨率是屏幕分辨率和扫描分辨率。

屏幕分辨率是指一个显示屏幕上能够显示的像素数量,通常用横向和纵向的像素数量相乘来表示。例如,屏幕分辨率为1024×768。如果一个图像的图像分辨率为1024×1024,那么将它显示在屏幕分辨率为1024×1024的显示器上,图像就是满屏显示。如果图像分辨率大于屏幕分辨率,则图像只能显示出局部。图像分辨率是图像的固有属性,屏幕分辨率体现显示设备的显示能力,它与显示器的硬件参数有关。

扫描分辨率指的是扫描仪在扫描图像时每英寸所包含的像素点数,单位是 dpi,dpi 值越大,扫描的效果也就越好。例如,某款产品的分辨率标识为600×1200dpi,就表示它可以将扫描对象每平方英寸的内容表示成水平方向 600 点、垂直方向 1200 点,两者相乘共 720000 个点。

(2)像素深度:是指记录每一个像素点颜色值所使用的二进制位数。像素深度决定了彩色图像中出现的最多颜色数,像素深度越大,则数字图像中可以表示的颜色越多。

RGB 颜色模式中,如果分别用 8 位来表示三原色分量的强度,则图像的像素深度为 24 位,图像可容纳 $2^{24}=16777216$ 种颜色。这样得到的颜色可以反应原图的真实颜色,所以称为真彩色。

如果图像的亮度信息有多个中间级别,但是不包括彩色信息,这样的图像称为灰度图像。例如,把由黑-灰-白连续变化的灰度值量化为 256 个灰度值,即每个像素点的灰度值用一个字节来表示,称为 256 级(8 位)灰度。图像也可以有 16 级、65536 级(16 位)灰度。

在不进行压缩的情况下,一个图像的数据量可以通过下面的公式计算。

$$图像数据量(字节)=(图像的总像素×像素深度)÷8$$

例如,一幅分辨率为 640×480 的真彩色图像,其数据量大小为

$$((640×480×24)÷8)B=900KB$$

图像分辨率越高,像素深度越大,则数字化后的图像效果越逼真,图像的数据量也越大。由于图像数据量很大,所以数据的压缩就成为图像处理的重要内容之一。

8.4.4 常见的数字图像文件格式

数字图像文件在计算机中有多种存储格式,常用的有 BMP、JPEG、PNG、GIF 等格式。

(1)BMP 格式:文件扩展名为.bmp,是 Windows 操作系统的标准图像文件格式,得到多种 Windows 应用程序的支持。其特点是:包含的图像信息丰富,不进行压缩,文件占用的存储空间较大。

(2)JPEG 格式:文件扩展名为.jpg,既是一种文件格式,也是一种压缩技术。JPEG 应用广泛,大多数图像处理软件均支持此格式。目前,各类浏览器也都支持 JPEG 格式,其文件尺寸较小,下载速度快,使 Web 网页可以在较短的时间下载大量精美的图像。

(3)GIF 格式:文件扩展名为.gif,是网页上常使用的图像文件格式。其特点是:压缩比高,存储空间占用较小,下载速度快,可以存储简单的动画。网络上的大量彩色动画多采用此格式。

(4) PNG 格式：文件扩展名为.png，是目前保证最不失真的格式，它汲取了 GIF 和 JPEG 格式两者的优点，存储形式丰富。PNG 格式用来存储彩色图像时，其颜色深度可达 48 位，存储灰度图像时可达 16 位。PNG 格式具有很高的显示速度，是一种新兴的网络图像格式。PNG 的缺点是不支持动画。

(5) TIFF 格式：文件扩展名为.tif，是图形图像处理中常用的格式之一，其图像格式很复杂，但由于它对图像信息的存放灵活多变，可以支持很多色彩系统，而且独立于操作系统，因此得到了广泛应用。

8.4.5 数字图像处理及常用软件

1. 数字图像处理

图像处理最早出现于 20 世纪 50 年代，当时的电子计算机已经发展到一定水平，人们开始利用计算机来处理图形和图像信息。数字图像处理作为一门学科形成于 20 世纪 60 年代初。早期图像处理的目的是改善图像的质量，它以人为对象，以改善人的视觉效果为目的。图像处理中，输入的是质量低的图像，输出的是改善质量后的图像。常用的图像处理方法有图像增强、复原、编码和压缩等。

(1) 图像变换：由于图像阵列很大，若直接在空间域中进行处理，则涉及的计算量很大。因此，往往采用各种图像变换的方法，如傅里叶变换、沃尔什变换、离散余弦变换等间接处理技术，将空间域的处理转换为变换域的处理，不仅可减少计算量，而且可获得更有效的处理，例如傅里叶变换可在频域中进行数字滤波处理。目前，新兴研究的小波变换在时域和频域中都具有良好的局部化特性，在图像处理中也有着广泛而有效的应用。

(2) 图像编码压缩：可以减少描述图像的数据量（即比特数），以便节省图像传输和处理时间，减少图像所占用的存储器容量。压缩可以在不失真的前提下获得，也可以在允许的失真条件下进行。编码是压缩技术中最重要的方法，它在图像处理技术中是发展最早且比较成熟的技术。

(3) 图像增强和复原：图像增强和复原的目的是为了提高图像的质量，例如去除噪声、提高图像的清晰度等。图像增强不考虑图像降质的原因，突出图像中所感兴趣的部分。例如，强化图像高频分量，可使图像中物体轮廓清晰，细节明显。再如，强化低频分量可以减少图像中噪声的影响。图像复原要求对图像降质的原因有一定的了解，一般来讲应根据降质过程建立"降质模型"，再采用某种滤波方法，恢复或重建原来的图像。

(4) 图像分割：是数字图像处理中的关键技术之一。图像分割是将图像中有意义的特征部分提取出来，其有意义的特征有图像中的边缘、区域等，这是进一步进行图像识别、分析和理解的基础。虽然目前已经研究出不少边缘提取、区域分割的方法，但是还没有一种普遍适用于各种图像的有效方法。因此，对图像分割的研究还在不断深入，是目前图像处理中研究的热点之一。

(5) 图像描述：是图像识别和理解的必要前提。作为最简单的二值图像可采用其几何特性描述物体的特性,一般图像的描述方法采用二维形状描述,它有边界描述和区域描述两种方法。对于特殊的纹理图像可采用二维纹理特征描述。随着图像处理研究的深入发展,已经开始进行三维物体描述的研究,提出了体积描述、表面描述、广义圆柱体描述等方法。

(6) 图像分类(识别):属于模式识别的范畴,其主要内容是图像经过某些预处理(增强、复原、压缩)后,进行图像分割和特征提取,从而进行判决分类。图像分类常采用经典的模式识别方法,有统计模式分类和句法(结构)模式分类,近年来新发展起来的模糊模式识别和人工神经网络模式分类在图像识别中也越来越受到重视。

2. 常用图像处理软件

图像处理软件是以图像为处理对象,以像素为基本处理单位的图像编辑软件,可对图像进行裁剪、拼接、混合、添加效果等多种处理。下面简单介绍两种常用的图像处理软件。

1) Photoshop

Photoshop 简称 PS,是由 Adobe Systems 开发和发行的图像处理软件,以其强大的功能和友好的界面成为当前最流行的图像处理软件之一。Photoshop 主要处理像素所构成的数字图像,使用其众多的编辑修改与绘图工具,可以有效地进行图片编辑工作。截止 2019 年 1 月 Adobe Photoshop CC 2019 为市场最新版本,其操作界面如图 8-25 所示。

图 8-25　Photoshop 操作界面

2) Painter

Painter,意为"画家",由加拿大著名的图形图像类软件开发公司——Corel 公司出品。与 Photoshop 相似,Painter 也是基于像素的图像处理和图形处理软件。Painter 是一款极其优秀的仿自然绘画软件,拥有全面和逼真的仿自然画笔,具有强大的油画、水墨画绘制功能,适合于专业美术家从事数字绘画,其操作界面如图 8-26 所示。

图 8-26　Painter 的操作界面

8.4.6　视频技术

人眼在观察景物时，当看到的影像消失后，人眼仍能够继续保留其影像 0.1～0.4s 的时间，这种现象称为视觉暂留现象。那么将一幅幅独立的图像按照一定的速率连续播放（一般为 25～30 幅/s），在眼前就形成了连续运动的画面，这就是动态图像或运动图像，其中每一幅图像称为一帧。

动态图像序列根据每一帧图像的生成形式，又分为不同的种类。当每一帧图像都是通过摄像机等设备实时捕捉的自然景物时，就称其为动态影像视频，简称视频。如果每一帧图像都是通过人工或者计算机生成时，就称其为动画。

视频是运动图像与连续的音频信息在时间轴上同步运动的混合媒体。音频信息的数字化过程在 8.3 节中已经详细介绍，本节所述的视频数字化仅指运动图像的数字化。

1. 模拟视频与数字视频

模拟视频是指每一帧图像是实时获取的自然景物的真实图像信号，并以连续的模拟信号方式存储、处理和传输。传统的视频信号都是以模拟方式进行存储和处理的。模拟视频信号具有成本低和还原性好等优点，视频画面往往会给人一种身临其境的感觉。但它的最大缺点是，不论被记录的图像信号有多好，经过长时间的存放之后，信号和画面的质量将大大降低；或者经过多次复制之后，画面的失真会很明显。与数字视频相比，模拟视频不便于编辑、检索和分类，而且不适合网络传输。

世界上常用的模拟视频标准有 3 种：NTSC、PAL 和 SECAM，不同标准之间的主要区别在于刷新速度、颜色编码系统以及传送频率等。中国和大多数欧洲国家使用 PAL 标准,美国和日本使用 NTSC 标准,而法国等一些国家使用 SECAM 标准。

数字视频信号是基于数字技术记录的视频信息,以离散的数字信号方式进行表示、存储、处理和传输。通过视频采集卡将采集到的模拟视频信号进行模/数转换,将转换后的数字信号采用数字压缩技术存入计算机存储器中就形成了数字视频。

2. 视频信息的数字化

高质量的原始素材是获得高质量视频产品的基础。视频信息的获取主要有两种方式:一种方式是利用数字摄像机拍摄实际景物,从而直接获得无失真的数字视频信号;另一种方式是将模拟视频信号数字化,即对模拟视频信号进行采样、量化、编码,然后将数据存储起来。

要在多媒体计算机系统中处理视频信息,就必须对不同信号类型、不同标准格式的模拟信号进行数字化处理。同时,由于模拟视频信号既是空间函数,又是时间函数,而且是采用隔行扫描的显示方式,所以视频信号的数字化过程远比静态图像的数字化过程复杂。

通常,视频数字化有复合数字化和分量数字化两种方法。复合数字化是先用一个高速的模/数转换器对真彩色电视信号进行数字化,然后在数字域中分离亮度和色度,以获得 YUV 分量,最后再转换成 RGB 分量。分量数字化是先把视频信号中的亮度和色度进行分离,得到 YUV 分量,然后用 3 个模/数转换器对 3 个分量分别进行数字化,最后再转换成 RGB 分量(此过程称为彩色空间转换)。分量数字化是采用较多的一种模拟视频数字化的方法。采用分量数字化的视频数字化过程如图 8-27 所示。

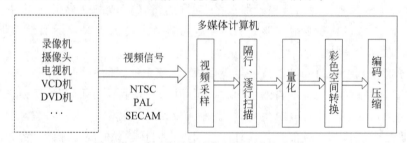

图 8-27 采用分量数字化的视频数字化过程

视频数字化过程就是将模拟信号经过采样、量化、编码后,变成数字视频信号的过程。PC 上有一个用于处理视频信息的设备卡——视频卡,视频卡负责将模拟视频信号数字化或者将数字信号转换为模拟信号。

3. 常见视频文件格式

常见的视频文件格式有 AVI、WAV、RM、RMVB、MPEG、MOV 等,视频文件的使用一般与标准有关。

(1) AVI 格式:文件扩展名为.avi,是一种视频信息与同步音频信号结合在一起存储的多媒体文件格式。它以帧为单位存储动态视频,在每一帧中,都是先存储音频数据,再存储视频数据。整体来看,音频数据和视频数据相互交叉存储。AVI 格式的动态视频可以嵌入任何支持对象连接与嵌入的 Windows 应用程序中。

（2）MPEG 格式：文件扩展名为.mp4，是采用 MPEG 方法进行压缩的运动视频图像文件格式，目前许多视频处理软件都支持此格式。

（3）WAV 格式：文件扩展名为.wav，是一种可以直接在网上实时观看视频节目的文件压缩格式。在同等视频质量下，WAV 格式的体积非常小。同样的 2h 的 HDTV 节目，MPEG-2 最多能压缩到 30GB；而使用 WAV 格式，可以在画质丝毫不降低的前提下压缩到 15GB 以下。

（4）RM/RMVB 格式：文件扩展名为.rm/.rmvb，其主要特点是用户使用 Realplayer 播放器可以在不下载音频/视频内容的条件下实现在线播放。RMVB 格式是由 RM 视频格式升级而来的，改变了 RM 格式平均压缩采样的方式，对静止和动作场面少的画面场景采用较低的编码速率，而在出现快速运动的画面场景时则采用较高的编码速率，所以 RMVB 格式称为可变比特率的 RM 格式。

（5）MOV 格式：文件扩展名为.mov，是 Apple 公司开发的一种用于保存音频和视频信息的视频文件格式，也称为 QuickTime 视频格式。QuickTime 格式基本上成为电影制作行业的通用格式。QuickTime 可储存的内容相当丰富，除了视频、音频以外，还可以支持图片、文字（文本字幕）等。

（6）MKV 格式：文件扩展名为.mkv，是一种新的多媒体封装格式，可把多种不同编码的视频及 16 条以上不同格式的音频和语言不同的字幕封装到一个 Matroska Media 文档内。它也是一种开放源代码的多媒体封装格式。MKV 格式同时还可以提供非常好的交互功能，比 MPEG 更方便、更强大。

4. 常用视频处理软件

视频处理软件是完成视频信息编辑、处理的工具，通过它人们可以把各种音/视频素材剪辑、拼接、混合成一段可用的视频，并添加字幕以及多种特效效果。

1）Adobe Premiere

Adobe 公司推出的视音编辑软件 Premiere 已经在影视制作领域取得了巨大的成功，因其编辑功能强大、管理方便、特级效果丰富、采集素材方便，现在被广泛地应用于电视台、广告制作、电影剪辑等领域，成为 PC 和 MAC 平台上应用最为广泛的视频编辑软件。现在 Adobe Premiere 常用的版本有 Adobe Premiere CC 2017、Adobe Premiere CC 2018 和 Adobe Premiere CC 2019 版本。图 8-28 为 Adobe Premiere CC 2017 软件的开始界面。

2）Corel video studio

Corel video studio（会声会影）是加拿大 Corel 公司制作的一款功能强大的视频编辑软件。虽然 Adobe Premiere 功能强大，但是显得太过专业、功能繁多，并不是非常容易上手。Corel video studio 便是完全针对家庭娱乐、个人纪录片制作等简便的视频编辑软件。图 8-29 为 Corel video studio 2019 软件的开始界面。

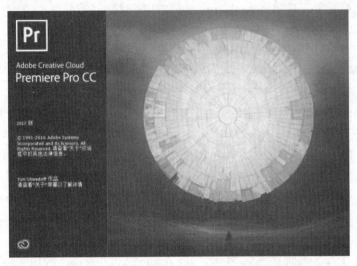

图 8-28　Adobe Premiere CC 2017 软件的开始界面

图 8-29　Corel video studio 2019 软件的开始界面

8.5　数据压缩技术

多媒体信息的特点之一就是数据量大,为了提高音频、图像或视频质量,势必带来数据量的急剧增加,给存储和传输都造成极大的困难。数据压缩技术是解决上述问题的有效方法,能够在保证一定质量的同时,减少数据量。

8.5.1 数据压缩的主要指标

虽然从不同的角度可以把数据压缩方法分成不同的类别,但衡量不同压缩方法优劣的技术指标却是相同的,主要包括以下 3 个方面。

(1) 压缩比:是指压缩前后的数据量之比,它反映了使用某种压缩方法后,数据量减少的比例。就单一指标而言,压缩比越高越好。

(2) 恢复效果:是指经解压缩对压缩数据处理后得到的数据与其表示的原信息的相似程度。解压缩数据的相似程度越高,则表明对应压缩算法的恢复效果越好。理论上,应该尽可能实现完全恢复压缩前的原始数据。

(3) 算法和速度:主要指实现算法的复杂度。这里强调要在满足压缩功能要求的前提下,算法应该尽可能的简单,容易用硬件实现,并且处理速度快。

8.5.2 数据压缩的方法

数据压缩的目标是去除各种冗余。根据压缩后是否有信息损失,多媒体数据压缩技术基本上可分为两种类型:一种是有损压缩,另一种是无损压缩。数据压缩编码分类如图 8-30 所示。

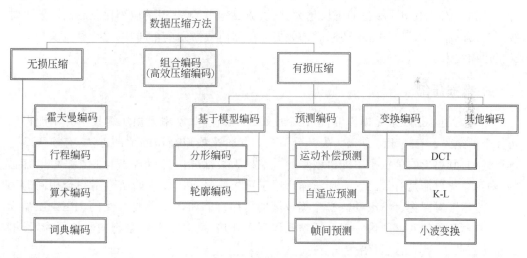

图 8-30 数据压缩编码分类

1. 无损压缩

无损压缩可以精确无误地从压缩数据中恢复出原始数据。无损压缩通常用于对信息还原要求比较高的情况,常用的无损压缩技术有霍夫曼编码、行程编码、算术编码、词典编码等。下面主要介绍比较直观的行程压缩方法。

行程编码,又称为 RLE(Run Length Encoding)编码,是通过统计信源符号中的重复个数,并以<重复个数><重复符号>格式来编码,适用于压缩包含大量重复信息的数据。例如,在很多图片中都具有许多颜色相同的图块,这些图块中有许多连续的像素具有相同的颜色值。在这种情况下,行程编码就不需要存储每一个像素的颜色值,而仅仅存储一个像素的颜色值以及具有相同颜色的像素数目即可。在行程编码中,重复的数据符号个数称为行程长度。

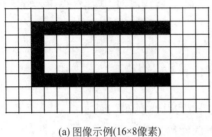

(a) 图像示例(16×8像素)　　(b) 示例图像像素矩阵　　(c) 行程编码

图 8-31　行程编码示例图

图 8-31(a)是一个分辨率为 16×8 的黑白图像,如果不进行编码压缩,而是直接存储(如图 8-31(b)所示),则需要 16×8＝128(bit)的存储量。如果采用行程编码进行压缩(如图 8-31(c)所示),则只需要 36bit 的存储量。

行程编码是一种直观、简单且非常经济的压缩方法,其压缩比主要取决于图像本身的特点。如果图像中相同颜色的图块越大,图块数目越小,则获得的压缩比就越高。解码时按照与编码相同的规则进行,还原后的数据与压缩前数据完全相同,因此行程压缩是一种无损压缩技术。

2. 有损压缩

尽管人们总是期望无损压缩,但冗余度很少的信息对象用无损压缩技术并不能得到可接受的结果。有损压缩是以丢失部分信息为代价来换取高压缩比的方法,有损压缩是不可逆的,其损失的信息是不能再恢复的。如果丢失部分信息后造成的失真是可以容忍的,则压缩比增加是有效的。有损压缩适用于重构信号可以和原始信号不完全相同的场景,一般用于对图像、声音、动态视频等数据的压缩。例如,8.6 节将介绍的 JPEG 压缩标准,对自然景物的灰度图像一般可压缩几倍到十几倍,而对于自然景物的彩色图像,压缩比将达到几十倍甚至上百倍。

8.5.3　图像视频数据压缩标准

1. 静态图像压缩标准 JPEG

JPEG 是 Joint Photographic Experts Group 的缩写,即 ISO 与 IEC 联合图像专家组,负责静态图像压缩标准的制定,这个专家组开发的算法就称为 JPEG 算法,并且已经成为通用的标准,即 JPEG 标准。JPEG 压缩是有损压缩,但损失的部分是人的视觉不容易察觉到的部分,它充分利用了人眼对计算机色彩中的高频信息部分不敏感的特点,大大节省了需要处理的数据信息。

JPEG 算法主要存储颜色变化,尤其是亮度变化,因为人眼对亮度变化要比对颜色变化更为敏感。只要压缩后重建的图像与原图像在亮度和颜色上相似,在人眼看来就是相同的图像。因此,JPEG 压缩原理是不重建原始画面,丢掉那些未被注意的颜色,生成与原始图像类似的图像。

随着多媒体应用领域的扩大,传统的 JPEG 压缩技术显现出许多不足,无法满足人们对多媒体图像质量的更高要求。为了在保证图像质量的前提下进一步提高压缩比,1997 年 JPEG 又着手制定新的方案,该方案于 1999 年 11 月公布为国际标准,被命名为 JPEG 2000。与传统的 JPEG 相比,JPEG 2000 有如下特点。

(1) 高压缩比。JPEG 2000 的图像压缩比与传统的 JPEG 相比提高了 10%～30%,而且压缩后的图像更加细腻平滑。

(2) 无损压缩。JPEG 2000 同时支持有损压缩和无损压缩。

(3) 渐进传输。按照传统的 JPEG 标准,从网络上下载图像是按块传输的,只能一行一行地显示,而 JPEG 2000 格式的图像支持渐进传输,先传输图像的轮廓数据,然后再传输其他数据,这样可以不断提高图像质量,有助于快速浏览和选择大量图片。

2. 运动图像压缩标准 MPEG

MPEG(Moving Picture Experts Group,动态图像专家组)是 ISO 与 IEC 联合图像专家组于 1988 年成立的组织,专门针对运动图像和语音压缩制定国际标准。

MPEG 组织最初得到的授权是制定用于"活动图像"编码的各种标准,随后扩充为"及其伴随的音频"及其组合编码。后来针对不同的应用需求,解除了"用于数字存储媒体"的限制,成为制定"活动图像和音频编码"标准的组织。MPEG 组织制定的各个标准都有不同的目标和应用,已提出 MPEG-1、MPEG-2、MPEG-4、MPEG-7 和 MPEG-21 标准。

1) 数字声像压缩标准 MPEG-1

MPEG-1 标准是 1991 年制定的,是数字存储运动图像及其伴音压缩编码标准。MPEG-1 标准主要由视频、音频和系统 3 个部分组成。系统部分说明了编码后的视频和音频的系统编码层,提供了专门数据码流的组合方式,描述了编码流的语法和语义规则。视频部分规定了视频数据的编码和解码。音频部分规定了音频数据的编码和解码。

这个标准主要是针对 20 世纪 90 年代初期数据传输能力只有 1.4Mb/s 的 CD-ROM 开发的。因此,主要用于在 CD 光盘上存储数字影视、在网络上传输数字视频以及存放 MP3 格式的数字音乐。

2) 通用视频图像压缩编码标准 MPEG-2

MPEG-2 标准是 1994 年制定的,是对 MPEG-1 标准的进一步扩展和改进,主要是针对数字视频广播、高清晰度电视和数字视盘等制定的 4～9Mb/s 运动图像及其伴音的编码标准。

MPEG-2 的目标与 MPEG-1 相同,仍然是提高压缩率,提高音频和视频质量。MPEG-2 相比 MPEG-1 增加了很多功能,如支持高分辨率的视频、多声道的环绕声、多种视频分辨率、隔行扫描,以及最低为 4Mb/s、最高为 100Mb/s 的数据传输速率。

3) 低比特率音视频压缩编码标准 MPEG-4

MPEG-4 在 1995 年 7 月开始研究,1998 年被 ISO/IEC 联合图像专家组批准为正式国际标准。MPEG-4 是为了满足交互式多媒体应用而制定的通用的低比特率(64Mb/s 以下)的音频/视频压缩编码标准,具有更高的压缩比、灵活性和扩展性。MPEG-4 主要应用于数字电视、实时媒体监控、低速率下的移动多媒体通信和网络会议等。

相对于 MPEG-1、MPEG-2 标准,MPEG-4 已经不再是一个单纯的音视频编码解码标准,它将内容与交互性作为核心,更多定义的是一种格式、一种框架,而不是具体的算法,这样人们就可以在系统中加入许多新的算法。

4) 多媒体内容描述接口 MPEG-7

MPEG-7 并不是一个音频/视频压缩标准,而是一套多媒体数据的描述符和标准工具,用来描述多媒体内容以及它们之间的关系,以解决多媒体数据的检索问题。MPEG-1、MPEG-2、MPEG-4 标准只是对多媒体信息内容本身的表示,而 MPEG-7 标准则是建立在这些标准基础之上,并可以独立于它们使用。MPEG-7 标准支持用户对那些感兴趣的图像、声音、视频以及它们的集成信息进行快速且高效的搜索。

5) MPEG-21 标准

MPEG-21 标准是 MPEG 专家组在 2000 年启动开发的多媒体框架,它是一些关键技术的集成,通过这种集成环境对全球数字媒体资源增强透明度和加强管理,实现内容描述、创建、发布、使用、识别、收费管理、产权保护、用户隐私权保护、终端和网络资源抽取、事件报告等功能,为未来多媒体的应用提供一个完整的平台。

表 8-5 总结了 MPEG 组织制定的各音频/视频压缩标准的不同特点和应用。

表 8-5 MPEG 组织制定的各音频/视频压缩标准的不同特点和应用

标准名	特 点	算法与描述	数据率	应用
MPEG-1	运动图像和伴音合成的单一数据流	帧内:DCT 帧间:预测法和运动补偿	1.5Mb/s	VCD 和 MP3
MPEG-2	单个或多个数据流,框架与结构更加灵活	同上	3~15Mb/s	DVD 和数字电视
MPEG-4	基于对象的音频/视频编码	增加 VOP 解码	5kb/s~5Mb/s	多种行业
MPEG-7	多媒体内容描述	多媒体信息描述规范	不涉及	基于内容检索
MPEG-21	多媒体内容管理	多媒体内容管理规范	不涉及	网络多媒体

8.6 虚拟现实技术

8.6.1 虚拟现实的基本概念

虚拟现实(Virtual Reality,VR)是利用计算机生成一种模拟环境(如飞机驾驶舱、操作现场等),通过多种传感设备使用户"投入"该环境中,实现用户与该环境直接进行自然交互的技术。虚拟现实技术作为一种综合计算机图形技术、多媒体技术、传感器技术、人机交互技术、网络技术、立体显示技术以及仿真技术等多种科技发展起来的计算机领域的新技术,目前所涉及的研究和应用领域已经包括军事、医学、心理学、教育、科研、商业、影视、娱乐、制造业、工程训练等。

从本质上来说,虚拟现实技术就是一种先进的计算机用户接口,它通过给用户同时提供诸如视、听、触等各种直观而又自然的实时感知交互手段,使用户"身临其境",最大限度地方便用户的操作,提高整个系统的工作效率。虚拟现实技术主要有以下3个特性。

(1) 沉浸性:是指利用计算机产生的三维立体图像,让人置身于一种虚拟环境中,就像在真实的客观世界中一样,能给人一种身临其境的感觉。理想的模拟环境应该达到使用户真假难辨的程度。

(2) 交互性:在计算机生成的这种虚拟环境中,人们可以利用一些传感设备进行交互,感觉就像是在真实客观世界中一样。例如,当用户用手去抓取虚拟环境中的物体时,手就有握东西的感觉,而且可感觉到物体的重量。

(3) 多感知性:是指除了一般计算机所具有的视觉感知外,还有听觉感知、力觉感知、触觉感知和运动感知,甚至包括味觉感知、嗅觉感知。理想的虚拟现实就是应该具有人所具有的感知功能。

8.6.2 虚拟现实技术的发展历史

1968年美国计算机图形学之父Ivan Sutherland开发了第一个计算机图形驱动的头盔显示器HMD以及头部位置跟踪系统,是虚拟现实技术发展史上的一个重要的里程碑。此阶段也是虚拟现实技术的探索阶段,为虚拟现实技术基本思想的产生和理论的发展奠定了基础。

20世纪80年代,美国宇航局及美国国防部组织了一系列有关虚拟现实技术的研究,取得了令人瞩目的研究成果,从而引起了人们对虚拟现实技术的广泛关注。1984年,美国宇航局Ames研究中心虚拟行星探测实验室的M.MGreevy等组织开发了用于火星探测的虚拟环境视觉显示器,将火星探测器发回的数据输入计算机,为地面研究人员构造了火星表面的三维虚拟环境。

进入20世纪90年代,在这一阶段虚拟现实技术从研究阶段转向为应用阶段,广泛运用到科研、航空、医学、军事等人类生活的各个领域。例如,美军开发的空军任务支援系统和海军特种作战部队计划和演习系统,对虚拟的军事演习也能达到真实军事演习的效果。浙江大学开发的虚拟故宫建筑环境系统,以及CAD&CG国家重点实验室开发的桌面虚拟建筑环境实时漫游系统;北京航空航天大学开发的虚拟现实,以及可视化新技术研究室的虚拟环境系统。

可以看出,正因为虚拟现实系统涉及的应用领域广泛,例如娱乐、军事、航天、设计、生产制造、商贸、建筑、危险及恶劣环境下的遥控操作、教育与培训、信息可视化等,人们对迅速发展的虚拟现实系统的广阔应用前景充满了憧憬和兴趣。

8.6.3 虚拟现实的关键技术

虚拟现实技术是高度集成的技术,涵盖计算机软硬件、传感器技术、立体显示技术等。总体上看,纵观多年来的发展历程,虚拟现实技术的未来研究仍将遵循"低成本、高性能"这一原则。就目前现有的虚拟现实系统而言,其关键技术包括以下5个方面。

(1) 动态环境建模技术:虚拟环境的建立是VR技术的核心内容,动态环境建模技术的目的是获取实际环境的三维数据,并根据需要建立相应的虚拟环境模型。

(2) 实时三维图形生成和显示技术:三维图形的生成技术已比较成熟,其关键是如何"实时生成",在不降低图形的质量和复杂程度的前提下,如何提高刷新频率将是今后重要的研究内容。此外,虚拟现实还依赖于立体显示和传感器技术的发展,现有的虚拟设备还不能满足系统的需要,有必要开发新的三维图形生成和显示技术。

(3) 立体显示和传感器技术:虚拟现实的交互能力依赖于立体显示和传感器等外设技术的发展。现有的虚拟现实外设还远远不能满足系统的需要,例如数据手套有延迟大、分辨率低、作用范围小、使用不便等缺点,虚拟现实设备的跟踪精度和跟踪范围也有待提高,因此有必要开发新的三维显示技术。

(4) 智能化语音虚拟现实建模:虚拟现实建模是一个比较复杂的过程,需要大量的时间和精力。如果将 VR 技术与智能技术、语音识别技术结合起来,就可以很好地解决这个问题。人们对模型的属性、方法和一般特点的描述通过语音识别技术转化成建模所需的数据,然后利用计算机的图形处理技术和人工智能技术进行设计、导航和评价,将基本模型用对象表示出来,并逻辑地将各种基本模型静态或动态地连接起来,最后形成系统模型。在各种模型形成后进行评价并给出结果,并由人直接通过语言来进行编辑和确认。

(5) 大型网络分布式虚拟现实及其应用:网络分布式虚拟现实(Distributed Virtual Reality, DVR)将分散的虚拟现实系统或仿真器通过网络联结起来,采用协调一致的结构、标准、协议和数据库,形成一个在时间和空间上互相耦合的虚拟、合成环境,参与者可自由地进行交互作用。目前,分布式虚拟交互仿真已成为国际上的研究热点,相继推出了DIS、MA 等相关标准。网络分布式 VR 在航天领域中极具应用价值,例如,国际空间站的参与国分布在世界不同区域,分布式 VR 训练环境不需要在各国重建仿真系统,这样不仅减少了研制设备费用,而且也减少了人员出差的费用和异地生活的不适。

虽然虚拟现实技术的潜力巨大,应用前景广阔,但仍存在着许多尚未解决的理论问题和尚未克服的技术障碍。目前,虚拟现实技术绝大部分还仅限于扩展了计算机的接口功能,仅仅是刚开始涉及人的感知系统、肌肉系统与计算机的结合问题,并未涉及"人在实践中得到的感觉信息是怎样在人的大脑中存储和加工处理成为人对客观世界的认识"这一重要过程。只有真正开始涉及并找到对这些问题的技术实现途径时,人和信息处理系统间的隔阂才有可能被彻底克服。未来的虚拟现实系统将是一种能对多维信息进行处理的强大系统,将成为对人们已有的概念进行深化和获取新概念的有力工具,从而帮助人们进行思维后创造活动。

8.7 习　　题

1. 简述声音信号的数字化过程以及影响数字音频质量的几个主要因素。
2. 选择采样频率为 44.1Hz、量化位数为 16 位的录音参数,在不采用压缩技术的情况下,计算录制 3min 的立体声需要多少 MB 的存储空间。
3. 选择采样频率为 22.05Hz、量化位数为 8 位的录音参数,在不采用压缩技术的情况下,计算录制 1min 的立体声需要多少 MB 的存储空间。
4. 什么叫真彩色?
5. 简述图像数字化过程的基本步骤。
6. 一幅 640×480 分辨率的真彩色的图片,其占用的存储空间是多少 MB?
7. 一帧 640×480 分辨率的真彩色图像,按每秒 30 帧计算,在数据不压缩的情况下,播放 1min 的视频信息需要占据多少存储空间?一张容量为 650MB 的光盘,最多能播放多长时间?
8. 举例说明数据压缩的必要性。
9. 设有一段信息为 AAAAAACTEEEEHHHHHHHSSSSSSSS,使用行程编码对其进行数据压缩,计算其压缩比。(假设行程长度用 1 个字节存储)
10. 有人认为"图像压缩比越高越好",你对这种说法有何看法?

第 9 章 计算机新技术

近年来,在社会经济及科学技术迅速发展的推动下,世界范围内计算机技术得到了前所未有的发展,发生了历史性转变,其作为一项应用技术在世界各国社会经济发展方面做出了巨大贡献。21 世纪计算机技术将向着巨型化、网络化、智能化及微型化等方向发展。同时,云计算、大数据、人工智能、物联网以及移动互联网等技术不断涌现,发展迅猛,应用前景广泛,这些新技术将在 21 世纪计算机发展过程中发挥着越来越重要的作用。

9.1 云计算技术

云计算(Cloud Computing)是 2007 年年底正式提出的一个概念。所谓云计算,简单地说,就是以虚拟化技术为基础,以网络为载体,以用户为主体,以为用户提供基础架构"平台"软件等服务为形式,整合大规模可扩展的计算、存储、数据、应用等分布式计算资源进行协同工作的超级计算服务模式。虚拟化为云计算实现提供了很好的技术支撑,而云计算可以看作虚拟化技术应用的成果。在过去的几年里,已经出现了众多云计算研究开发小组,例如 Google、Microsoft、亚马逊、华为、百度、阿里巴巴、中国电信等知名 IT 企业纷纷推出云计算解决方案,同时国内外学术界也纷纷就云计算及其关键技术相关理论进行了深层次的研究。至今为止,几乎所有的 IT 行业巨头都将云计算作为未来发展的主要战略方向之一,相关商业媒体也将云计算视为计算机未来发展的主要趋势,其广阔的商业前景和广泛的应用需求已毋庸置疑。

9.1.1 云计算的内涵和本质

云计算是继 20 世纪 80 年代大型计算机到客户/服务器的大转变之后的又一次巨变。作为一种把超级计算机的能力传播到整个互联网的计算方式,云计算似乎已经成为研究专家苦苦追寻的"能够解决最复杂计算任务的精确方法"的最佳答案。

事实上,许多云计算部署依赖于计算机集群(但与网格的组成、体系机构、目的、工作方式大相径庭),也吸收了自主计算和效用计算的特点。如图 9-1 所示,它从硬件结构角度是一种多对一的结构,但从服务的角度或从功能的角度它是一对多的结构。

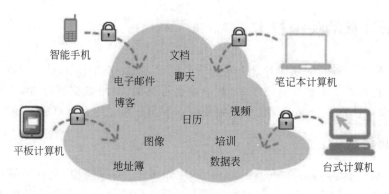

图 9-1 云计算示意图

9.1.2 云计算的基本原理

通过使计算分布在大量的分布式计算机上，而非本地计算机或远程服务器中，企业数据中心的运行与互联网类似。

1. 云计算的资源迁移

从外部来看，云计算只是将计算和存储资源从企业迁出，并迁入云中。

2. 云计算基本框架

云计算基本框架是一个分层的结构，如图 9-2 所示。低层为上层提供服务，同时上层使用低层提供的服务。从下向上每一层都通过虚拟化技术为上层提供服务。在不同的层次采用相应的虚拟化技术，通过这些虚拟化技术，上层就会更容易地使用服务。

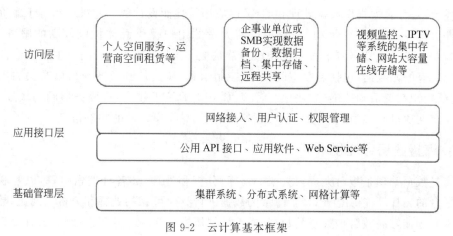

图 9-2 云计算基本框架

第 9 章 计算机新技术

9.1.3　云计算的关键技术

云计算作为一种新的超级计算方式和服务模式,以数据为中心,是一种数据密集型的超级计算。它运用了多种计算机技术,其中以编程模型、海量数据管理、海量数据分布存储、虚拟化和云计算平台管理等技术最为关键。下面分别介绍云计算的一些关键技术。

1. 编程模型

MapReduce 作为 Google 开发的 Java、Python、C++ 编程模型,是一种简化的分布式编程和高效的任务调度模型,应用程序编写人员只需将精力放在应用程序本身,使云计算环境下的编程十分简单。而关于集群的处理问题,包括可靠性和可扩展性,则交由平台来处理。MapReduce 模式的思想是通过 Map(映射)和 Reduce(化简)这样两个简单的概念来构成运算基本单元,先通过 Map 程序将数据切割成不相关的区块,分配(调度)给大量的计算机处理,达到分布式运算的效果,再通过 Reduce 程序将结果汇整输出,即可并行处理海量数据。简单地说,云计算是一种更加灵活、高效、低成本、节能的信息运作的全新方式,通过其编程模型可以发现云计算技术是通过网络将庞大的计算处理程序自动分拆成无数个较小的子程序,再由多部服务器所组成的庞大系统搜索、计算分析之后将处理结果回传给用户。通过这项技术,远程的服务供应商可以在数秒之内,达成处理数以千万计甚至亿计的信息,达到和"超级计算机"同样强大性能的网络服务。

2. 海量数据分布存储技术

云计算系统采用分布式存储的方式存储数据,用冗余存储的方式保证数据的可靠性。云计算系统中广泛使用的数据存储系统是 Google 的 GFS 以及 Hadoop 团队开发的 GFS 的开源实现 HDFSGFS。Google 文件系统(Google File System,GFS)它是一个可扩展的分布式文件系统,用于大型的、分布式的、对大量数据进行访问且应用 GFS 的设计思想的文件系统,是针对大规模数据处理和 Google 应用特性而设计的。它虽然运行于廉价的普通硬件上,但可以提供容错功能,它可以给大量的用户提供总体性能较高的服务,一个 GFS 集群由一个主服务器和大量的块服务器构成,并被许多客户访问。主服务器存储文件系统所有的元数据,包括名字空间、访问控制信息、从文件到块的映射以及块的当前位置,它还控制系统活动范围,如块租约管理,孤立块的垃圾收集,块服务器间的块迁移,主服务器定期通过心跳消息与每一个块服务器通信,并收集它们的状态信息。

3. 海量数据管理技术

海量数据管理是指对大规模数据的计算、分析和处理,如各种搜索引擎,以互联网为计算平台的云计算能够对分布的、海量的数据进行有效可靠的处理和分析。因此,数据管理技术必须能够高效管理大量的数据,通常数据规模达 TB 级甚至 PB 级。云计算系统中的数据管理技术主要是 Google 的 BT(BigTable)数据管理技术,以及 Hadoop 团队开发的开源数据管理模块 HBase 和 Hive,作为基于 Hadoop 的开源数据工具(下载地址

http://appengine.google.com)，主要用于存储和处理海量结构化数据。BT 是建立在 GFS、Scheduler、LockService 和 MapReduce 的一个大型的分布式数据库，与传统的关系数据库不同，它把所有数据都作为对象来处理，形成一个巨大的表格，用来分布存储大规模结构化数据。

Google 的很多项目都使用 BT 存储数据，包括网页查询、Google Earth 和 Google 金融。这些应用程序对 BT 的要求各不相同，如数据大小（从 URL 到网页到卫星图像）不同，反应速度不同（从后端的大批处理到实时数据服务）。对于不同的要求，BT 都成功地提供了灵活高效的服务。

4. 虚拟化技术

虚拟化技术是云计算系统的核心组成部分，是将各种计算及存储资源充分整合并高效利用的关键技术。云计算的特征主要体现在虚拟化、分布式和动态可扩展，而虚拟化作为云计算最主要的特点，为云计算环境搭建起着决定性作用。虚拟化技术是伴随着计算机技术的产生而出现的，作为云计算的核心技术，扮演着十分重要的角色，提供了全新的数据中心部署和管理方式，为数据中心管理员带来了高效和可靠的管理体验，还可以提高数据中心的资源利用率。通过虚拟化技术，云计算中每一个应用部署的环境和物理平台是没有关系的，通过虚拟平台进行管理、扩展、迁移、备份，各种操作都通过虚拟化层次完成。虚拟化技术的实质是实现软件应用与底层硬件相隔离，把物理资源转变为逻辑可管理资源。目前，云计算中虚拟化技术主要包括将单个资源划分成多个虚拟资源的裂分模式，也包括将多个资源整合成一个虚拟资源的聚合模式。虚拟化技术根据对象可分成存储虚拟化、计算虚拟化、网络虚拟化等，计算虚拟化又分为系统级虚拟化、应用级虚拟化和桌面虚拟化。

5. 云计算平台管理技术

云计算资源规模庞大，一个系统服务器数量众多（可能高达 10 万台），结构不同并且分布在不同物理地点的数据中心，同时还运行着成千上万种应用。如何有效地管理云环境中的这些服务器，保证整个系统提供不间断服务必然是一个巨大的挑战。云计算平台管理系统可以看作云计算的"指挥中心"，通过云计算系统的平台管理技术能够使大量的服务器协同工作，方便地进行业务部署和开通，快速发现和恢复系统故障，通过自动化、智能化的手段实现大规模系统的可靠运营和管理。

9.1.4 云计算存在的挑战与机遇

目前，云计算正如火如荼地发展着。云计算有许多优点，让人们看到了 IT 服务将成为公共服务的曙光，但是也要清醒地认识到云计算也不是万能的灵丹妙药，它仍存在着一些亟待解决的实际问题。例如，服务可用性、数据主权与数据隐私问题、安全问题、软件许可证问题、网络传输问题和可伸缩性存储问题等，甚至还有些专家和学者对云计算持怀疑态度，认为是在炒作概念。为此，需要进一步加强宣传和应用好云计算产品，为科学研究和生产服务。

9.2 大数据技术

9.2.1 大数据的定义及特点

大数据(Big Data),又称巨量资料,是指所涉及的资料量规模巨大,大到无法通过目前主流软件工具在合理时间内达到撷取、管理、处理并整理成为帮助企业经营决策目的的资讯。归纳起来大数据出现的原因有以下 5 点。

(1) 数据生产方式自动化。
(2) 数据生产融入每个人的日常生活。
(3) 图像、视频和音频数据所占的比例越来越大。
(4) 网络技术的发展为数据的生产提供了极大的方便。
(5) 云计算概念的出现进一步促进了发展处理大数据的服务器技术。

要理解大数据这一概念,首先要从"大"字入手,"大"是指数据规模,大数据一般指在 10TB(1TB=1024GB)规模以上的数据量。大数据同过去的海量数据有所区别,其基本特征可以用 4 个 V 来总结(Volume、Variety、Value 和 Velocity),即体量大、多样性、价值密度低、速度快。

(1) 数据体量巨大。从 TB 级别,跃升到 PB 级别。
(2) 数据类型繁多。如前面提到的网络日志、视频、图片、地理位置信息等。
(3) 价值密度低。以视频为例,在连续不间断监控过程中,可能有用的数据仅仅就一两秒。
(4) 处理速度快。最后这一点也是和传统的数据挖掘技术有着本质的不同。物联网、云计算、移动互联网、车联网、手机、平板计算机、PC 以及遍布地球各个角落的各种各样的传感器,无一不是数据来源或者承载的方式。

大数据技术是指从各种各样类型的巨量数据中,快速获得有价值信息的技术。解决大数据问题的核心是大数据技术。目前所说的"大数据",不仅指数据本身的规模,也包括采集数据的工具、平台和数据分析系统。大数据研发的目的是发展大数据技术并将其应用到相关领域,通过解决巨量数据处理问题促进其突破性发展。因此,大数据时代带来的挑战,不仅体现在如何处理巨量数据从中获取有价值的信息,也体现在如何加强大数据技术研发,抢占时代发展的前沿。

9.2.2 大数据处理技术

目前,大数据处理技术主要包括以下技术。

(1) 数据采集:ETL 工具负责将分布的、异构数据源中的数据(如关系数据、平面数据文件等)抽取到临时中间层后进行清洗、转换、集成,最后加载到数据仓库或数据集市中,成为联机分析处理、数据挖掘的基础。

(2) 数据存取:包括关系数据库、NOSQL、SQL 等。

(3) 基础架构:包括云存储、分布式文件存储等技术。

(4) 数据处理:自然语言处理(Natural Language Processing,NLP)是研究人员与计算机交互的语言问题的一门学科。处理自然语言的关键是要让计算机"理解"自然语言,所以自然语言处理又称为自然语言理解(Natural Language Understanding,NLU),也称为计算语言学。一方面它是语言信息处理的一个分支,另一方面它也是人工智能的核心研究课题之一。

(5) 统计分析:包括假设检验、显著性检验、差异分析、相关分析、T 检验、方差分析、卡方分析、偏相关分析、距离分析、回归分析、简单回归分析、多元回归分析、逐步回归、回归预测与残差分析、岭回归、logistic 回归分析、曲线估计、因子分析、聚类分析、主成分分析、因子分析、快速聚类法与聚类法、判别分析、对应分析、多元对应分析(最优尺度分析)、bootstrap 技术等。

(6) 数据挖掘:包括分类、估计、预测、相关性分组或关联规则、聚类、描述和可视化、复杂数据类型(如 Text、Web、图形图像、视频、音频等)挖掘。

(7) 模型预测:包括预测模型、机器学习、建模仿真。

(8) 结果呈现:包括云计算、标签云、关系图等。

9.2.3 大数据分析方法

众所周知,目前大数据已经不简简单单只是数据大的事实了,最重要的现实是如何对大数据进行分析,只有通过分析才能获取很多智能的、深入的、有价值的信息。那么越来越多的应用涉及大数据,而这些大数据的属性,包括数量、速度、多样性等都呈现出大数据不断增长的复杂性,所以大数据的分析方法在大数据领域就显得尤为重要,可以说是最终信息是否有价值的决定性因素。目前,大数据分析普遍存在的方法理论主要有以下 4 个方面。

1. 可视化分析

大数据分析的使用者有大数据分析专家,同时还有普通用户,但是二者对于大数据分析最基本的要求就是可视化分析,因为可视化分析能够直观地呈现大数据的特点,同时能够非常容易被接受,就如同看图说话一样简单明了。

2. 数据挖掘算法

大数据分析的理论核心就是数据挖掘算法,各种数据挖掘的算法基于不同的数据类型和格式才能更加科学地呈现出数据本身具备的特点,也正是因为这些被全世界统计学家所公认的各种统计方法才能深入数据内部,挖掘出公认的价值。另一方面,也是因为有这些数据挖掘的算法才能更快速地处理大数据,如果一个算法得花上好几年才能得出结论,那大数据的价值也就无从说起了。

3. 预测性分析能力

大数据分析最终要的应用领域之一就是预测性分析,从大数据中挖掘出特点,科学地建立模型,然后便可以通过模型带入新的数据,从而预测未来的数据。

4. 数据质量和数据管理

大数据分析离不开数据质量和数据管理,高质量的数据和有效的数据管理,无论是在学术研究还是在商业应用领域,都能够保证分析结果的真实和有价值。以上几方面是大数据分析的基础,若需更加深入地进行大数据的分析,还有很多更有特点、更深入、更专业的大数据分析方法,这里不再赘述。

9.3 人工智能

人工智能(Artificial Intelligence,AI)是指由人工制造出来的系统所表现出来的智能,有时也称为机器智能。人工智能是在计算机科学、控制论、信息论、心理学、语言学等多种学科相互渗透的基础上发展起来的一门新兴学科。20世纪70年代以来,人工智能被称为世界三大尖端技术之一(空间技术、能源技术、人工智能),也被认为是21世纪三大尖端技术之一(基因工程、纳米科学、人工智能)。

9.3.1 人工智能概述

人工智能是研究、开发用于模拟、延伸和扩展人的智能的理论、方法、技术及应用系统的一门新的学科。人工智能是计算机科学的一个分支,它试图了解智能的实质,并生产出一种新的能以人类智能相似的方式做出反应的智能机器,该领域的研究包括机器人、语言识别、图像识别、自然语言处理和专家系统等。

人工智能的发展可以分为以下5个阶段。

(1) 第一阶段:20世纪50年代,人工智能概念首次提出后,相继出现了一批显著的成果,例如,机器定理证明、跳棋程序、通用问题求解程序、LISP表处理语言等。这一阶段的特点是重视问题求解的方法,忽视知识的重要性。

(2) 第二阶段:20世纪60年代末到20世纪70年代,出现了专家系统,使人工智能的研究出现新的高潮。DENDRAL化学质谱分析系统、MYCIN疾病诊断和治疗系统、PROSPECTIOR探矿系统、Hearsay-Ⅱ语音理解系统等专家系统的研究和开发,将人工智能引向了实用化。

(3) 第三阶段:20世纪80年代,随着第五代计算机的研制,人工智能得到了很大发展。

(4) 第四阶段:20世纪80年代末,神经网络飞速发展。

(5) 第五阶段:20世纪90年代,人工智能出现新的研究高潮。

9.3.2 人工智能的研究方法

人工智能的研究方法主要分为以下3类。

1. 结构模拟法

结构模拟法也就是基于人脑的生理模型,采用数值计算的方法,从微观上来模拟人脑,实现机器智能。简单地讲,就是结构模拟,神经计算。

2. 功能模拟法

功能模拟法就是基于人脑的心理模型,将问题或知识表示成某种逻辑网络,采用符号推演的方法,实现搜索、推理、学习等功能,从宏观上来模拟人脑的思维,实现机器智能。简单地讲,就是功能模拟,符号推演。

3. 行为模拟法

行为模拟法是模拟人在控制过程中的智能活动和行为特性。以行为模拟方法研究人工智能者,被称为行为主义、进化主义、控制论学派。简单地讲,就是行为模拟,控制进化。

9.3.3 人工智能的研究领域

1. 专家系统

专家系统是依靠人类专家已有的知识建立起来的知识系统。目前,专家系统是人工智能研究中开展最早、成效最多的领域,广泛应用于医疗诊断、地质勘探、石油化工等领域。

2. 机器学习

要使计算机具有知识,要么将知识表示为计算机可以接受的方式输入计算机;要么使计算机本身有获得知识的能力,并在实践中不断总结和完善,这种方式称为机器学习。

3. 模式识别

模式识别是研究如何使机器具有感知能力,主要研究视觉模式和听觉模式的识别。

4. 机器人学

机器人是一种能模拟人的行为的机械。对机器人的研究即机器人学,经历了3代的发展过程。第一代是程序控制机器人,第二代是自适应机器人,第三代是智能机器人。

5. 智能决策支持系统

决策支持系统属于管理科学的范畴,但与"知识—智能"有着极其密切的关系。

9.3.4 人工智能的军事应用

当前,世界正处于智能革命的前夜,人类社会正从"互联网+"时代迈入"智能+"时代。近年来,在大数据、新型算法和超级计算的推动下,人工智能正在改变乃至颠覆所触及的每一个行业领域,也包括军事领域。

人工智能技术现在已经进入新的高速增长期,是公认最有可能改变未来世界的颠覆性技术。人工智能武器的出现则将从根本上改变战争方式,图 9-3 为智能军事机器人,未来战争可能由"人对人"的战争变成"机器人对机器人"的战争。

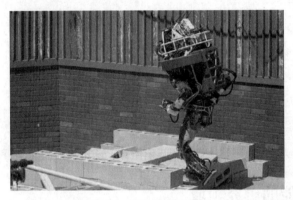

图 9-3　智能军事机器人

人工智能最早被用于军事方面,主要是为了执行一些危险任务,例如扫雷、深入敌后执行侦察任务等。为了保证士兵的安全,现在许多发达国家的军队都采用人工智能机器人与工兵相结合的方式进行扫雷,大大降低了工兵在扫雷过程中误触地雷丧生的几率。

其实,目前人工智能更多地用于无人飞机(简称无人机)技术,图 9-4 为智能无人飞机,无人机主要进行敌后侦查和攻击任务。通过无人机进行侦查,由于无人机有身形微小的特点,所以不容易被发现和击落,即便被击落,无人机也能通过飞机上的装置在被破坏之前将信息反馈给总部。

图 9-4　智能无人飞机

当然，人工智能在军事上的利用不仅是这些。

以美国为代表的世界军事强国，预见到人工智能技术在军事领域的广阔应用前景，认为未来的军备竞赛是智能化的竞赛，已提前部署了一系列研究计划，发布"第三次抵消战略"，力求在智能化上与潜在对手拉开代差。

美国五角大楼正在形成将人工智能应用于军事的计划。中国的研究人员也正在如火如荼地在这一新兴技术领域进行探索。

9.4 物联网

物联网是新一代信息技术的重要组成部分，其英文名称是 The Internet of things。顾名思义，物联网就是物物相连的互联网。

物联网是指通过各种信息传感设备，实时采集任何需要监控、连接、互动的物体或过程等各种需要的信息，与互联网结合形成的一个巨大网络。其目的是实现物与物、物与人以及所有物品与网络的连接，方便识别、管理和控制。

首先，物联网是各种感知技术广泛应用的网络。

其次，物联网是一种建立在互联网上的泛在网络。

还有，物联网不仅仅提供了传感器的连接，其本身也具有智能处理的能力，能够对物体实施智能控制。

此外，物联网的精神实质是提供不拘泥于任何地域、任何时间的应用场景与用户的自由互动，它依托云服务平台和互联互通的嵌入式处理软件，弱化技术色彩，强化与用户之间的良性互动，具有更佳的用户体验、更及时的数据采集和分析建议、更自如的工作和生活，是通往智能生活的物理支撑。

物联网的实践最早可以追溯到 1990 年施乐公司的网络可乐贩售机（Networked Coke Machine）。1991 年美国麻省理工学院（MIT）的 Kevin Ashton 教授首次提出物联网的概念。

1995 年，比尔·盖茨在《未来之路》一书中也曾提及物联网，但未引起足够重视。

2003 年，美国《技术评论》提出传感网络技术将是未来改变人们生活的十大技术之首。

2008 年以后，为了促进科技发展，寻找经济新的增长点，各国政府开始重视下一代的技术规划，将目光放在了物联网上。

2009 年 8 月，温家宝总理"感知中国"的讲话把我国物联网领域的研究和应用开发推向了高潮，无锡市率先建立了"感知中国"研究中心，中国科学院、运营商、多所大学在无锡建立了物联网研究院，江南大学还建立了全国首家实体物联网工厂学院。

物联网将是下一个推动世界高速发展的"重要生产力"。美国权威咨询机构 Forrester 预测，到 2020 年，世界上物与物互联的业务，跟人与人通信的业务相比，将达到 30：1，因此，"物联网"被称为是下一个万亿级的信息产业业务。

如图 9-5 所示，物联网用途广泛，遍及智能交通、环境保护、政府工作、公共安全、平安家居、智能消防、工业监测、环境监测、路灯照明管控、景观照明管控、楼宇照明管控、广场照明管控、老人护理、个人健康、花卉栽培、水系监测、食品溯源、敌情侦查和情报搜集等多个领域。

物联网把新一代 IT 技术充分运用在各行各业之中。具体地说,就是把感应器嵌入和装备到电网、铁路、桥梁、隧道、公路、建筑、供水系统、大坝、油气管道等各种物体中,然后将"物联网"与现有的互联网整合起来,实现人类社会与物理系统的整合。

上海浦东国际机场的防入侵系统使用了物联网传感器,系统铺设了 3 万多个传感结点,覆盖了地面、栅栏和低空探测,可以防止人员的翻越、偷渡、恐怖袭击等攻击性入侵。

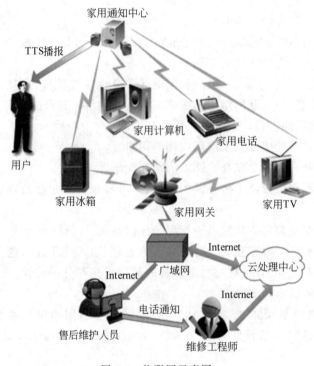

图 9-5 物联网示意图

9.5　移动互联网

中国互联网信息中心(CNNIC)公布的《第 25 次中国互联网络发展状况统计分析》显示,到 2020 年我国移动互联网终端将超过 100 亿台。截至 2019 年 12 月,我国手机网民已达 6.38 亿人,占总体网民的 60.8%。自中国 3G 牌照发放以来,我国智能手机用户越来越多,呈爆炸式增长。5G 的出现给用户带来了更多的方便,在通信速度、通信质量、智能性、兼容性、资费等方面具有非常明显的优势。来自艾瑞咨询的调查研究数据显示,随着移动技术的发展以及 5G 时代的来临,2019 年我国移动电子商务交易额已达千亿元。

9.5.1 移动互联网的主要特征

用户可以随身携带和随时使用移动终端,在移动状态下接入和使用移动互联网应用服务。

移动终端设备的隐私性远高于 PC 的要求。由于移动性和便携性的特点,移动互联网的信息保护程度较高。

移动互联网区别于传统互联网的典型应用是位置服务应用。

移动互联网上的丰富应用,如图片分享、视频播放、音乐欣赏、电子邮件等,为用户的工作、生活带来了更多的便利和乐趣。

移动互联网应用服务便捷的同时,也受到网络能力和终端硬件能力的限制。在网络能力方面,主要受到无线网络传输环境、技术能力等因素限制;在终端硬件能力方面,因为受到终端大小、处理能力、电池容量等的限制,移动互联网的各个部分相互联系、相互作用制约了移动互联网的发展,任何一部分的滞后都会延缓移动互联网发展的步伐。

9.5.2 移动互联网技术基础

1. 移动互联网通信技术

移动互联网与通信技术息息相关,移动终端设备接入移动互联网,最常用的媒介网络是移动通信网络和中短距离无线网络(如无线互联网、蓝牙网络),而各种通信标准与协议是构建移动通信网络和中短距离无线网络的基础。

2. 移动通信网络技术

到目前为止,移动通信网络已经发展到第四代移动通信网络,第五代移动通信网络正在筹备发展之中。

3. 中短距离无线通信技术

蓝牙(Blue Tooth)是由 Agere、爱立信、IBM、Intel、Microsoft、摩托罗拉、诺基亚和东芝等公司于 1998 年 5 月共同提出的近距离无线数字通信的技术标准。它是一种支持设备短距离通信(一般 10m 内)的无线电技术。

无线局域网技术包括 WLAN 和 Wi-Fi。WLAN 无线局域网是计算机网络与无线通信技术相结合的产物。从专业角度来讲,无线局域网利用了无线多址信道的一种有效方法来支持计算机之间的通信,并为通信的移动化、个性化和多媒体应用提供了可能。

9.6 习　　题

1. 简述云计算的定义。
2. 简述大数据的特点。
3. 简述人工智能的研究领域。
4. 谈谈你对 5G 通信的看法。

参 考 文 献

[1] 董荣胜.计算机科学导论:思想与方法[M].2版.北京:高等教育出版社,2013.
[2] 唐国良,石磊,等.大学计算机基础[M].北京:清华大学出版社,2015.
[3] 萧宝玮.大学计算机基础[M].北京:中国铁道出版社,2015.
[4] 陈国君,陈尹立,等.大学计算机基础教程[M].2版.北京:清华大学出版社,2014.
[5] 李暾,等.大学计算机基础[M].3版.北京:清华大学出版社,2018.
[6] 郑阿奇.计算机导论[M].北京:电子工业出版社,2013.
[7] 沙行勉.计算机科学导论[M].北京:清华大学出版社,2016.
[8] 谷赫,等.计算机组成原理[M].北京:清华大学出版社,2013.
[9] 金玉苹,等.计算机导论[M].北京:清华大学出版社,2018.
[10] 兰德尔 E 布莱恩特,等.深入理解计算机系统[M].3版.北京:机械工业出版社,2013.
[11] 卢克·多梅尔.算法时代[M].北京:中信出版社,2016.
[12] 战德臣,等.大学计算机:计算思维导论[M].北京:电子工业出版社,2013.
[13] 布莱恩·克里斯汀,汤姆·格里菲斯.算法之美[M].北京:中信出版社,2018.
[14] 张效祥,等.计算机科学技术百科全书[M].3版.北京:清华大学出版社,2018.
[15] 何明,等.大学计算机基础[M].南京:东南大学出版社,2015.
[16] 费翔林,等.操作系统教程[M].5版.北京:高等教育出版社,2014.
[17] 汤小丹,等.计算机操作系统[M].4版.西安:西安电子科技大学出版社,2014.
[18] 威廉·斯托林斯.操作系统——精髓与设计原理[M].陈向群,等译.8版.北京:电子工业出版社,2017.
[19] 宋金玉,等.数据库原理与应用[M].北京:清华大学出版社,2011.
[20] 车蕾,等.数据库应用技术[M].北京:清华大学出版社,2017.
[21] 舒后,等.数据库实用技术与应用[M].北京:清华大学出版社,2016.
[22] 丁宝康,等.数据库使用教程[M].北京:清华大学出版社,2001.
[23] 郑耀东,等.ASP.NET 网络数据库开发案例精解[M].北京:清华大学出版社,2006.
[24] 张曾科.计算机网络[M].4版.北京:清华大学出版社,2019.
[25] 谢希仁.计算机网络[M].7版.北京:电子工业出版社,2017.
[26] 臧海娟,等.计算机网络技术教程:从原理到实践[M].北京:科学出版社,2017.
[27] 郭建璞,等.多媒体技术基础及应用[M].北京:电子工业出版社,2014.
[28] 龚声蓉,等.多媒体技术应用[M].北京:人民邮电出版社,2008.
[29] 杨帆,等.多媒体技术与应用[M].北京:高等教育出版社,2006.
[30] 王鹏.云计算的关键技术与应用实例[M].北京:人民邮电出版社,2010.
[31] 刘鹏.云计算技术基础[M].2版.北京:电子工业出版社,2011.
[32] 王庆波,金滓,何乐,等.虚拟化与云计算[M].北京:电子工业出版社,2010.
[33] 黄丽娟.计算机技术的应用现状分析及其发展趋势[J/OL].电子技术与软件工程,2017,(20):14-57.
[34] 赵凤金.未来计算机与信息技术的研究热点及发展趋势探索[J].信息与电脑(理论版),2017,(04):45-47.

[35] 万奇奇.计算机科学与技术的发展趋势探析[J].科技展望,2017,27(01):3.

[36] 范伟.浅论新时期计算机软件开发技术的应用及发展趋势[J].计算机光盘软件与应用,2014,17(13):80-82.

[37] 韩永生.当代计算机信息网络安全技术及未来的发展趋势[J].中国教育技术装备,2012,(33):60-61.

[38] 陈康,郑纬民.云计算:系统实例与研究现状[J].软件学报,2009,20(5):1337-1348.

[39] 李亚琼,宋莹,黄永兵.一种面向虚拟化云计算平台的内存优化技术[J].计算机学报,2011,34(4):684-693.

[40] Kamoun F. Virtualizing the Datacenter Without Compromising Server Performance[M]. ACM,2009.

[41] Leavitt N. Is cloud computing really ready for prime time[J]. Computer,2009,2(1):15-40.

[42] Vaquero L M, Rodero-Merino L, Caceres J, et al. A break in the clouds:Toward a cloud definition[J]. ACM SIGCOMM Computer Communication Review,2009,9(1):50-55.

[43] Lagar-Cavilla H A, Whitney J A, Scannel A, et al. SnowFlock:Rapid virtual machine cloning for cloud computing[C].Proceedings of the 4th ACM European Conference on Computer Systems,2009:1-12.

[44] Dean J, Ghemawat S. MapReduce:Simplified data processing on large clusters[J]. Communications of the ACM,2008,51(1):107-113.

图书资源支持

感谢您一直以来对清华版图书的支持和爱护。为了配合本书的使用,本书提供配套的资源,有需求的读者请扫描下方的"书圈"微信公众号二维码,在图书专区下载,也可以拨打电话或发送电子邮件咨询。

如果您在使用本书的过程中遇到了什么问题,或者有相关图书出版计划,也请您发邮件告诉我们,以便我们更好地为您服务。

我们的联系方式:

地　　址:北京市海淀区双清路学研大厦 A 座 714

邮　　编:100084

电　　话:010-83470236　010-83470237

客服邮箱:2301891038@qq.com

QQ:2301891038(请写明您的单位和姓名)

资源下载:关注公众号"书圈"下载配套资源。

资源下载、样书申请

书　圈

获取最新书目

观看课程直播